海・川・湖の放射能汚染

湯浅一郎

緑風出版

図 2-1　第 4 次航空機モニタリングの測定結果を反映した東日本全域の地表面における
　　　　セシウム 134、137 の合計の沈着量

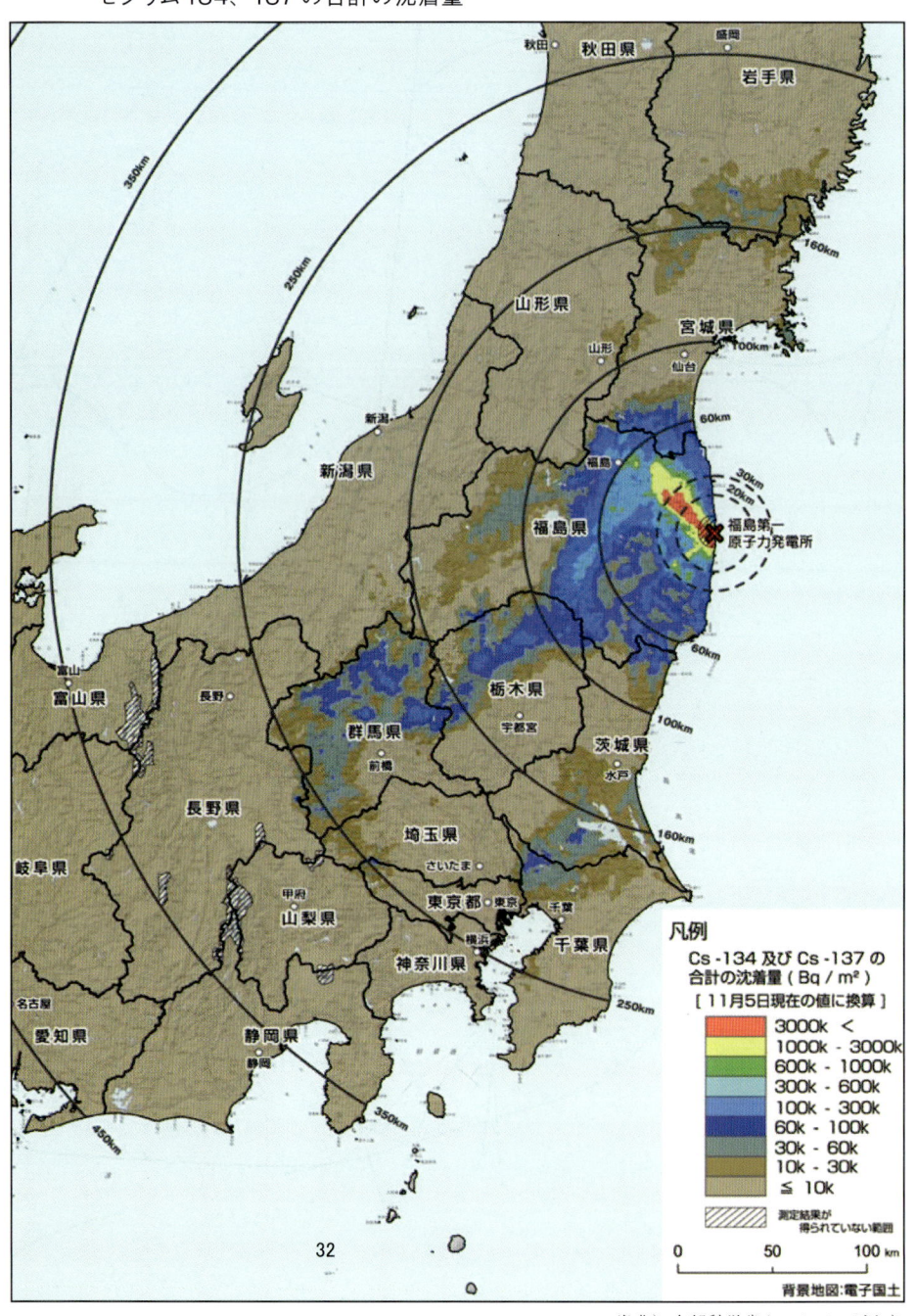

出典）文部科学省ホームページより

図2-2 文部科学省による第4次航空機モニタリングの結果（福島第1原子力発電所から80km圏内の地表面へのセシウム134、137の合計の沈着量

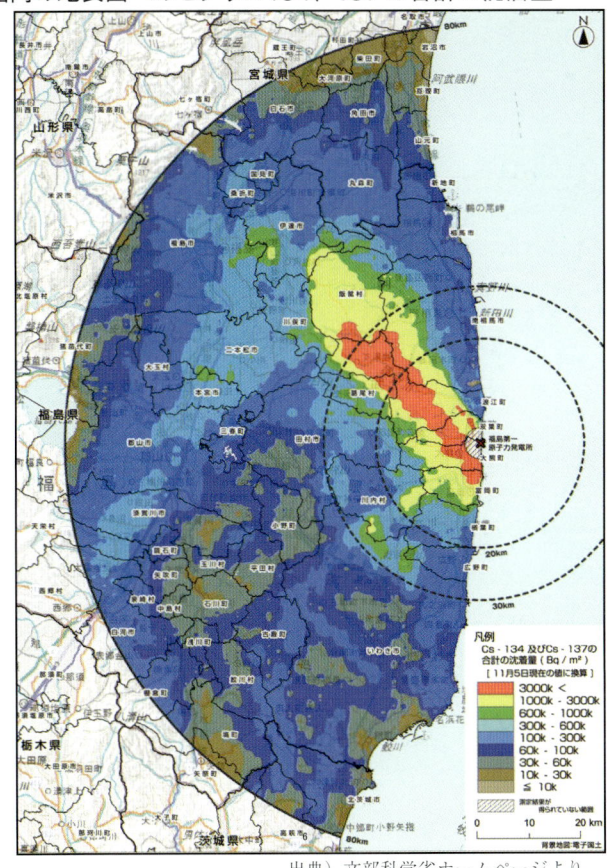

出典）文部科学省ホームページより

図3-4 福島第1原発事故が発生した頃の福島、常磐沖の海面温度分布
　　　　a：11年3月11日　　　　　　　　　b：11年3月29日

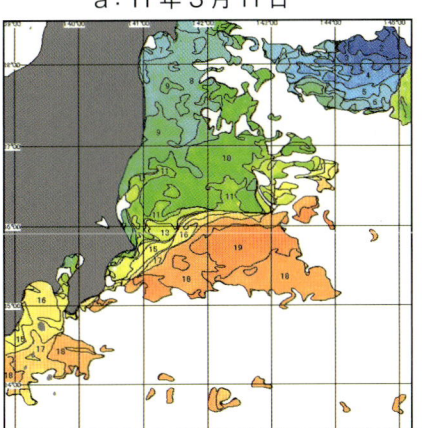 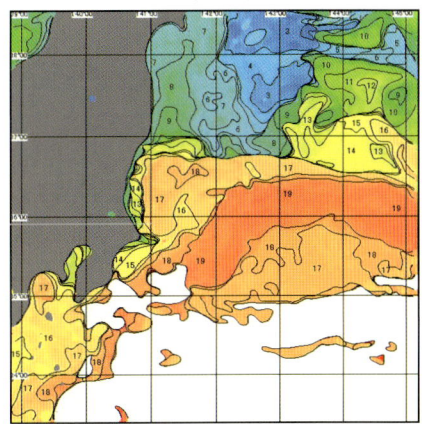

出典）茨城県水産試験場ホームページより

①久之浜で見つけたイボニシ（13年6月30日）。福島原発から広野までには見つからなくなっている。

②高い放射線が出た飯舘村の牧草地。鶯の鳴き声が印象的（13年7月1日）。

③橋脚が壊れたままの請戸橋（浪江町）。ここの底質濃度は高い（13年7月1日）。

④津波被害の時のままの請戸漁港（浪江町）（13年7月1日）。

⑤福島第1原発から北へ20kmの太田川上流の横川ダム湖。底質はかなり高濃度（13年7月1日）。

⑥伊達市大正橋からの阿武隈川中流域。底質は高濃度（13年7月2日）。

写真提供）井上年弘氏

はじめに

　シルクロードの命名で知られるドイツの地理学者フェルディナント・フォン・リヒトホーフェンが、1868年に米国から中国への船旅の途中、瀬戸内海を通った。彼は、「広い区域にわたる優美な景色で、これ以上のものは世界のどこにもない」(『支那旅行日記』海老原正雄訳、慶応書房、1943年)と瀬戸内海の風景と人の営みを絶賛し、この状態が長く維持されんことを祈るとした。そして、瀬戸内海の将来について「その最大の敵は、文明と以前知らなかった欲望の出現とである」と書いた。それからほぼ100年後の1960年代、瀬戸内海では、臨海コンビナートの造成により藻場・干潟の消滅、赤潮・貧酸素水塊の慢性化、大気汚染などの自然破壊が進行した。

　それにしてもリヒトホーフェンの指摘は、現代の他の分野にも当てはまるのではないか。彼の懸念から半世紀後の20世紀前半、自然科学の発展に伴い、航空機の登場と空からの無差別爆撃、核エネルギーの発見と核兵器や原発の開発など様々な領域で新たな脅威が出現した。これらは、まさに「以前知らなかった欲望の出現」そのものであり、それに伴って起きた社会的変化や環境への影響は過去のものとは比較にならない質と規模になった。時あたかも、国家の利害対立を戦争という手段によってしか解決するすべを持たず、人類は、世界規模の大戦を2度にわたりくりかえした。その1回目の大戦が始まって今年は丁度100年目である。この100年間、人類は何をしてきたのか、改めてトータルに省察してみるべき時である。

　1938年に核分裂が発見されて間もなくして開発され、戦後世界に一気に浸透していった核エネルギー利用の技術は、まさに「以前知らなかった欲望」の象徴である。米ソ冷戦末期には7万発弱あった核兵器は、今、約1万7000発まで減ったとはいえ、いまだゼロへの道筋は見えていない。また世界には、核エネルギーの「平和利用」としての原子炉が、建設中を

含めればほぼ500基ある。そして2011年、福島第1原発での危機的な事故に伴い、グローバルな放射能汚染が懸念される今日においてすら、日本政府は、原発を再稼働し、輸出することをめざしている。この背景には、開発途上国を初め、依然として根強い原子力の平和利用の夢を追いかける流れがある。原子核の世界が秘める膨大なエネルギーの活用を大規模に行うことは、「新たな欲望」そのものである。それが、人類を含めた生命にとって何を意味するのかが検証されねばならない。その観点から、福島事態とそれに伴う自然・人間破壊をとらえ返すべきであろう。

13年夏、にわかに表面化した「福島第1原発の汚染水処理問題」は、原発とは、一旦、対処を誤ったら、人間の手には負えない代物であることを改めて露呈させた。メルトダウンした溶融燃料が、どこに、どのように存在しているのかもわからないまま、ひたすら崩壊熱へ対処するため水を注入し冷却するだけである構図は、事故時と何ら変わらない。

そうした中で、13年9月7日に2020年オリンピック開催地の最終選考会において安倍晋三首相は、福島での汚染水漏えいに関する質問に答えて、「状況はコントロールされている」、「汚染は、原発の港湾内0.3平方キロの中に閉じ込めている」と宣言した。福島事態が問うている本質を軽視し、自然のありがたさと怖さを恐れない姿勢は、人間として最低の品位をさらけ出した。

それはともかくとして、事故から2年半を経た時点において、原発から今なお、汚染水が漏えいし続けている事実が世界に知られることとなった。ましてや、事故直後の1カ月間を中心に、福島第1原発から放出された桁違いに大量の放射性物質は、人間の手には負えない形でまんべんなく自然界に拡散し、3年間にわたり大気や水の流れにより自然界を移動、循環しているのである。事態は、あらゆる生態系を含めて、環境中により深く浸透している。

私は、「たった一つの工場の事故が、中長期にわたりグローバルな環境汚染と社会的混迷をもたらしている」ことにかんがみ、この問題を核エネルギー利用開発の歴史的文脈において位置づけ、課題とすることが求められているという観点から福島事態を捉えた。そして、原発事故による直接

的な海洋汚染を、できる限り系統的にとらえるべく、12年6月、前著『海の放射能汚染』を出版した。それから1年半を経た中で、原発港湾内での超高濃度の海水魚の出現や、福島県内にとどまらず宮城、茨城、さらには東京湾においても、その影響が確認されるなど水に関係した放射能汚染が多岐にわたり存在している。そこで海、湖沼、河川における環境汚染について、事故から3年間の経緯を様々な角度から詳細に追うことで、全体像を描いておくことをめざしたのが本書である。前著では、福島事故だけでなく、ビキニを典型とした核実験、英仏再処理工場からの放射性物質の流出を含め、グローバルな視点から核エネルギー利用に伴う海洋汚染を多角的に論じたが、本書では福島事態に絞って事故から2～3年間を水汚染の観点から総括的に振り返る。

　本書では、2013年3月末の時点までの文科省、水産庁、環境省、東電など、公的機関が実施したデータを中心に収集し、解析を進めた。ただ、刊行が遅れた関係もあり部分的ではあるが14年3月までのデータを補足した。多くの内外の研究者による研究も同時進行し、発表されたものも多数あると思われるが、公的機関によるデータを総合的に分析してみるだけでも、見えることは相当あるとの観点から作業を進めた。

　まず第1章で、13年夏の汚染水漏えい問題の本質は何かを考えた。第2章では、改めて放射能の放出量と水産生物の基準値の変更など、前提となる事実を押さえた。第3章に海、第4章に河川・湖沼における底質、及び生物の汚染を詳述した。第3章、第4章では、地元の人にしかわからない地名なども多々あり、退屈な部分があるかもしれない。しかし、水に関わる汚染の全体像を浮き彫りにするためには必要と考えた。そして第5章は、全体の総括に当たる。

　13年春に福島第1原発の港湾内で、アイナメから放射性セシウム74万ベクレルが検出された。彼らは、身を以って人類に警告を発しているのではないか。生命の母としての海洋をゴミ捨て場とみなし、都合の悪いものは、すべて海に放り出せば問題は解決するかの態度は、いずれしっぺ返しを食らうはずである。本書は、その警告を真摯に受け止めたいとの思いで書いたものである。

目次 海・川・湖の放射能汚染

はじめに・1

第1章　福島第1原発からの汚染水の海洋流出　　9
　1　事態の経過　　11
　2　地下等からの海洋への漏えい　　15
　3　汚染水貯蔵タンクからの漏えい　　17
　4　対症療法でしかない政府の政策パッケージ　　19
　5　根本問題をはぐらかす東電の水処理対策　　23
　　1　冷却作業はどう行われているのか？・23
　　2　事故発生時の状況は、そのまま残っている・25
　　3　冷却用の水は滞留水で、冷却後はまた滞留水に入る・27
　6　福島第1原発港湾内の生物汚染　　31
　7　根源は所在が不明な溶融燃料（燃料デブリ）に　　37

第2章　放射能放出量と漁業への影響　　41
　1　放射能の放出量　　42
　　1　大気から海洋への降下量・42
　　2　福島第1原発からの液体での流出量・44
　　3　現時点における3つの放出源・46
　　①原発から直接流入・46
　　②河川・地下水経由の流入・46
　　③海底からの溶出・47
　2　食品に関する基準値の変更と漁業への影響　　47
　　1　基準値の変更・47
　　2　出荷制限と操業自粛・49

第3章　海の放射能汚染——海水、底質と水産生物——　　63
　1　海水　　64

2	底質	73
3	水産・海洋生物	77

  1 表層性魚（イカナゴ、シラス、カタクチイワシ）・80
  2 中層性魚（スズキ、クロダイ、サブロウ、ニベなど）・84
  3 底層性魚（アイナメ、メバル類、ソイ、ヒラメ、カレイ類、マダラ、エゾイソアイナメ、コモンカスベなど）・93
   ① アイナメ、メバル類、ソイ・93
   ② ヒラメ、カレイ類・100
   ③ マダラ、エゾイソアイナメ、コモンカスベなど・115
  4 回遊魚（マサバ、スケトウダラ、サンマ、カツオ、マグロ、シロザケ）・125
  5 無脊椎動物（ホッキガイ、キタムラサキウニ、ホヤ、マガキ、タコ類、イボニシ）・128
  6 海藻類・133

4	東京湾と日本海の汚染	135

  1 東京湾と江戸川、荒川における底質と生物の汚染・135
  2 新潟沖の日本海と阿賀野川、信濃川・140

第4章　河川・湖沼の放射能汚染　　143

1	淡水魚の放射能汚染	144
2	福島県の河川、湖沼における放射能汚染	158

  1 浜通りにおける河川・湖沼の底質、生物汚染・159
   ① 底質汚染・159
   ② 生物汚染・162
  2 阿武隈川水系における底質、生物汚染・166
  3 阿賀野川水系における底質、生物汚染・172
  4 福島県の湖沼における底質、生物汚染（桧原湖、秋元湖、猪苗代湖など）・174

3	福島県を除く河川の底質、生物汚染	177

  1 北上川水系、及び気仙川・大川・177

2　宮城県内の河川・181
　　3　久慈川と多賀水系・183
　　4　那珂川と涸沼川(ひぬまかわ)水系・185
　　5　鬼怒川と小貝川・188
　　6　渡良瀬川、吾妻川と烏川・191
　　7　利根川と江戸川・193
　4　湖沼における放射能汚染　　　　　　　　　　　　　195
　　1　群馬県、栃木県の湖沼（赤城大沼、中禅寺湖、榛名湖など）・196
　　2　霞ヶ浦（西浦）、北浦・199
　　3　手賀沼と印旛沼・202

第5章　懸念される水圏（海洋と陸水）の長期汚染　　205
　1　福島原発の港湾内もれっきとした海　　　　　　　206
　2　世界三大漁場の放射能汚染　　　　　　　　　　　207
　3　東日本の広い範囲にわたる河川・湖沼の底質、生物汚染　212
　4　浸透し続ける放射能汚染　　　　　　　　　　　　217
　　①避難地域及びその周辺の河川・湖沼の高レベル汚染・218
　　②生物汚染が基準値を超える広範な河川、湖沼・218
　5　食品の基準値の国際比較と問題点　　　　　　　　219
　6　懸念される生物相への生理的、遺伝的影響　　　　222

あとがき・229

第1章　福島第1原発からの汚染水の海洋流出

「アイナメ74万ベクレル　福島第1原発港湾」。13年3月16日付「福島民報」は、このような見出しをつけて、次のように報じている。

　「東京電力は15日（13年3月）、福島第1原発の港湾内で捕獲したアイナメから、魚類では過去最大値となる1キロ当たり74万ベクレルの放射性セシウムを検出したと発表した。これまでの最大値は、福島第1原発の港湾内で捕獲したアイナメの51万ベクレルだった。国が定める一般食品の基準値（1キロ当たり100ベクレル）の7400倍に相当する。このアイナメを1キロ食べた場合の内部被曝線量は約11ミリシーベルトと推定される。原発事故後、高濃度の汚染水が海水に流出しており、東電は『セシウムが濃縮された結果』とみている。東電は港湾口の海底（水深約10メートル）に高さ約2メートルの網を設置しており、汚染土が堆積した海底付近の魚を湾外に出にくくする対策を講じている。本県沖では試験操業を除いて漁を自粛しており、港湾付近の魚が流通することはない。」

　短い記事であるが、とてつもない問題を提示している。事故から丸2年が経った時点で、とりわけ10万ベクレルをはるかに超えた超高濃度の底層性魚が福島第1原発の港湾内から検出され続けているというのである。この記事は、放射能汚染水が原発から出続けていることを示唆している。調査は東電が行っているものであり、従って東電は、かなり前から原発からの「汚染水の海洋への漏えい」を自覚していたはずである。政府も、わかっていたはずであるが、黙認していたとしか言いようがない。

　港湾内の魚の高濃度汚染が断続的に明らかにされてから間もなくして、地下貯蔵タンクからの漏水（4月5日）、そして地下水や海水からトリチウム、ストロンチウムが検出され、海への流出が露呈していった。東電は、この事実を参議院選挙の直前に認めざるを得ない状況に追い込まれていたが、発表は選挙直後になった。発表を遅らせた汚名を被ることは覚悟で、実質的に選挙への影響を回避する方を選んだのであろう。これに対し政府は、9月上旬のオリンピック最終選考会を前に、日増しに国際的批判が高まる中で、8月に入りようやく重い腰を上げた。

　東電、政府ともに、問題を深刻にしている要因として、地下水の流入をあげ、それを回避することが根本的な解決になるとし、陸側に凍土方式の遮水壁を設置するとしている。それが解決策になるのか否かを含めて、経

緯をたどりながら問題の本質は何かを考える。

1　事態の経過

　13年7月頃より、冷却に使用され、メルトスルーした燃料棒に直接触れた高濃度汚染水の福島第1原発から外部、とりわけ海洋への漏えいが表面化し、政治的にも大きな焦点となった。汚染水の海洋流出が問題になっていった経緯は以下のとおりである。東電の原子力施設情報公開ライブラリー[※1]、及び新聞報道などから関係している部分を時系列で追ってみる。

a）13年3月15日、原発港湾内のアイナメから、1キログラム当たり70万ベクレルを超える放射性セシウムを検出したと発表。少なくとも12年12月頃からアイナメ、ムラソイなどに10万ベクレルを超える魚が相次いで発見され、その極め付けが13年2月に採取したものから出てきたわけである。

b）13年4月5日、東電は、汚染水を貯める地下貯水槽のうち、№2の外部で全ベータ線で5900ベクレル/立方センチの放射能を検知し、貯水槽からの漏えいを確認した。№3からは、漏えいの兆候が確認された。7月1日までにすべての汚染水、約2万4000トンの地上タンクへの移送を完了した。

　この詳しい経緯は次のようである。13年4月3日に発電所構内に設置した地下貯水槽№2において、貯水槽の内側に設置された防水シート（地下貯水槽は三重シート構造となっている）の貯水槽の一番外側のシート（ベントナイトシート）と地盤の間に溜まっていた水を分析した結果、1立方センチ当たり101ベクレルの放射能を検出した。そのため、4月5日、一番外側のシートと内側のシート（二重遮水シート）の間に溜まっている水の分析を行ったところ、全ベータ線で1立方センチ当たり約5900ベクレルが検出されたわけである。なお、付

[※1] 東京電力原子力施設情報公開ライブラリー　http://www.tepco.co.jp/nu/f1-np/press_f1/2013/pdfdata.pdf

近に排水溝がないことから、海への流出の可能性はないとしている。4月6日午前5時43分、地下貯水槽No.2に貯水してある水について、本設ポンプ1台で地下貯水槽No.1への移送を開始した。

c）5月24日、護岸から西約25メートルの観測用井戸「1」で採取した地下水から、1リットル当たりトリチウム、約50万ベクレル、ストロンチウム90、約1000ベクレルが検出された（以下は、水については1リットル当たり）。

d）6月19日、東京電力は、1・2号機間の護岸付近の地下水からトリチウム濃度が46〜50万ベクレル、ストロンチウム90も法令告示濃度限度以上の1000ベクレルが検出されたと発表。

e）2号機海側の井戸の地下水では、7月5日、セシウムが309ベクレルであったのが、7月8日、2万7000ベクレル（90倍）、そして7月9日には3万3000ベクレルへと急増した。7月5日、2号機タービン建屋東側の港湾近くの観測井戸で、地下水から60万ベクレルのトリチウムを検出した。これらについて東電は、あくまでも陸上側の地下水の汚染であり、海への漏えいはないと言い張っていた。しかし、7月10日、原子力規制委員会（委員長・田中俊一）は、「原子炉建屋にたまった高濃度の汚染水が、地下水と混じって海に今も漏れ出ている疑いがある」との見解を打ち出した。その背景には、「1〜4号機取水口北側」の海水からトリチウムが、7月2日、2200ベクレル、3日、2300ベクレルと立て続けに検出されたことがある。図1-1[※2]は、東電調査に基づく海水中のトリチウム、セシウム、ストロンチウム濃度の時間変化を示したものである。東電の説明では、変動はするが、「一方的に増加しているようには見えない」としきりに説明している。しかし、この図で、3〜5日の移動平均を取れば、むしろ徐々に上昇し

※2 　東京電力による相双漁協（相馬双葉漁業協同組合）への説明資料（2013年9月3日）；1「汚染水の現状と現在の対策について」4頁に加筆。http://www.tepco.co.jp/nu/fukushima-np/handouts/2013/images/handouts_130903_01-j.pdf

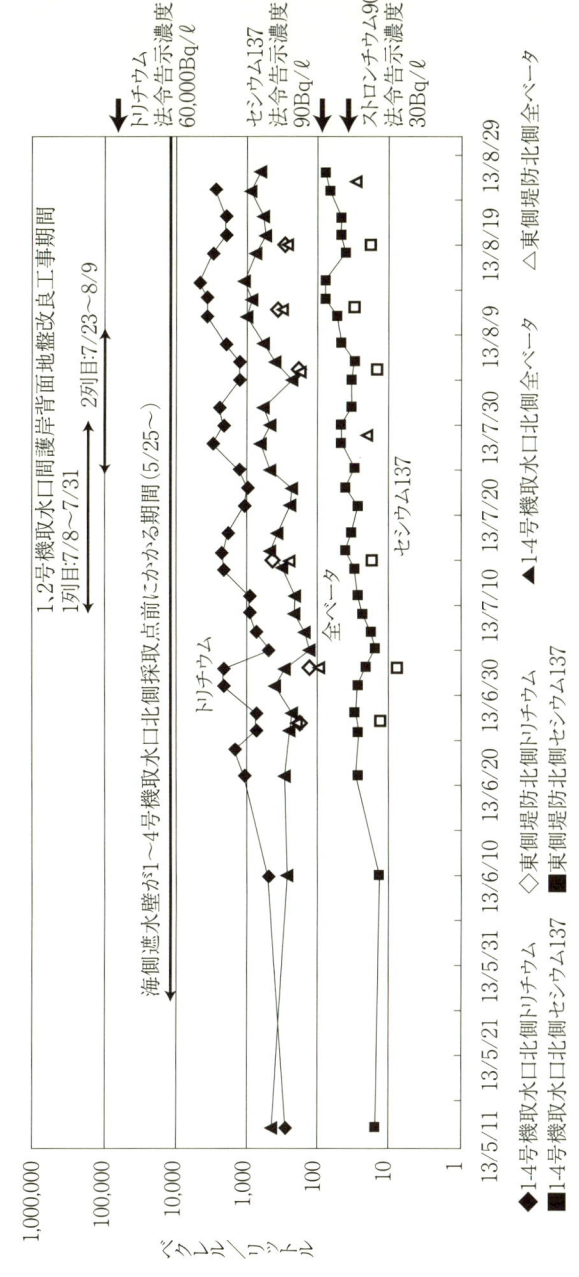

図1-1 港湾内の海水中トリチウム、セシウム、ストロンチウム濃度の推移（東電発表資料より）

ていることが見えるはずである。そして取水口近傍とはいえ、海水から高濃度の物質が検出されるということは、陸側からの供給なしには説明できない。

7月18日、東電は、海水からの高濃度汚染が確認されたことで、海への流出を認めた。しかし、記者会見により明らかにしたのは22日である。その前日は参議院選挙の投票日であった。この間の報道発表の姿勢からすれば、政治的波及効果を考慮して、意図的に遅らせたとしか考えられないタイミングであるが、意図的に遅らせたとすれば、ある種の犯罪と言ってもいい。

この問題に関して、国は、くりかえし対応をとるよう東電に要請している。第13回「特定原子力施設監視・評価検討会」(2013年6月28日) で「参考3」[※3] として配布された資料「海側トレンチの汚染水に係るこれまでの指示等」は、以下のように関連した指示を列記している。抜粋して引用する。

1) 東電福島第1原発における信頼性向上対策に係る実施計画の策定について（指示）（平成24年3月28日、原子力安全・保安院）
   (2) 放射性物質の放出・貯蔵管理及び漏えい防止対策
   ○建屋、トレンチ等に滞留する高濃度の汚染水について止水、回収及び処理を早急に実施すること。

2) 「東電福島第1原発における信頼性向上対策に係る実施計画の評価」（平成24年7月25日 原子力安全・保安院）
   3-2 放射性物質の放出・貯蔵管理及び漏えい防止対策
   (2) 建屋等に滞留する高濃度の汚染水の処理等

3) 汚染水処理対策委員会の報告書に対する見解について（平成25年5月30日、原子力規制庁）（第3回汚染水処理対策委員会）

※3　第13回特定原子力施設監視・評価検討会（2013年6月28日）；「参考資料3」。
http://www.nsr.go.jp/committee/yuushikisya/tokutei_kanshi/20130628.html

(2) 高濃度汚染水が滞留する海側トレンチからの漏えいについては、リスクの高さから対応を先送りすることはできないことから、今回示されたスケジュールの前倒しも含め、早急に防止対策が実施されることが必要である。

　これらの指示や発言は、「タービン建屋の海側トレンチに滞留している高濃度汚染水」に対し、その「止水、回収、及び処理」を緊急に実施するよう、12年3月以降、繰り返し強調している。東電は、一定の努力をした形跡はあるが、その努力の甲斐なく、実際は、13年6月頃になって、周辺地下水や、ひいては海水の高濃度汚染が表面化し、7月18日には、東電自らが、その事実を認めざるを得ない状態になったのである。

2　地下等からの海洋への漏えい

　これを受け、8月7日、政府は、第31回原子力災害対策本部を開催し、地下水の流れに関する試算を発表した。それによると、「1～4号機には、1日約1000トンの地下水流入があり、このうち約400トンが原子炉建屋に流入。残りの約600トンの一部が、トレンチ内の汚染源に触れて、汚染水として海に放出されている」としている。1日当たり約300トンが汚染水として流出しているとした。
　この結論は、6月から7月にかけて、1～4号機取水口付近の海水、地下水の分析結果や、海付近の地下水の水位変動が海の潮汐変動に応答している事実に基づき、原子力規制委員会としても海洋への漏えいを認めざるを得ないとの認識に基づいている。
　この件につき9月3日の相双漁協（相馬双葉漁業協同組合）への東電の説明資料[※4]には、以下のように書かれている。「1～4号機の海側地盤から高濃度の汚染された地下水が検出され、汚染水が海に流出していることがわかった。今後、汚染水対策の3つの原則『汚染源を取り除く』、『汚染

※4　東京電力による相双漁協への説明資料（2013年9月3日）；「汚染水対策ならびに地下水バイパスについて」。http://www.tepco.co.jp/nu/fukushima-np/handouts/2013/images/handouts_130903_04-j.pdf

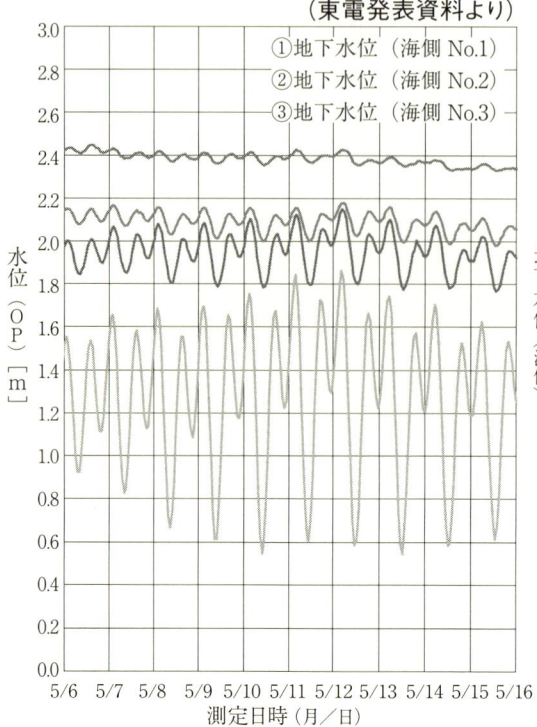

図1-2 福島第1原発における海側地下水の水位変動と小名浜の潮位との関係
（東電発表資料より）

源に水を近づけない』『汚染水を漏らさない』に基づき、抜本的な対策を取っていく」としている。さらに、実施している海域モニタリングから見て、「港湾外への影響はほとんど見られません」ともしている。

敷地内の対策エリアとしては3つある。

エリア1（汚染水の残るトレンチ〔トンネル〕）。トレンチ（海水配管トレンチなど）内に1立方センチ当たり10万ベクレルという高濃度のセシウムを含む汚染水が残留。これは、1リットル当たり1億ベクレルである。

エリア2（タービン建屋・原子炉建屋）。地下水が1日、400トン流入し、新たに汚染水へ混入している。

エリア3（1、2号機の取水口付近で、海に最も近い海抜4メートルエリア）；過去に漏えいした汚染水がこのエリアに残留。

これらは、それぞれの特徴はあるが、相互に連動していると推測される。例えば、エリア3の井戸の地下水の水位は、海の潮汐変動に応答し、降水量にも左右されていることがわかっている（図1-2）[※5]。元々、陸岸境界においては、水は陸と海の間を行き来している。海岸線では、地下水が

※5　東京電力による「タービン建屋東側（海側）の地下水調査結果および、漏えい防止策について」（2013年7月23日）、5頁に説明を補足。

砂浜の先でわき上がっていることは、ごく自然にある光景である。ということは、高濃度の地下水があれば、その地下水は、潮汐に対応して、海水と混ざりつつ、下げ潮の時に海へと出ていくはずである。

そうしたことも勘案しつつ、東電は、トリチウム、セシウム、ストロンチウムの流出量を試算した。陸側からの流出量を元にした評価としては、3つの移行経路を想定している。

①地下に埋設してあるトレンチなどの汚染水が海に流出。
②地下水を経由した移行（トレンチの下部にできた亀裂などから、しみ込んだ汚染物質が、地下水に混入し、それが海に出ていく）。
③港湾底質に蓄積したものが海水に溶出。

これらを想定しての試算によれば、東電は、「原発の港湾内の放射性物質の濃度から、ストロンチウム90が1日に30億〜100億ベクレル、セシウム137が40億〜200億ベクレル流れ出ていると試算した」[※6]。事故直後から継続していたとすれば、総放出量は、ストロンチウム90で10兆ベクレル、セシウム137で20兆ベクレルになる。トリチウムは、約40兆ベクレルである。セシウムの放出量が、相対的に少ないことが特徴である。これは、のちほど触れることになるが、事故が一定程度、落ち着いたあとの冷却作業が、セシウムだけは除去しながら行われてきた結果ではないかと推測される。

ちなみに、11年6〜8月にかけての阿武隈川からのセシウム137流出量は1日当たり524億ベクレルという試算がある（前著36頁）。2年を経過した現在、河川からの流入量が、試算当時と比べ量が減少しているかもしれないことを想定しても、原発から地下を通じて流出している量40〜200億ベクレルは、阿武隈川からの流出量に匹敵する。

3　汚染水貯蔵タンクからの漏えい

8月になり海洋への漏えいに拍車をかけるように、今度は、陸上の貯蔵タンクで予期せぬ事態が起きた。8月19日、H4エリアのNo.5地上タンクからの汚染水の漏えいが発覚する。これが第三の問題となる。

※6　『朝日新聞』13年8月22日。

同日、汚染水貯留タンク周辺に設置されている堰の排水弁から水が堰外に出ていることが確認された。その水からの放射線量が高く、タンク内の貯留水が堰の外に漏えいしたと判断された。漏えいが起きたタンクで約3mの水位低下があったことから、漏えいした水量は約300立方メートルと推定された。そのうち回収できたのは約4トンで、残りは、土壌への浸透や、排水溝に沿って海に向けて移動した可能性が高い。実際、21日には、漏えいしたタンクそばの排水溝の表面で毎時6ミリシーベルトの放射線量を検出している。この排水溝は、4号機南側の海に直接つながっている。東電は、「汚染水が海に流出した可能性は否定できない」と説明した[※7]。
　23日、原子力規制委員会のメンバーらが現地視察を行った。その際、巡視の状況を記した点検記録の提示を求められたが、東電に記録はないことが判明している。また、「タンク近くに立ち入った作業員の被曝線量が7月以降上昇傾向にある」ことから、7月の時点ですでに漏えいが始まっており、少しずつ漏れ出ていたとみられる。
　タンクは、鋼板をボルトで締めこんでつくる「フランジ型」と言われるもので、フランジの間に挟むパッキンの耐用年数は約5年とされ、元々、長期にわたって使用できるしろものではなかった。しかも、まだ2年強しかたっていないのに、漏えいしたのである。高濃度の汚染水を長期間、貯蔵せねばならないことがわかっているのに、なぜこのようなタンクを採用したのか、追及されてしかるべきである。同型のタンクは350基あると言われる。
　その後、同型タンクの全数点検を行う中で、東電は、31日、他の4カ所で高い放射線が検出されたと発表した。最大で1800ミリシーベルトが測定された。さらに9月1日には、H5区画のタンク間をつなぐ配管のつなぎ目から新たな汚染水の漏えいが確認される。さらに、10月3日、別のタンクで水位計の設置に問題があり、地面の傾斜による漏えいに気づかず、約400トンの汚染水が海（港湾の外側の）に直接流出していたこともわかった。ここは防波堤の外側であり、安倍首相が言うところの0.3平方キロ範囲の外側である。調査点検を詳しくすればするほど、新たな汚染が見つかるという状態が続いている。

※7　『朝日新聞』13年8月23日。

これらを受け、8月28日には、汚染水漏えいについて、原子力規制委員会が国際原子力事象評価尺度（INES）の暫定評価[※8]を「レベル1」から「レベル3」（重大な異常事象）に引き上げた。レベル3は、8段階の上から5番目に当たる。すでに福島第1原発の事故は、「レベル7」（深刻な事故）となっており、タンクからの汚染水漏えいで、更にレベル3が加わったことになる。事故は終息しているという主張の嘘が露呈した形である。

　さらに漏えいを起こしたH4エリアのNO.5地上タンクのすぐ北側の観測井戸で、10月17日に採取した水から放射性ストロンチウムなどベータ線を出す物質が1リットル当たり40万ベクレルという極めて高い値が検出された[※9]。この原因は不明のままで、他のタンクでの漏えいも懸念される。

　なお、2014年2月になり、汚染水の測定においてストロンチウム90などベータ線を出す放射性物質の濃度が過小評価されていたことが発覚した[※10]。2月14日、東電は、汚染水や土壌の167検体につき過小評価を認めた。たとえば、13年7月5日、2号機海側の観測用井戸の水からストロンチウム90を含むベータ線を放出する放射性物質が、1リットル当たり90万ベクレルとしていたが、ストロンチウムだけで500万ベクレルであることがわかった。これは、当初の発表の約10倍に相当する。また、13年8月に地上タンクから漏えいした約300トンの汚染水も該当し、当時ベータ線を出す放射性物質が最高で8000万ベクレルとしていたが、これも最大で8億ベクレルになる可能性があるという。これでは、対策をとるための議論そのものが成立しなくなりかねない。これらの検体は測定しなおして公表されることになっている。

4　対症療法でしかない政府の政策パッケージ

　このような混迷は、国際的にも大きく報じられ、日本は福島事故への対

※8　原発等で発生した事故・故障等の影響の度合いを簡明かつ客観的に判断出来るように示した評価尺度。INESは、事故や事象を安全上重要ではない事象レベル0から、チェルノブイリ事故に相当する重大な事故レベル7までの8段階に分けている。福島事故は、事故直後に暫定「レベル7」とされ、さらに13年8月の汚染水漏えい問題で、「レベル3」とされた。
※9　『共同通信』2013年10月18日。
※10　『共同通信』2014年2月18日。

応が全くできていないことが表面化する事態となっていった。海外からの反響は大きく、9月7日に予定されている2020年オリンピックの最終選考にも悪影響が出るかもしれないという情勢の下で、政府はようやく重い腰を上げた。

　9月3日、政府は、原子力災害対策本部・原子力防災会議合同会議を開催した。席上、安倍首相は、「政府の総力をあげて対策を実施する」と強調し、福島第1原発の汚染水対策の基本方針と総合的対策を発表した。同基本方針は、まず「一日も早い福島の復興・再生を果たすためには、深刻化する汚染水問題を根本的に解決することが急務であることから、今後は、東京電力任せにするのではなく、国が前面に出て、必要な対策を実行していく。その際、従来のような逐次的な事後対応ではなく、想定されるリスクを広く洗い出し、予防的かつ重層的に、抜本的な対策を講じる」としている。

　具体的な対応は、以下の6点である。

(1) 関係閣僚等会議の設置；汚染水問題の原因を根本的に断つ対策として、内外の技術や知見を結集し、政府が総力をあげて対策を実施するため体制を整備し、原子力災害対策本部の下に、「廃炉・汚染水対策関係閣僚等会議」を設置する。

(2) 廃炉・汚染水対策現地事務所を福島第1原発の近郊に設置する。

(3) 汚染水対策現地調整会議の設置；情報共有体制の強化及び関係者間の調整を図るとともに、立地自治体や地元のニーズに迅速に対応するため設置する。

(4) 廃炉・汚染水対策の工程管理とリスクの洗い出し；東電による対応を強化すると同時に、国が前面に出て、作業が適切に進展するよう工程の内容と進捗の確認を行う。また、作業者の被曝線量管理の徹底を図るとともに、可能な限り被曝低減に努める。

(5) 財政措置；技術的難易度が高く、国が前面にたって取り組む必要があるものについて、財政措置を進める。凍土方式の陸側遮水壁の構築及びより高性能な多核種除去設備（ALPS）の事業費全体を国が措置する。まずは予備費を活用して、早期の事業開始を促す。凍土遮水壁の建設費用に320億円、汚染水浄化設備の改良費用に150億円、計

470億円程度の国費を投入する。そのうち13年度予算の予備費から210億円を充てる。

(6) モニタリングの強化、風評被害の防止、国際広報の強化：海域環境等のモニタリングを強化するとともに、海洋等における放射性物質の検出状況についての正確な情報等を迅速に提供することにより、風評被害を防止する。毎週一元的に公表する。また、英語の発信ポイントや概要資料等の国際広報情報に翻訳するとともに、国際社会への情報発信を行う。

その上で、3つの対策を提案する。「汚染水問題は、毎日、大量の地下水が原子炉建屋内に流入し、この大量の地下水が汚染水となって、原子炉建屋の地下や、その建屋地下とつながっている建屋海側のトレンチ（配管や電源ケーブルを通す地下トンネルのような空間）に溜まり続けていることが根本原因である。この汚染水の量が毎日増加し、その貯蔵を行っているタンクや配管からの漏えいが発生するなど、日増しにその管理を困難にしている。このため、汚染水問題の根本的な解決に向けて、①汚染源を「取り除く」、②汚染源に水を「近づけない」、③汚染水を「漏らさない」という3つの基本方針の下、対策を講じていく」とする。具体的には、

第1、汚染源を「取り除く」ため、原子炉建屋地下等のトレンチ内に滞留する高濃度汚染水を除去し、また、国費でより高性能な多核種除去設備（ALPS）を整備して高濃度汚染水の浄化を加速する。

第2に、汚染源に「近づけない」方策として、建屋を囲む凍土方式の遮水壁の設置等を国費で行う。

第3に、汚染水を「漏らさない」ために、水ガラスによる壁の設置や、海側遮水壁の設置等を多重的に行う。また、地上タンクからの汚染水の漏えい問題は、汚染水の「管理体制の問題」であり、タンクの管理体制を強化するとともに、ボルト締めタンクを溶接型タンクに入れ替える。

以上の対策をパッケージで実施することにより、汚染水問題の早期解決

に向けた道筋をつけるというわけである。

　しかし、この基本方針と具体的な方策は、東電が既に作成し、逐次推進している対策ばかりである。どこが抜本的、根本的な対応策なのか。国際的な批判も含め、問題が広がるばかりのため、政府が前面に立つという姿勢を示すことに意義があるだけとしか思えない。

　とは言え、これを前提として、安倍首相は、9月7日、運命の20年オリンピック最終選考会に臨んだ。国際的に懸念材料となっている東電福島第1原発の汚染水漏れについて「状況はコントロールされている。決して東京にダメージを与えることを許さない」と強調した。その後の質疑で国際オリンピック委員会（IOC）委員から根拠を問われ、「汚染水の影響は原発の港湾内の0.3平方キロメートル範囲内で、完全にブロックされている」と説明した。何と具体的に550メートル四方の中におさまっているというわけである。「健康問題については今までも現在も将来も全く問題ない」とし、「抜本解決に向けたプログラムを私が責任を持って決定し、実行していく」と約束した。他にも、以下のことを発言している。

・福島の近海のモニタリング結果は、最大でも世界保健機関（WHO）の飲料水の水質ガイドラインの500分の1である。
・日本の食品や水の安全基準は世界でも最も厳しく、被曝量は国内のどの地域でも基準の100分の1である。

　周到に準備されたものとはいえ、後先を考えない一方的なものであった。

　しかし、9月13日、東電フェロー（技術顧問）は「今の状態はコントロールできていない」と発言している。後日、このフェローの発言は撤回されるが、政治的に抑えられただけで、東電の多くの職員が、実際に事態が制御できているとは思っていないことは当然であろう。

　政府によれば福島第1原発の港湾には今も1日300トンの汚染水が発電所側から流れ込んでいる。8月19日に港湾の入り口で採取した海水から1リットル当たり68ベクレルのトリチウムを検出しており、港湾内の放射性物質が港湾の外にも広がっている可能性は高い。また、高濃度の汚染水をためていたタンクから300トンが漏れた事故では、近くの排水溝を通ってそのまま外洋に流れ出した可能性が高いことは先に述べた。

原発20キロ圏内の魚類の調査では放射性セシウムの値は下がってきている。しかし、13年7月に採取したババガレイなどからは、依然として基準値を超える値が検出されている（第3章で詳述）。

　安倍首相は9月19日、福島第1原発を訪れ、放射能汚染水漏れの現場を視察した。視察後、7日の国際オリンピック委員会（IOC）総会での東京五輪招致演説と同じ表現で「汚染水の影響は（港）湾内の0.3平方キロメートル以内の範囲で完全にブロックされている」と改めて強調した。一方、東電は首相の要請に応じて5、6号機を廃炉にし、福島第1原発を、廃炉作業を進めるための研究・技術開発施設に衣替えする方針である。

　「ふざけんじゃない。原発をコントロールできないから、汚染水にこんなに苦しんでいるんじゃないか」。朝日新聞（2013年9月8日）に掲載された漁師の怒りに満ちたコメントこそが、本質に迫るとともに安倍首相のウソに突き刺さっている。

5　根本問題をはぐらかす東電の水処理対策

1　冷却作業はどう行われているのか？

　政府が総力を挙げてと言ったところで、具体的な作業をするのは東電である。当面は、東電の対策が、政府の支援下で進められることになる。「東電福島第1原発1〜4号機の廃炉措置に向けて中長期ロードマップ」（2013年6月27日）（以下、「廃炉中長期ロードマップ」）[11]、及び漁業者向けに、かつ包括的に説明することを意図して用意された、9月3日、相双漁協への説明資料などを用いて東電の対策を見ていこう。

　これまで見たことからわかるように、東電や政府は、いかにも地下水の流入が根本問題であると言わんばかりの認識に基づいて対策を進めてい

---

[11]　原子力災害対策本部、東京電力福島原子力発電所廃炉対策推進本部（2013年6月27日）：『東京電力福島原子力発電所1〜4号機の廃炉措置などに向けた中長期ロードマップ』。
　　http://www.tepco.co.jp/nu/fukushima-np/roadmap/images/t130627_04-j.pdf

る。この問題に接した時の私の疑問は、原子炉、とりわけ溶け落ちたと言われる燃料デブリの存在状態や、それに即して冷却作業がどのように行われているのかであった。報道などに出てくる対策をみているだけでは、それが見えないのである。地下水の流入が根本問題のはずはない。その前に、より本質的な汚染水のもとになる事情があるはずである。山側から来る地下水は、元々、汚染されているわけではないので、問題を増幅させる副次的な要素に違いない。この根本的な要因は、3.11の事故発生時、冷却のために、水を注げども注げども、燃料棒を水で満たすことができなかった構造が、今もさほど変わることなく継続しているということであろう。いくらかでも改善されたのであろうか？　この点に関する情報は、寡聞にも東電、原子力規制委員会の資料には明示されていない。

　東電の水処理対策のどこにも肝心の問題の所在と、その対策が見えない。それは、現在、冷却作業そのものが、どのようにして行われているのかに関わることである。冷却作業において、冷却系統は漏えいを起こすことはないのか？　冷却に使用された高濃度汚染水は、どこへ行き、どのように処理されているのか？　各原子炉ごとに、冷却用の水は、1日に何トン使われ、タンクには1日に何トン溜まっていくのかなどに関わる水収支はどうなっているのか。タービン建屋の地下トレンチなどに滞留している高濃度汚染水は、なぜ発生しているのか？　それらは、事故の初期に発生した水が、そのまま溜まっているのか？　あるいは、日々、一定量が新たに加わり、一部が外部に漏えいしているのかなどに関する情報は、全くと言っていいほど、見つけられない。少なくとも、これを正面から取り上げ、説明している箇所は見当たらない。冷却作業の全体像が見えないのである。

　そのような問題意識で、規制委員会の議事録を読んでいて、私の疑問と似たような意見が規制委員の中心メンバーの発言として存在していることに気付いた。13年7月10日の原子力規制委員会[※12]において、更田委員は問題の本質に関わる重大な発言をしている。

「〇更田委員：

※12　平成25年度原子力規制委員会；13年7月10日、第14回会議議事録。
https://www.nsr.go.jp/committee/kisei/data/20130710-kisei.pdf

数回前のこの会議でも指摘したことですけれども、海側の海水配管トレンチ、ケーブルトレンチからの漏えいというのは非常に大きな危惧を持って、強い関心を持って、最も関心・注意しなければならない点として押さえてきたところですけれども、いまだに元がわからない。東京電力が説明しているように、一昨年漏えいして滞留していたものが広がったのか、それとも、その後にも、いずれかの時点で漏えいがあって、それが拡散してきたのか、あるいは現在も漏えいが続いているのか、元のところがはっきりしていない。」

　私が危惧し、どの資料を見ても書かれていない疑問について規制委員会の委員自身が発言している。この疑問に関して、その場では、ほとんど議論になっていない。これを掘り下げていくと、対策の施しようがない深刻な問題が見えてしまうので、議論すること自体を避けたのか？　あるいは、委員の多くが、これは当たり前のことで、今更議論しても仕方ないと考えているのかはわからない。さらには、この疑問に対して、東電が、どのように答えたのかも不明である。おそらく明確な回答はできないものとみられる。少なくとも 7 月 10 日の時点で、更田委員は、上記の疑問を持ちつつ、鮮明な認識を持てないまま、東電の対策の是非を評価していたということである。他の委員からは、この問題を追及する発言は出なかった。
　しかし、この疑問に答えられないということは、状況は、11 年 3 月 11 日の直後に冷却用に注入した水が漏えいし、燃料棒を水で満たすことができず、間もなく海水から超高濃度の放射能が検出され続けた状況と、ほとんど変わっていないことを示唆している。今は、崩壊熱が小さくなり、放出される放射能も少ないため、汚染の度合いは事故当時と比べると小さいものであろうが、冷却に関する構図は、全く同じ状況であると言っていい。しかし、この点の改善なしに、根本的な解決策はない。

2　事故発生時の状況は、そのまま残っている

　この問題を見通すためには、事故が発生した当時、それぞれの原子炉で何が起きていたのかを改めてふりかえっておく必要がある。

例えば、1号機については、国会事故調報告書[※13]、165頁に以下の記述がある。

「溶融炉心の格納容器床面への落下

1号機では、3月12日2時45分までには原子炉圧力容器の底部付近に破損が生じた。流動性に富み、密度の大きな溶融炉心の大部分は、破損口の拡大とともに、1時間程度で格納容器底部に落下したと推定される。落下した溶融炉心の一部は、その流動性によって、ペデスタルの開口部から横方向に広がる一方、大部分はコンクリートを熱分解しながら下方に向けて移動したと思われる。しかし、その大部分が格納容器床面に落下したと考えられる溶融燃料が、現在、どこにどのような状態で存在しているのかについてはなにもわかっていない。」

2、3号機についても、事情は、そう変わらない。炉内の核燃料は、メルトダウン、ないしはメルトスルーしていると考えられる。損傷した箇所は、いまだ不明であり、補修など成し得るはずもない。であれば、事故発生時に冷却系統を閉じることができず、注水した水が燃料棒を覆うことができなかった状況は、現在も、同様に継続していると考えざるを得ない。冷却のため1日に400トンの水を使っていると言うが、そもそも冷却系統と言える閉じた循環系は存在していないに違いない。

燃料デブリと称している物質群が、今どこにどのような状態で存在しているのかすらわからないのである。それらは半減期に応じて崩壊熱を出し続けている。現在、行われている冷却作業は、これらの物質群にも、何らかの形で到達するように、水が供給されているのであろう。これは、すなわち、現在の冷却作業においても、閉じた循環系を作ることはできず、少なくとも注入した水の一部は、わからないところに漏えいしているということである。そのことを承知のうえでの作業だということである。どこから、どのくらいの量が漏えいしているのかもわからない。このような説明が、東電、規制委員会の資料や議論に、ほとんど登場しないのが不思議である。問題の本質を正面から系統的に記述した箇所がどこにも見当たらない。

※13　東京電力福島原子力発電所事故調査委員会（2012年9月11日）:『国会事故調報告書』。

ただ、それを示唆する記述は、ほんの少しだけある。まず東電の相双漁協への説明資料[※14]の中の対策全体の概念図を注意深く見ると、黄色い矢印が3つあり、そのキャプションとして「想定漏えい・流入ルート」とさりげなく書いている。矢印がある箇所は、原子炉圧力容器の下部から格納容器に向けて、格納容器からサプレッション・チェンバーのつなぎ目、そしてサプレッション・チェンバーからタービン建屋へ行く境界の3つである。冷却作業において、このような所で漏えいが起こっていることが推測されているのであろう。これこそが、冷却作業に困難性をもたらしている元凶である。当然であるが、東電は、冷却系統が閉じた系になっていないことを自覚しながら作業していることになる。

3　冷却用の水は滞留水で、冷却後はまた滞留水に入る

　以上の観点で「廃炉中長期ロードマップ」を見直すと、現在の冷却の実態がさりげなく示されていた。ロードマップ36～38頁に関連の記述がある。

　「燃料デブリを継続して注水冷却するため、漏えい防止の対策を講じる必要がある。」

　「循環注水ラインのさらなる信頼性向上のため、①炉注水ラインの縮小による注水喪失リスクの低減」とある。そこには、「現状、循環注水ライン（大循環）により滞留水の処理及び注水を実施しており」とし、更に「循環注水冷却は、タービン建屋を取水源としているため、建屋間止水、原子炉格納容器の止水や建屋内の滞留水処理等の動向を踏まえ、計画的に取水源を変更することが必要である」とする。

　これだけ読んでもなかなか意味がわからない。「現状、循環注水ライン（大循環）により滞留水の処理及び注水を実施しており」とはどういうことかと思いつつ、図を見ると、タービン建屋にたまっている滞留水のところから、1日、約800トンの汚染水を取りこみ、セシウム、塩分を除去する装置を通過して淡水とする。その内、約400トンを冷却水として原子炉に注水する形になっている。原子炉に入り燃料デブリと接触して汚染された水は、再び原子炉建屋やタービン建屋地下のトレンチなどにたまってい

[※14]　※4と同じ。

る滞留水に入っていく。残りの約400トンは、陸上の中低レベル貯蔵タンクにためていく。漁協向け説明の全体図の黄色の矢印は、それらの冷却水の漏えいルートを例示的に推定で示したものであろう。初めから閉じて循環する冷却系などというものは存在せず、注水したものは、すべてそのまま滞留水に戻っていくことが前提になっている。だから冷却系ではなく、「注水ライン」と称しているのであろう。これで、私の最初の疑問は解けた。2年半を経ての現実がこうであるということは、事故時も、全く同じ状況か、より困難な状況で、ひたすら注水を続けたのであろうことを改めてうかがわせる。

　ここで初めて、毎日、建屋に流入してくる約400トンの地下水が問題となってくる。事故後、元々、平時においてもサブドレインが機能しなくなり、山側から来る地下水が建屋地下の滞留水に流入するようになってしまった。結果として、毎日、滞留水は400トンずつ増え続けている。その分、薄まる面はあるにしても、高濃度汚染した滞留水の量が増え続けているというわけである。

　この背景は、こうである。東電は、先に見た本質的な課題に上乗せされる形で、山側からの地下水の流入の処理に困っている。これは、建設当初から対処していた厄介な課題である。サブドレインにより、1日に850トンの地下水をくみ上げていたというのである。ひとたび事故が起こり、サブドレインが使用困難に陥った時、極めて厄介な問題に発展した。毎日1000トンもの地下水が原発建屋に押しよせ、事故に伴う冷却系統の破たんにより日々発生する汚染水と混じって、膨大な汚染水を産み出すことが続いているのである。

　以上より、おおよその水の収支は、次のようになる。原子炉建屋、及びタービン建屋の地下にある滞留水の総量はどのくらいなのか不明であるが、約7万トン[※15]という滞留水が存在する。それは、海水配管トレンチの滞留水ともつながっている可能性が高い。そこへ1日当たりで、地下水が約400トン、及び原子炉を冷却した水、約400トンが流入する。その合計に近い約800トンをタービン建屋から取水し、セシウムと塩分の除去を

※15　『東京新聞』14年5月17日より推算。

して淡水にしたうえで、半分は、燃料の冷却用に再利用し、原子炉に注水する。残りの半分は地上タンクに貯蔵している。これが、水の収支である。

　しかし、より重要な1日当たりの放射性物質の収支については、何も示されていない。これでは、滞留水の放射能濃度がどのようにして低下していくのかわからない。系統的に示せるデータがないのかもしれない。事故から2年半が経過する中での崩壊熱と、その冷却作業に伴い、冷却水に混入する放射性物質の量はどのくらいなのか？　セシウム除去装置により約400トンを日々処理していることで除去される放射能量は？　両者の差し引きが日々の放射性物質の収支になる。ストロンチウムやトリチウムの場合、セシウム除去装置では除去できないとすれば、日々、どのくらい増え続けているのかなどが示されていない。そして、現時点で滞留水全体が有している放射能量と比べた時、その処理量は、どのくらいの割合を占めるのか。何日、何年あれば放射能をゼロにできるのか？　これらの見通しが見えていない。中長期ロードマップには、2020年内に「建屋内の滞留水処理の完了」となっている。しかし、現時点における1日当たりの放射能の収支すら示さない中で、何年後に処理が完了するなどということは、あくまでも希望的観測以上のものではない。

　中長期ロードマップ40頁の全体図をもとに、著者のコメントなどを入れたのが図1-3である。13年夏に大きな課題となったのは、第1に、原子炉建屋やタービン建屋、さらには海水配管トレンチなどの滞留水が、1日に約300トン、海に流出している問題である。この海へのルートは、一つとは考えにくく、トレンチなどに流入し、砕石を通じて地下水系に入っているものなど、いくつものルートがあると考えられる。第2に、地上タンクに既に相当量が貯蔵され、少なくとも、これから2年は状況が変わらないまま、2.5日に1基の割りで増え続けていく。そのタンク群に貯蔵されている汚染水の漏えい問題がついてまわる。これは、いつ大きな問題に発展するかわからないまま推移していく可能性がある。またALPSが本格稼働することで、状況はどのように変わるのか。いずれにせよ、この日々の汚染水の供給をゼロにすることこそが、根本的な対策につながるものである。東電、政府の「根本的な対策」は、この問題にまったく触れていない。むしろ、このような問題はないかのごとく振舞いながら、あたかも地

図1-3 汚染水処理の全体像＝「循環注水ライン」

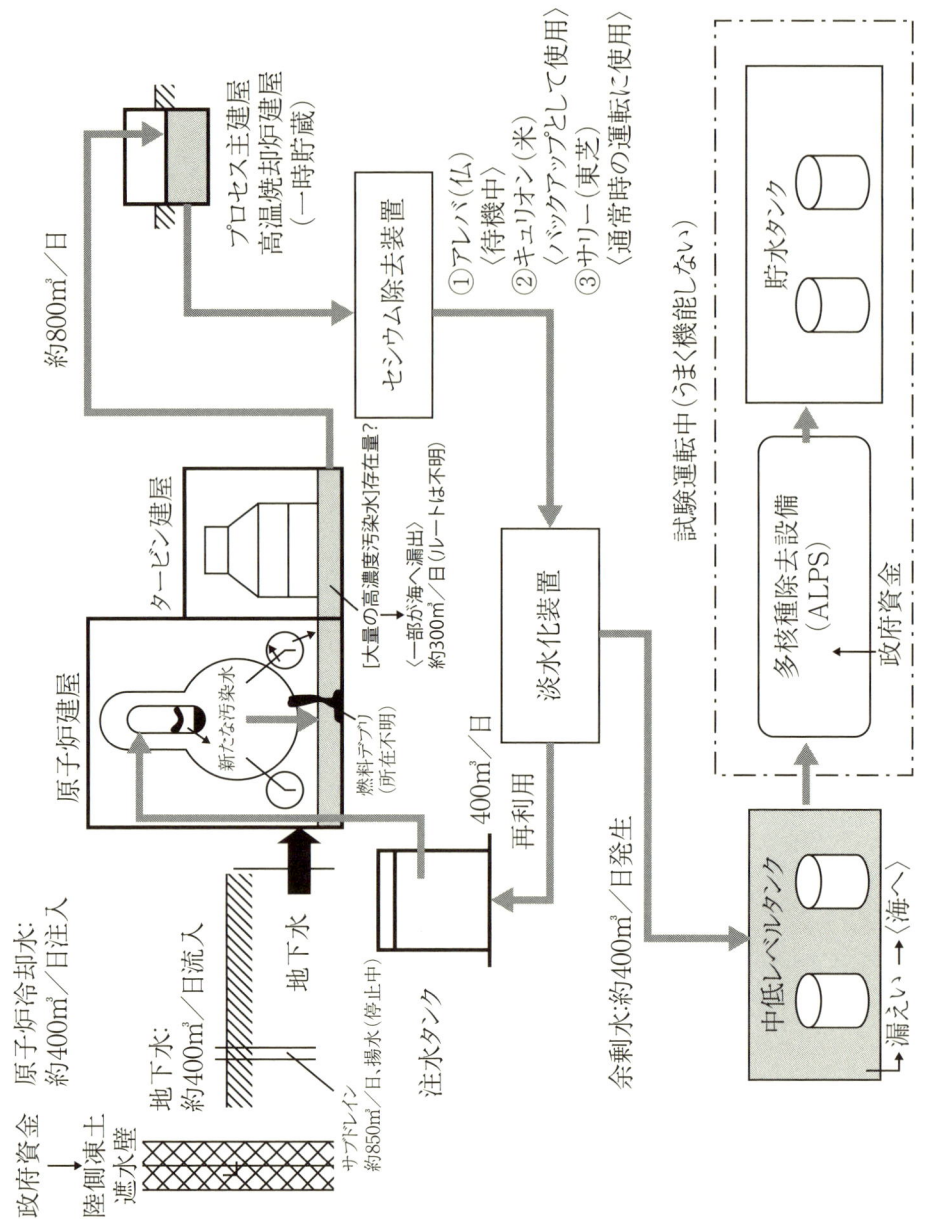

30　第1章　福島第1原発からの汚染水の海洋流出

下水の流入による汚染水の増大が根本問題であるかのように問題を設定し、対策をねっているのである。これでは、初めから対症療法でしかない。

6　福島第1原発港湾内の生物汚染

　本章の冒頭で述べた第1原発港湾内における魚介類の超高濃度の汚染問題は、12年の夏から始まっていた。きっかけは、12年8月1日、原発から北へ20km離れた太田川河口沖2kmでアイナメから放射性セシウムが1キログラム当たり（本節では以下、同じ）、2万5800ベクレルという、当時としては、海での最高値が出たことに始まる。それまでは、原発から南の久之浜などで、アイナメ、ヒラメ、シロメバルなどから4000ベクレル台が見つかるのが最高であった。それが1万ベクレルを超えるものが見つかったことで、海の汚染の深刻さが浮き彫りになった。同時にその要因を突き止める必要性が生まれた。東電は、採取地周辺の海水、底質、生物などを集中的に調べたが、要因はつかめないままであった。

　そこで、一つの可能性として、入口が開いている原発港湾での汚染魚が外に出てしまったと考えれば、説明がつくと考えたのか、東電は、12年10月から第1原発港湾内における生物の汚染状態の調査を始めたわけである。調査は、図1-4のように港湾内の7カ所で、底刺し網やかご漁を行い、かかった魚を分析する[16]。A、Eが事故直後に、高濃度の汚染水が漏えいしていた場所で、現在も海水や底質が最も汚染されている。Fは港湾口で、潮の出入りに伴いFを通して海水が交換している。同時に原発の周辺20km圏内に11測定点を設け、それらとの関連性も含めて調査している。図1-5に1〜4回目の結果を示す。どの回も、港湾内が圧倒的に高い状態は継続し、10万ベクレルを超える魚が相次いで発見されてきている。第1回では、12月20日、港湾内のAで採捕されたムラソイから最高値25.4万ベクレルが出ている。他に1万ベクレルを超えるものはアイナメ、タケノコメバルに見られる。海岸から3〜4km内の周辺20km圏内では、コモンカスベ、マコガレイ、ヒラメ、スズキなどに12年4月から魚の基準

---

[16]　東電調査による一連の結果は、東電のHPでなく、原子力規制委員会の以下のURLにある。http://radioactivity.nsr.go.jp/ja/list/460/list-1.html

図1-4　福島第1原発港湾における魚類の捕獲地点（東電発表資料より）

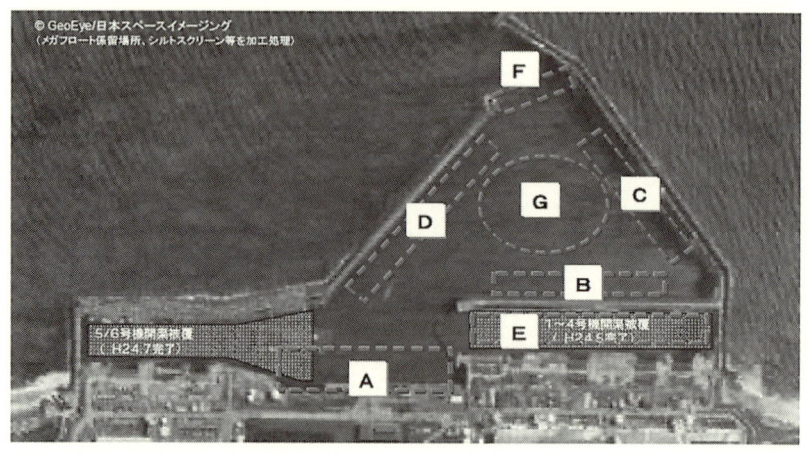

2013.9.23 現在

A：物揚場付近、B：東波除堤付近
C：南防波堤付近、D：北防波堤付近
E：1〜4号取水路開渠部付近
F：港湾口付近、G：港湾中央付近

① 2013.2.8 より、Aにシルトフェンス、Fに底刺し網を設置。
② 2013.2.27 より、Aのシルトフェンス内側及びBに底刺し網を連続設置。
③ 2013.3.5 よりEにカゴ35個、更に3.13にEにカゴ15個を継続設置して、魚類継続捕獲中。
④ 2013.3.7〜8に、Cで底刺し網を実施。
⑤ 2013.3.12〜13に、A、B、Dで底刺し網実施。
⑥ 2013.3.15〜16に、底刺し網実施。
⑦ 2013.5.9〜港湾口刺し網二重化。

値となった100ベクレルを超えるものが続出している。第2回では、13年2月17日、港湾口Fでアイナメから51万ベクレルが出ている。そして3回目に2月21日に取水口近くのEで採捕したアイナメから74万ベクレルが出たわけである。測定するたびに、最高値が高くなるという事態が連続して起きているのである。3月には、8日にアイナメからFで、28日にムラソイからBで、それぞれ43万ベクレルという値も出ている。こ

図1-5-1　福島第1原発20km圏内における魚介類の放射性セシウム濃度
　　　　（①12年12月14日〜21日）

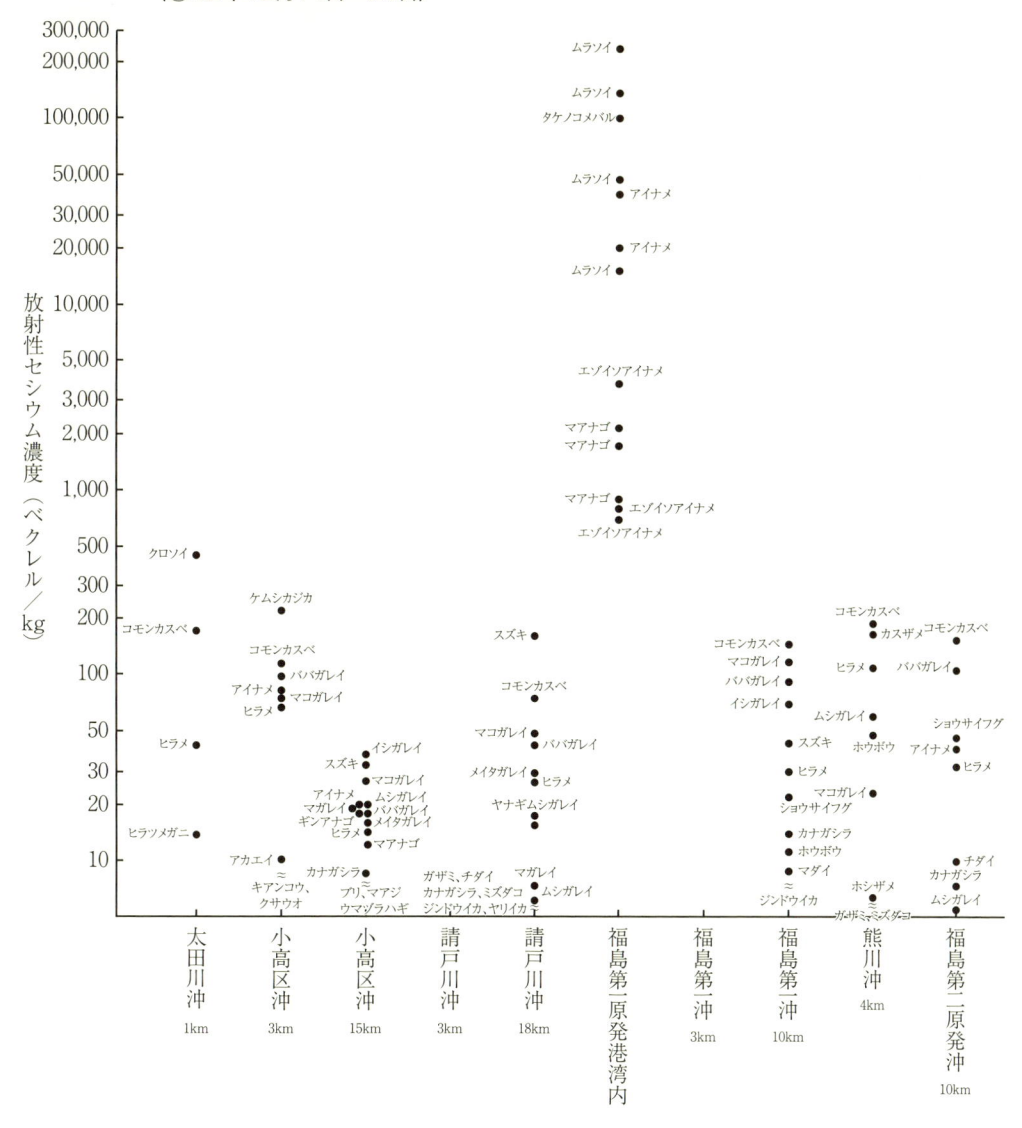

図1-5-2　福島第1原発20km圏内における魚介類の放射性セシウム濃度
　　　　（②13年1月31日〜2月17日）

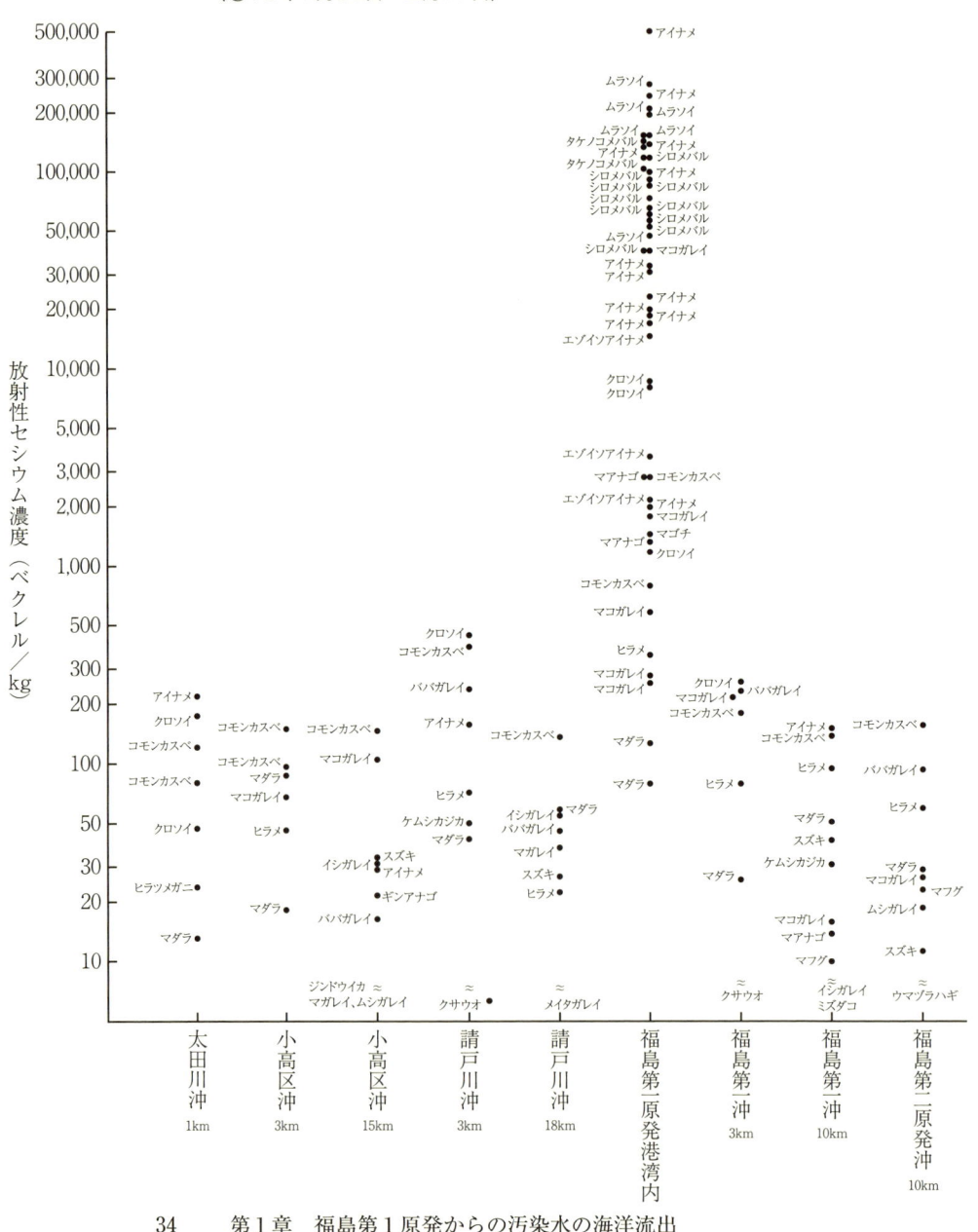

34　第1章　福島第1原発からの汚染水の海洋流出

図1-5-3　福島第1原発20km圏内における魚介類の放射性セシウム濃度
　　　　（③13年2月10日〜26日）

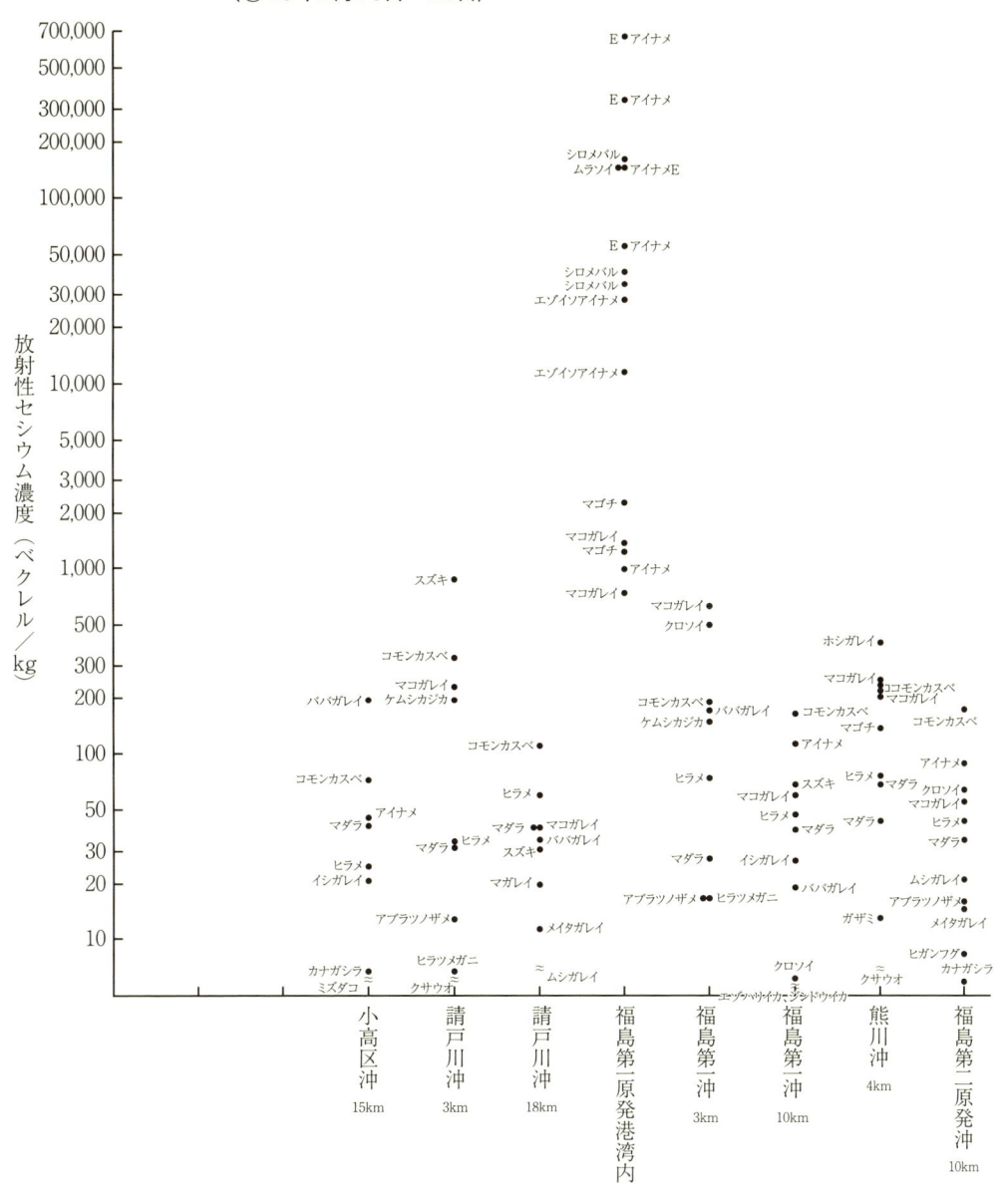

図1-5-4　福島第1原発20km圏内における魚介類の放射性セシウム濃度
（④ 2013年3月6日〜27日）

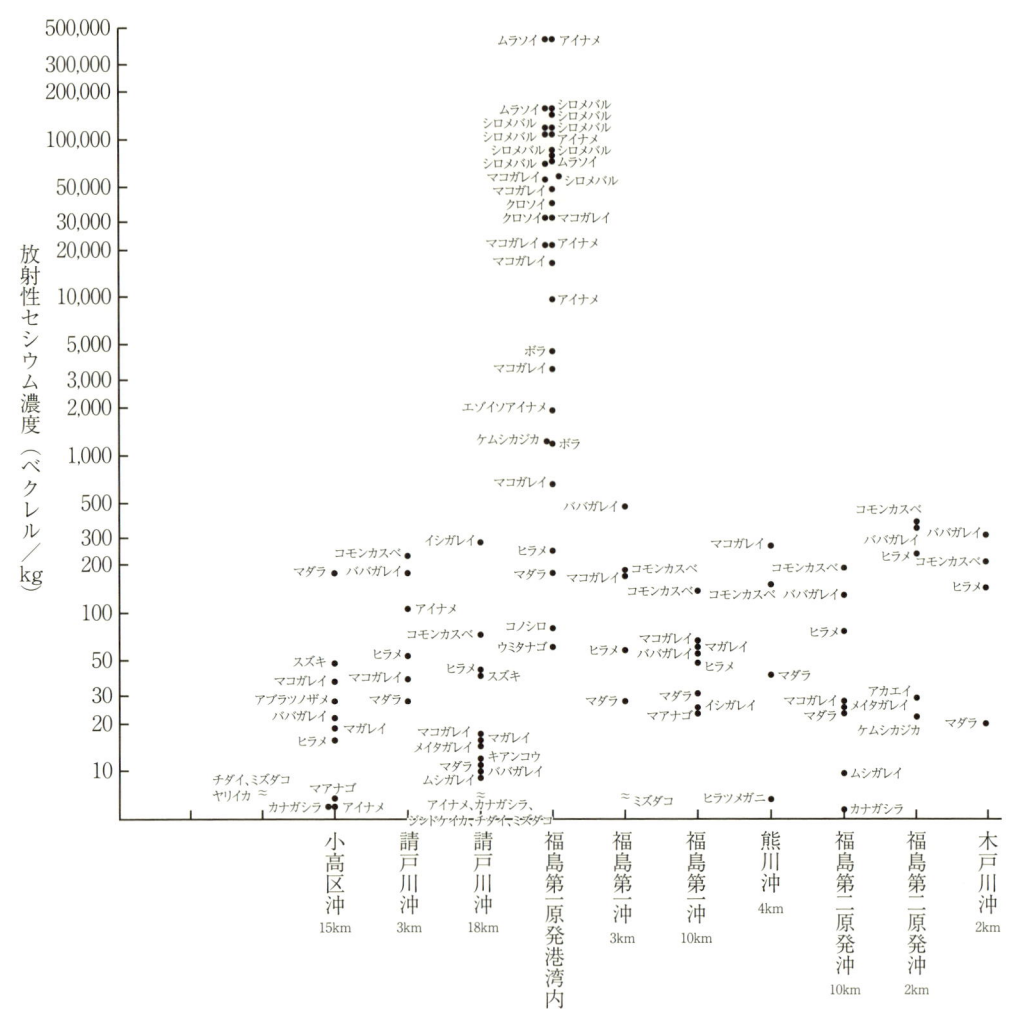

の4回の測定期間中を見れば、状態は一向に良くなる気配がない。

　港湾内で濃度の高い順に魚種ごとの値を示したのが図1-6である。最高値は、アイナメから出ているが、10万ベクレルを超える種としては、他にムラソイ、シロメバル、タケノコメバル、クロソイと、どれも定着性の強い底層生魚である。E、Aでの採捕が多いが、港湾口であるFにも多い。特にシロメバルはFに多い。Fは、外海の水が出入りする場所であり、餌を捕りに遊泳してくるものと推測されるが、潮時によれば、そのまま外海に泳ぎ出る個体も相当数いる可能性がある。他にも、マコガレイ、コモンカスベ、ヒラメ、マゴチ、マダラなどはほとんどFで採捕されている。

　以上から原発港湾内の魚介類では、周辺と比べ2〜3桁も高い汚染状態が継続している。

　これらが、どのようなメカニズムで出現するに至っているのかは、よくわからない。しかし、海水、底質が高濃度に汚染され、動植物プランクトン、餌となる小魚やゴカイなどの底生動物が、相当な汚染に見舞われている中で、数次にわたる食物連鎖構造により起きていることが最も考えられる。セシウムの濃縮は、せいぜい10倍程度としても、3次にわたる食物連鎖で1000倍にはなる。港湾口が北東に向けて狭くなっているため、海水交換が起きにくい環境の下で、生起しているのである。ここに生息している生物群集は、身をもって福島事態による放射能汚染の過酷さを示し、人類に警告を発している。そして彼らの一部は、港の外に出て、外海との交流を続けているはずである。港湾も外海とつながったれっきとした海の一部なのである。

7　根源は所在が不明な溶融燃料（燃料デブリ）に

　東電や政府の怠慢を非難することは容易である。例えば、東電の対応で言えば、12年末には港湾内の超高濃度の汚染魚が発見され、13年5月下旬には建屋海側の地中で放射性物質が検出されていたにも拘わらず、汚染水の海への流出を長く認めようとしなかった。海水と地下水の関係が焦点になっているのに、井戸の水位が潮位と連動しているという重要な情報をなかなか公表しなかった。地上の貯蔵タンクの仕様を耐用年数が長くて5

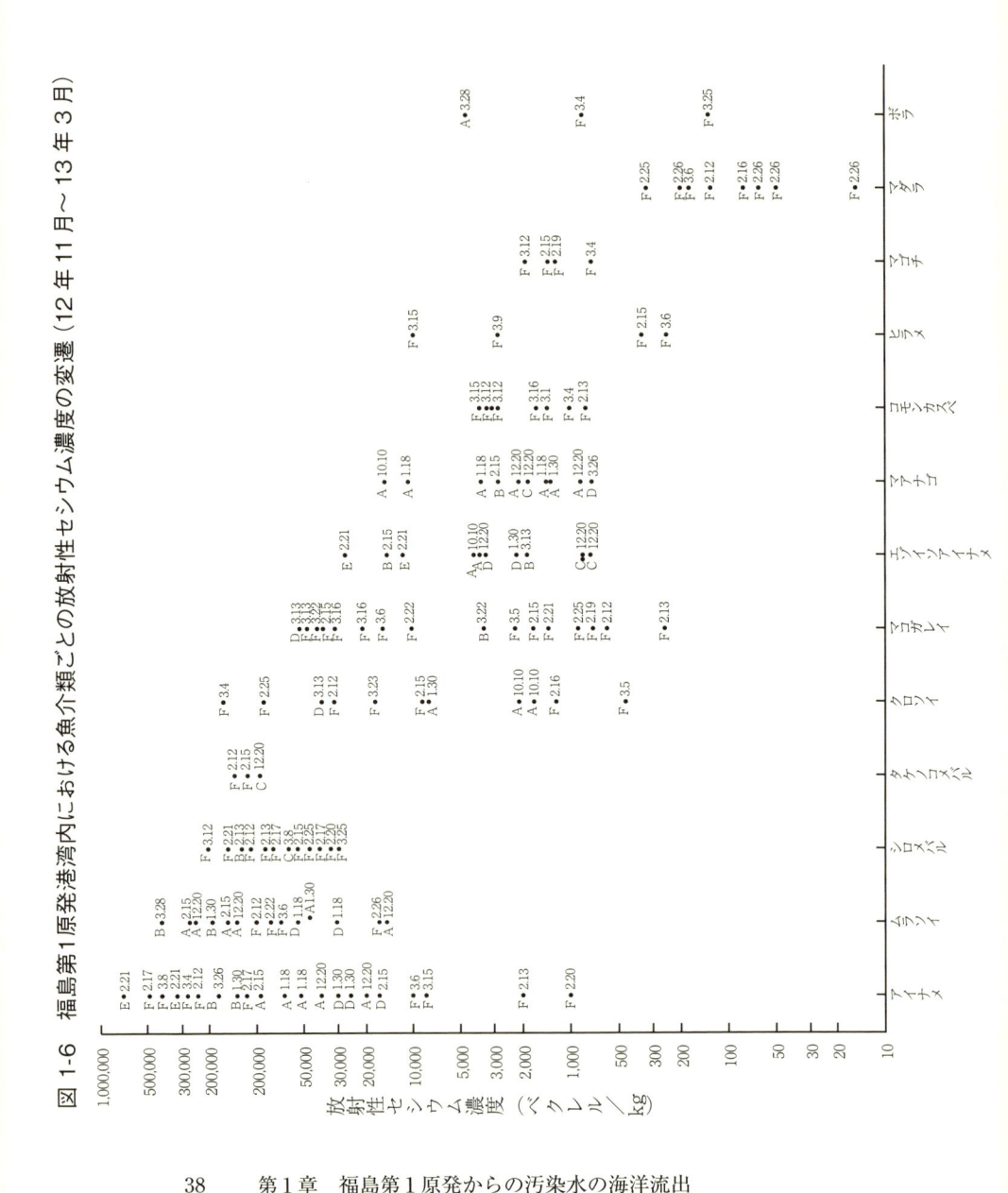

図1-6 福島第1原発港湾内における魚介類ごとの放射性セシウム濃度の変遷（12年11月〜13年3月）

第1章 福島第1原発からの汚染水の海洋流出

年しかもたないフランジ式を選んでいることなど、枚挙にいとまがない。だが、ここではあえて、原発事故や放射能汚染が本質的に備えている脅威の継続性をこそ認識すべきことを強調しておきたい。とにもかくにも、放射能という物質の本性に関わる困難性こそが本質的な問題である。誰がやっても、手に負えないものは手に負えないのである。仮に、東電が最大限の努力をしていたとしても、結果には大きな違いは出なかったかもしれない。ほころびばかりが目立つ対策であることは、それ自体問題である。しかし、問題の本質は、その程度の話しではないということである。ましてや国が乗り出せば問題は解決するなどという甘い相手ではない。

　以上、見てきたことからわかることは、問題の根源は、1〜3号機を中心に、未だに2000度C以上の熱を発している溶融燃料の塊が、その存在状態も不明のまま、3つの原子炉や格納容器周辺に現存していること自体にある。これらは、主要な物質の半減期を考えれば、少なくとも数十年以上にわたって相当量の崩壊熱を出し続ける。徐々に熱量は減るとはいえ、その間、冷却を続けなければならない。その限りにおいて、同時に高濃度の汚染水が生成され続けるのである。空冷という方法も考えられるが、それには溶解燃料の所在が明らかになる必要がある。このことは、誰にも変えることはできない。おそらく100トン以上にのぼる溶融燃料の存在が、閉じた循環できる冷却系統の構築を許さず、まともな冷却作業を拒み続けている。原子炉建屋やタービン建屋と外部などの間の貫通部の修理もままならない。

　13年11月以降、報道は減っているが、原発からは今なお、汚染水が漏えいし続けている事実は何一つ変わらない。廃炉ロードマップによれば、臨界や水素爆発の危険性をも、常に意識しながらの消耗な作業を継続しなければならないのである。まぎれもなく、事故は継続しており、原子力災害は終わっていない。ましてや、事故直後の1カ月間を中心に、福島第1原発から放出された、桁違いに大量の放射性物質は、人間の手には負えない形でまんべんなく自然界にばらまかれ、3年間にわたり大気や水の流れにより自然界を移動、循環しているのである。事態は、あらゆる生態系を含めて、環境中により深く浸透している。

第2章 放射能放出量と漁業への影響

放射能の放出量については、前著でも扱ったが、その後、新たに加わったデータを含めて整理しておく。また、12年4月より、食品の安全基準値が暫定規制値から変更されており、その経緯を概観し、新基準に基づいた漁業の操業自粛や出荷制限の実態を見ておきたい。

1　放射能の放出量

1　大気から海洋への降下量

　12年5月24日、東電は、「福島第1原発の事故に伴う大気及び海洋への放射性物質の放出量の推定について」[※1]を発表した。まず大気への放射性物質の放出量について、期間を2011年3月12日から3月31日として評価を行い、以下の結果を得たとする。
　希ガス（キセノンなど）約50京ベクレル、ヨウ素131約50京ベクレル、セシウム134、約1京ベクレル、セシウム137約1京ベクレル、放射性セシウム約2京ベクレル。
　1京は、1兆の1万倍で、10^{16}である。11年4月以降については、評価の結果、3月中の放出量に対する割合が1%未満のため、誤差の範囲と考え、無視した。
　大気への推定にあたっては、事故の影響により排気筒モニターなどの直接、放射性物質濃度を測定する計器が使用不能であったため、原子炉から環境への放射性核種ごとの放出のされやすさの比を一定と仮定したうえで、評価期間中における同発電所でのモニタリングカーなどによる測定データ（空間線量率、風向・風速）や気象庁の観測値を用いて放射性物質の大気への拡散を計算する電力中央研究所のプログラムへ入力し評価を行ったとする。
　東電が作成した他の機関の推定値との比較表が表2-1である。国際原子力比較尺度（INES評価）での総計では、約90京（900ペタ）ベクレルで、

※1　東京電力（12年5月24日）；「東北地方太平洋沖地震の影響による福島第一原子力発電所の事故に伴う大気及び海洋への放射性物質の放出量の推定について」
　　　http://www.tepco.co.jp/cc/press/betu12_j/images/120524j0105.pdf

表 2-1　大気への放射能放出量の推定値の比較表（単位 :PBq[注1]）

	希ガス	I-131	Cs-134	Cs-137	INES評価[注3]
東京電力[注2]	約 500	約 500	約 10	約 10	約 900
原子力安全委員会（2011/4/12、2011/5/12）	—	150	—	13	670
原子力安全委員会（2011/8/22）	—	130	—	11	570
日本原子力研究開発機構（2012/3/6）	—	120	—	9	480
原子力安全・保安院（2011/4/12）	—	130	—	6.1	370
原子力安全・保安院（2011/6/6）	—	160	18	15	770
原子力安全・保安院（2012/2/16）	—	150	—	8.2	480
IRSN（仏放射線防護原子力安全研究所）	2000	200	—	30	—
【参考】チェルノブイリ原発事故	6500	1800	—	85	5200

（注1）1PBq（ペタベクレル）＝ 1000 兆ベクレル＝ 10 の 15 乗ベクレル
（注2）東京電力の推定値は、2 桁目を四捨五入しており放出時点の Bq 数。希ガスは、0.5MeV 換算値。
（注3）INES 評価（国際原子力指標尺度）は、放射線量をヨウ素換算した値。他機関との比較のため I-131 と Cs-137 のみを対象とした。（例：約 500PBq ＋約 10PBq × 40（換算係数）＝約 900PBq）

　チェルノブイリ事故の 17％、約 6 分の 1 である。チェルノブイリ事故と比べると、希ガスは 8％、ヨウ素 131 は 28％である。他機関の推定値と比べ、全体ではこれまでで最大である。これは、主として今回、希ガスの値が評価されたことに起因する。

　原子炉ごとの内訳では、1 号機 13 京ベクレル、2 号機 36 京ベクレル、3 号機 32 京ベクレル、不明 11 京ベクレルとしている。2、3 号機が、それぞれ全体の 4 割を占めている。

　これらのうち、当初は、例えば日本原子力研究開発機構[※2]は、大気に放出されたものの半分が海洋に降下したとして、「太平洋における放射能濃度分布のシミュレーション」を行っている。その後、風系などの検討から大気に放出されたものの約 8 割が海洋に降下したといわれている[※3]。ノルウェーなどの研究者による試算では、79％が海に、19％が日本列島の陸地に、2％が日本以外に降下したとしている[※4]。IAEA への日本政府報告書にある大気への放出量は、19.9 京ベクレルであるが、その 8 割とすれば、

※2　日本原子力研究開発機構（2011 年 6 月 24 日）：「太平洋における放射能濃度分布のシミュレーションについて」。www.jaea.go.jp/jishin/kaisetsu04/kaisetsu04.pdf
※3　東京大学公開シンポジウム（2012 年 11 月 14 日）：「フクシマと海」報告集。
※4　『朝日新聞』11 年 10 月 30 日。

16京ベクレルという膨大な量が大気から海洋へ降下したことになる。

裏表紙のカラー図（図2-1、図2-2）[※5]は、文部科学省が、2011年11月11日に発表した航空機モニタリングによる放射性セシウムの沈着量の分布図である。先に見た大気へ放出された放射能の約2割が、この汚染をもたらしたことになる。この陸地に沈着した物質群が汚染源となり、河川、湖沼、ひいては東京湾などの汚染を産み出すことになる。そして、この4倍の量が、太平洋に降下したのである。

2　福島第1原発からの液体での流出量

同時に公表された海洋への放射性物質の放出量については、評価期間を2011年3月26日から同年9月30日として評価を行っている。その結果は以下である。ヨウ素131約1.1京ベクレル、セシウム134約3.5ペタベクレル、セシウム137約3.6ペタベクレル、放射性セシウム7.1ペタベクレルと推定した。1ペタは1000兆、1×10^{15}である。これらを合計すると、18.1ペタベクレル＝1.8京ベクレルとなる。

この推定にあたっては、同発電所の南北放水口付近で行った海水中の放射性物質濃度のモニタリングデータを元に、電力中央研究所にて放射性物質の海洋への拡散計算をするプログラムを用いて評価した。この結果は、発電所の南北放水口におけるモニタリングデータという限られたデータを元に評価したものであり、放出要因（発電所施設からの直接放出、大気からのフォールアウト、雨水からの流れ込み等）ごとの個別の評価は行っていない。ただし、「求めた放出量を元に、拡散計算を行い、福島第2原発付近（第2原発北、岩沢海岸）の海水濃度について、計算値と実測値との比較」を行って、結果の妥当性をチェックしたとしている。

また、その後、出された東電の「福島原子力事故調査報告書」[※6]には、期間ごとの放出量の試算値が出ているが、海への放出としては、放射性セシウムに関して、11年3月26日〜31日、4月1日〜6月30日、7月1

[※5]　文部科学省（2011年11月11日）:「文部科学省による、岩手県、静岡県、長野県、山梨県、岐阜県、及び富山県の航空機モニタリングの測定結果、並びに天然核種の影響をより考慮した、これまでの航空機モニタリング結果の改訂について」。

[※6]　「福島原子力事故調査報告書」、東京電力、12年6月20日。
　　http://www.tepco.co.jp/cc/press/betu12_j/images/120620j0303.pdf

表2-2　海洋への放射能放出量の推定値の比較表

	評価期間	放出量 単位:PBq[注1]		
		I-131	Cs-134	Cs-137
東電（電中研）	3/26～9/30[注2]	11	3.5	3.6
原子力安全・保安院	4/1～5/11		2.8	1.9
日本原子力研究開発機構	3/21～4/30[注3]	11.4	-	3.6
IRSN（フランス放射線防護原子力安全研究所）	3/21～7月中旬	-	-	27

(注1) 1PBq（ペタベクレル） = 1000兆Bq = 10^{15} Bq
(注2) 放水口付近の海水中放射性物質濃度の測定を開始した3/21から3/25までの間の放出量は、Cs-137で0.1PBq程度と試算しているが、I-131とCs-137の比率から大気放出によるものが主と考える。
(注3) 大気放出分を含む。

日～9月30日ごとに試算している。それによると3月から6月の間にほとんど大部分が放出されたことになる。

　東電が示した他の推定値との比較表に、11年5月時点で原子力安全・保安院が試算した値をつけ加えたのが表2-2である。各機関で評価手法は異なる。東電と同様に、放水口濃度を利用して放出量を推定した日本原子力研究開発機構とは、ヨウ素131及びセシウム137ともほぼ同等の値である。フランス放射線防護原子力研究所（IRSN）の評価は、海域全体のモニタリングデータから放射能濃度の分布図を描き、そこから海洋に存在する総量を求め、放出量を推定したものであり、推定の考え方が全く異なる。東電と日本原子力研究開発機構はシミュレーションによる検証結果を示し、ほぼ一致していることを確認しているが、IRSNは示していない。なお、東電は、「各機関とも推定結果には、直接漏えいした放出量に加え、雨水からの流れ込みや大気からの降下分が含まれている」と説明している。しかし、東電の推定においては、元データは、福島第1原発、及び海岸線に沿って南へ約20km程度の範囲にあるので、大気からの降下分や雨による流れ込みの全体が含まれているとは到底言えないと考えられる。

　今回の推定値は、ヨウ素、放射性セシウムを合計すると、18.1ペタベクレルとなり、前著でも述べたように、11年5月、東電が原子力安全・保安院へ報告した3つの合計、4.7ペタベクレルと比べると約4倍になっている。11年の推定では、4月2日に、2号機の取水口付近で発見された流出など直接計算できる3つの事例についての推定であったが、今回は、海

水濃度の実測値を元に、数値モデルを使用して試算した分だけ、3月中の流出についても含めた推定値になっている点で、前の評価よりは事実に近いものと考えられる。

3　現時点における3つの放出源

事故から3年の現時点においては、海への放射能流出の放出源としては、以下の3つが考えられる。

①原発から直接流入

これについては、第1章（17頁）でもふれたように東電の見積もりがある。

	1日	2年
流出量（東電の試算）；トリチウム	500億Bq	約40兆Bq
セシウム	40～200億Bq	約20兆Bq
ストロンチウム	30～100億Bq	約10兆Bq

但し、トリチウムは山側からの評価であり、後2者は海側からの評価である。

陸側からの流出量を元にした評価としては、3つの移行経路を想定。
a）トレンチなどからの流出。地下に埋設してあるトレンチなどの汚染水が海に流出。
b）地下水を経由した移行。トレンチの下部にできた亀裂などから、しみ込んだ汚染物質が、地下水に混入し、それが海に出ていくという想定。
c）港湾底質に蓄積したものが溶出。

相対的に、セシウムの放出量が少ないことが目立つ。これは、事故が一定程度、落ち着いたあとの冷却作業が、セシウムだけは除去しながら行われてきた結果ではないかと推測される。その後、地下水や海水からトリチウム、ストロンチウムが検出され、海への流出が露呈していった。

②河川・地下水経由の流入

これについては、11年6～8月にかけて、筑波大、京都大学などによ

る阿武隈川河口での河川水中の濃度、河川流量などの現地観測からの推測値がある。それによると、阿武隈川河口からのセシウム137流出量は524億ベクレル／日である。これは1カ月にすれば、1.5兆ベクレルとなる。2年を経過した現在、試算当時と比べ量が減少していることを想定すれば、①の原発から地下を通じて流出している量は阿武隈川からの流出量に匹敵する。

③海底からの溶出

海底からの溶出は、底質の濃度に依存すると思われるが、面積が大きい分だけ負荷量は大きいかもしれない。

今後の汚染源としては、上記3種が同時並行的に機能することになるであろう。

2 食品に関する基準値の変更と漁業への影響

1 基準値の変更

12年4月1日から水産物の基準値が1キログラム当たり100ベクレル以下になった。その前まで使われていた暫定規制値は、①食品からの被曝に対する年間の許容線量を放射性セシウムについては5ミリシーベルトと設定し、食品カテゴリーごとに割当てを行う、②汚染された食品を食べ続けた場合等の前提条件を置いた上で、設定した線量を超えないよう、食品カテゴリーごとの摂取量等をもとに、規制値（Bq/kg）を算出した。成人、幼児、乳児それぞれの摂取量や感受性にも配慮し、年代別に得られた限度値の中で最も厳しい数値を全年齢に適用したという。

これに対し、新基準値[※7]は、「より一層、食品の安全と安心を確保する観点から、現在の暫定規制値で許容している年間線量5ミリシーベルトから年間1ミリシーベルトに基づく基準値」に引き下げた。 年間1ミリシー

※7 　厚生労働省医薬食品局食品安全部（12年3月）、「食品中の放射性物質の新たな基準について」
　　　http://www.mhlw.go.jp/topics/bukyoku/iyaku/syoku-anzen/iken/dl/120117-1-03-01.pdf

ベルトとする根拠は、以下である。

表 2-3　食品ごとの放射性セシウムの暫定規制値と新基準値

食品群	暫定規制値	食品群	新基準値
飲料水	200	飲料水	10
牛乳・乳製品	200	牛乳	50
		乳児用食品	50
野菜類 穀類 肉・卵・魚・その他	500	一般食品	100

（単位：ベクレル/キログラム）

①食品の国際規格を作成しているコーデックス委員会の現在の指標は、年間1ミリシーベルトを超えないように設定していること。

② モニタリング検査の結果で、多くの食品からの検出濃度は、時間の経過とともに相当程度低下傾向にあること。

そして、食品区分を一部変更し、特別な配慮が必要と考えられる「飲料水」、「乳児用食品」、「牛乳」は個別的に区分を設け、それ以外の食品を「一般食品」とするなど、全体で4区分とした。水産物は、「一般食品」に含まれる（表2-3）。その結果、水産物については、放射性セシウムについて、暫定規制値が1キログラム当たり500ベクレルであったものが、100ベクレルになり、5倍厳しくなった。

これをどう評価するかは、極めて重要である。水産庁の中には、この基準値は低すぎ、厳しすぎるという見解を持つ研究者がいる。12年11月、東京大学での公開シンポジウムで、水産庁技官の森田貴己氏は、諸外国と比べ日本の基準は厳しいとの報告を行った。水産学会水産政策委員会委員長の松田裕之氏（横浜国立大学）は、暫定規制値500ベクレルでよかったのに、それを100ベクレルにしたために、いまだに漁業操業ができないと公然と嘆いていた。国際シンポにおいて、水産学会の重責を担う人物が、このような見解を公然と表明することは重大である。厚生労働省が、「より一層、食品の安全と安心を確保する観点から」、暫定規制値で許容していた年間線量5ミリシーベルトを年間1ミリシーベルトに切り下げたことは、望ましい選択であろう。

2　出荷制限と操業自粛

　いずれにせよ、12年4月1日から、水産物にはこの基準にのっとり、操業自粛や出荷制限がかけられている。その前提は、1キログラム当たり100ベクレルという基準値を超える水産物の出現状況である。そこで海産物と内水面にわけて基準値を超える検体が出た種ごとの変遷を表にまとめた。表2-4が海産物、表2-5が内水面である。使用したデータは、水産庁が、「食品の安全」という観点から水産生物の放射能汚染に関して、11年3月24日から調査を始めた[※8]膨大なデータである。13年3月29日現在で、2万8120検体ある。

　以下、本書では、3、4章においてこのデータをもとに水産生物の汚染状況を詳細に分析する。

　表では、基準値を超えるものに○、暫定規制値（事故から1年だけ適用された500ベクレル）を超えるものに◎を付けた。第1行の数字は、当該期間中の基準値を超える種数、（　）内の数字は暫定規制値を超える種数である。たとえば、11年4〜6月においては、基準値を超える種数が35種、うち9種が暫定規制値を超えているという意味である。基準値を超える種数が最も多かったのは、11年7〜9月で、48種が基準値を超え、そのうち11種が暫定規制値を超えていた。そのなかの29種は底層性魚である。事故から1年後、31（16）種になり、2年後には19（5）へと減少はしている。

　表層性魚は、事故直後、イカナゴ、シラスがかなり高濃度のものがいたが、1年後には高濃度のものはほとんどいなくなる。サヨリだけが基準値を超えている。中層性魚では、とりわけスズキ、クロダイが高濃度のものが2年たっても広域的に存在する。特にスズキは、500ベクレルを超えるものが、広範囲に存在する。またクロダイも、1年を超えたあたりから、暫定規制値を超えるものが出現しだしている。アイナメ、メバル類、ソイの仲間など底層性魚で沿岸にいて、定着性が強いものは、福島沖を中心に依然として基準値を超えるものが多数、存在する。第1章でみたよう

※8　水産庁（2011年12月27日）;「水産物の放射性物質調査の結果について」。
http://www.jfa.maff.go.jp/j/sigen/housyaseibussitutyousakekka/index.html

表 2-4 海産漁業生物の基準値を超える状況の変遷

期間	11年4〜6月	11年7〜9月	11年10〜12月	12年1〜3月	12年4〜6月	12年7〜9月	12年10〜12月	13年1〜3月
基準値を超える種数	35 (9)種	48 (11)種	42 (10)種	38 (14)種	31 (16)種	24 (11)種	20 (12)種	19 (5)種
表層性魚 イカナゴ	◎	○	○	○				
シラス	◎	○						
カタクチイワシ	○	○						
シラウオ	○							
サヨリ								○
中層性魚 スズキ	○	◎	○	◎	◎	○	◎	○
クロダイ		○	○	○	○	○	◎	
サブロウ				◎	○	○		
ニベ		○	○	○				
マアジ	○							
ウミタナゴ				○			○	○
ホシザメ		○				○		
底層性魚 アイナメ	◎	◎	◎	◎	◎	◎	◎	◎
シロメバル	○	◎	◎	◎	◎	◎	◎	◎
キツネメバル	○		○	○	○	○	○	
ウスメバル		◎	◎	○				
クロメバル			○					
クロソイ	○	◎		◎	○	○	○	◎
ムラソイ			◎	○	○	○	○	
ゴマソイ			○					
ヒラメ	○	◎	○	◎	◎	○	○	○
アカシタビラメ	○							
マコガレイ	○	○	○	○	○	○	○	○
イシガレイ	◎	○	○	○	○	○	○	○
ホシガレイ					○			
マガレイ		○						
ババガレイ	○	○	○	○	○	○	◎	◎
ムシガレイ					○	○		
メイタガレイ								
ヌマガレイ				○				○
アカガレイ				○				
マツカワ						○		
クロウシノシタ		○		○	○			
マダラ	○				○		○	○
エゾイソアイナメ	◎	◎	◎	◎	○	○		○
ホウボウ		○	○	○		○		
マゴチ		○	○	○	◎	◎	○	
カナガシラ		○	○	○				

	ケムシカジカ	○	○	○	◎	◎		◎	○	
	コモンカスベ(エイ)	○	◎	◎	◎	◎	○	◎	○	
	アカエイ		○	○						
	カガミダイ			○						
	キアンコウ		○	○						
	ショウサイフグ		○	○	○					
	ヒガンフグ		○	○	○	○				
	コモンフグ		○		○					
	マフグ			○						
	アオメエソ	○								
	マトウダイ			○						
	マアナゴ	○			○	○	○	○		
	ギンアナゴ		○		○					
	ナガヅカ					○				
回遊魚	スケトウダラ					○				
	マサバ		○							
	ブリ		○	○						
	ギンザケ		○							
軟体動物、甲殻類、棘皮動物など	キタムラサキウニ	◎	◎	○	○	○				
	ヒラツメガニ	○	○							
	モズガニ	◎			○					
	イセエビ		○							
	ボタンエビ	○								
	サルエビ	○								
	ホッキガイ	◎		○	○					
	アワビ	○	○							
	エゾアワビ	○								
	ムラサキイガイ	◎								
	イガイ		○							
	ビノスガイ				○					
	ミズダコ	○								
海藻類	ワカメ	◎								
	ヒジキ	◎	○							
	アラメ	◎	◎	○						
	コンブ		○							

○：基準値（100 ベクレル／キログラム）を超えるもの
◎：暫定規制値（500 ベクレル／キログラム）を超えるもの

表 2-5　内水面漁業生物の基準値を超える状況の変遷

期間	11年4～6月	11年7～9月	11年10～12月	12年1～3月	12年4～6月	12年7～9月	12年10～12月	13年1～3月
基準値を超える種数	7 (5)種	10 (5)種	8 (4)種	14 (4)種	14 (2)種	9 (1)種	7 (0)種	7 (1)種
種名								
アユ	◎	◎				○		
ヤマメ	◎	○	◎	◎	◎	◎	○	◎
ウグイ	◎	○	○	○	○	○	○	○
イワナ	◎	○	○	○	◎	○	○	○
ワカサギ	◎	◎	◎	◎			○	
ヒメマス		○		○	○			
ニジマス				○				
サクラマス					○			
カワマス					○			
フナ				○				
ギンブナ		○	○	○	○		○	○
ゲンゴロウブナ				○				
コイ			○	○	○			
ニゴイ		○						
ホンモロコ		◎						
モツゴ			○	○	○			
オオクチバス					○			
コクチバス	○							
ブラウントラウト				○	○	○		○
アメリカナマズ				○	○	○		
ウチダザリガニ	○							
ドジョウ		○						
ウナギ			○	○	○	○	○	

○：基準値（100ベクレル／キログラム）を超えるもの
◎：暫定規制値（500ベクレル／キログラム）を超えるもの

に、福島第1原発の港湾で超高濃度に汚染された魚種が該当する。回遊魚では、初めの半年間は、マサバなどに基準値を超える程度の汚染が見られたが、1年を経て基準値を超えるものはなくなっている。棘皮動物や軟体動物では、11年9月までは、ムラサキウニ、ホッキガイなどに500ベクレルを超えるものもあったが、1年後以降は、かなり低くなる。これらは、海水の濃度が高い期間、高濃度であるが、海水中濃度の低下につれて、低くなる傾向がみられる。

表2-5の内水面では、ヤマメ、イワナ、ウグイは、暫定規制値を超える

図2-3 漁業の操業自粛及び出荷制限の状況（2012年10月31日）

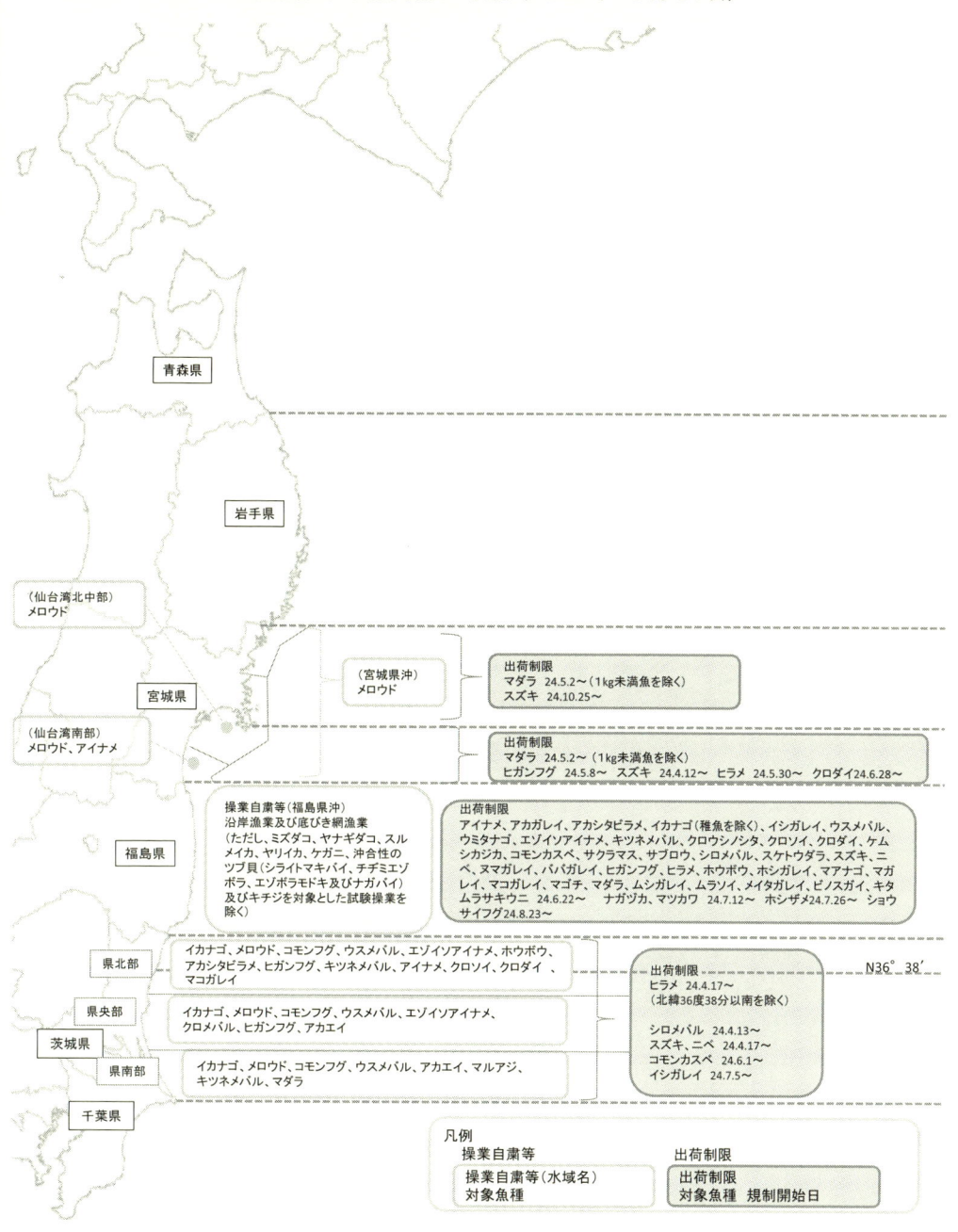

青森県

岩手県

（仙台湾北中部）
メロウド

宮城県

（宮城県沖）
メロウド

出荷制限
マダラ 24.5.2～（1kg未満魚を除く）
スズキ 24.10.25～

（仙台湾南部）
メロウド、アイナメ

出荷制限
マダラ 24.5.2～（1kg未満魚を除く）
ヒガンフグ 24.5.8～　スズキ 24.4.12～　ヒラメ 24.5.30～　クロダイ24.6.28～

福島県

操業自粛等（福島県沖）
沿岸漁業及び底びき網漁業
（ただし、ミズダコ、ヤナギダコ、スルメイカ、ヤリイカ、ケガニ、沖合性のツブ貝（シライトマキバイ、チヂミエゾボラ、エゾボラモドキ及びナガバイ）及びキチジを対象とした試験操業を除く）

出荷制限
アイナメ、アカガレイ、アカシタビラメ、イカナゴ（稚魚を除く）、イシガレイ、ウスメバル、ウミタナゴ、エゾイソアイナメ、キツネメバル、クロウシノシタ、クロソイ、クロダイ、ケムシカジカ、コモンカスベ、サクラマス、サブロウ、シロメバル、スケトウダラ、スズキ、ニベ、ヌマガレイ、ババガレイ、ヒガンフグ、ヒラメ、ホウボウ、ホシガレイ、マアナゴ、マガレイ、マコガレイ、マゴチ、マダラ、ムシガレイ、ムラソイ、メイタガレイ、ビノスガイ、キタムラサキウニ 24.6.22～　ナガヅカ、マツカワ 24.7.12～　ホシザメ24.7.26～　ショウサイフグ 24.8.23～

茨城県

県北部　イカナゴ、メロウド、コモンフグ、ウスメバル、エゾイソアイナメ、ホウボウ、アカシタビラメ、ヒガンフグ、キツネメバル、アイナメ、クロソイ、クロダイ、マコガレイ

県央部　イカナゴ、メロウド、コモンフグ、ウスメバル、エゾイソアイナメ、クロメバル、ヒガンフグ、アカエイ

県南部　イカナゴ、メロウド、コモンフグ、ウスメバル、アカエイ、マルアジ、キツネメバル、マダラ

出荷制限
ヒラメ 24.4.17～
（北緯36度38分以南を除く）
シロメバル 24.4.13～
スズキ、ニベ 24.4.17～
コモンカスベ 24.6.1～
イシガレイ 24.7.5～

N36°38'

千葉県

凡例
操業自粛等
　操業自粛等（水域名）
　対象魚種

出荷制限
　出荷制限
　対象魚種　規制開始日

53

ものも含め、一貫して高い。アユ、ワカサギは、寿命が短いことで、2年目以降は、事故直後の直接的な影響を受けた個体は生存していないことから、徐々に低くなっている。しかし、一時期、高いものがいなくなっていても、2年目あたりに、また高濃度のものが出現するといった、複雑な経過をたどる場合もある。ギンブナ、アメリカウナギなどは、原発から相当離れた霞ヶ浦、中禅寺湖や手賀沼などで、基準値を超える汚染が継続している。

　2012年10月31日、及び2014年3月3日現在における、福島をはじめとした各県における漁業の操業自粛、及び出荷制限の状況を、図2-3、及び図2-4に示す。福島県では、相馬双葉漁協、いわき漁協がタコなどのかなり沖合での試験操業を再開したのを除き、ほとんどの魚種で操業自粛が続いている。さらに宮城県から茨城県まででも、スズキ、クロダイなど中層性魚など特定の魚種については操業自粛が継続している。2つの図を比較すると、若干の改善があるようにも見えるが、事故から1年後と3年後でも、さほど変化が見られないといった方が事実に近いであろう。
　内水漁業の出荷制限や採捕自粛については表2-6に示したように、14年3月3日現在で、福島県をはじめとして、岩手県から東京都までの1都8県の広範囲に及んでいる。大気経由で運ばれた放射性物質が、山間部を中心に高濃度で地表面に沈着し、それが雨に溶け、風で輸送される中で、河川、湖沼の生物に取り込まれている状態が、極めて広範囲に発生しているのである。前著の図3のセシウム沈着量の分布図（図2-1、裏表紙のカラー図）に本書で扱う河川や湖沼、及び海上での放射能雲の流れ（推測）を追記したものが図2-5である。これは、漁業者、及びそれに連なる水産加工、水産物の流通など関連して生活を営む人々の生きざまを、半ば強制的に変更させている。問題は、基準が低すぎるということではない。汚染をもたらした以上は、その厳しさを引き受けつつ、二度と同じ状態を起こさないための方策をこそ打ち出すべきなのである。

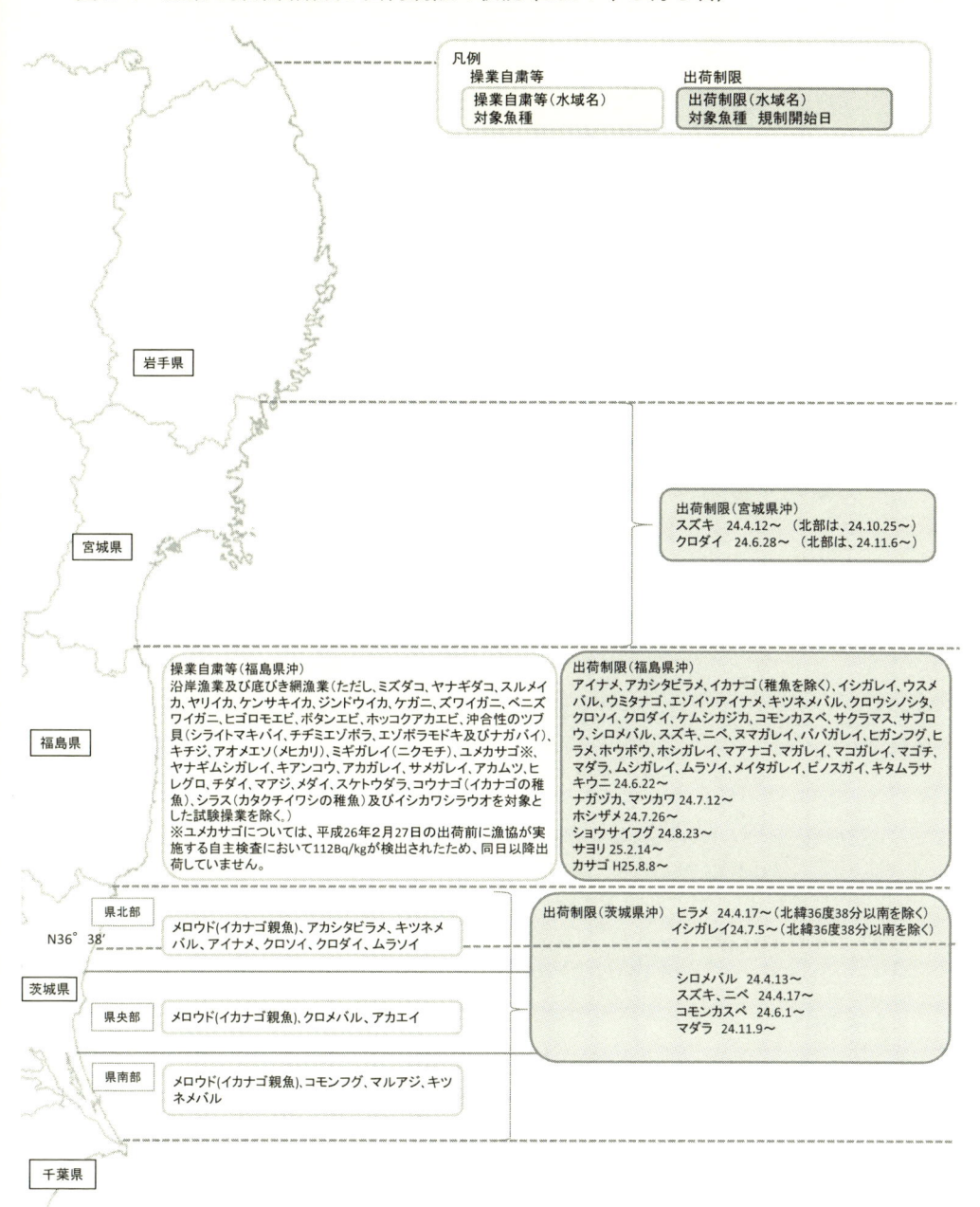

図 2-4　漁業の操業自粛及び出荷制限の状況（2014 年 3 月 3 日）

凡例

操業自粛等
操業自粛等（水域名）
対象魚種

出荷制限
出荷制限（水域名）
対象魚種　規制開始日

岩手県

宮城県

出荷制限（宮城県沖）
スズキ　　24.4.12～（北部は、24.10.25～）
クロダイ　24.6.28～（北部は、24.11.6～）

福島県

操業自粛等（福島県沖）
沿岸漁業及び底びき網漁業（ただし、ミズダコ、ヤナギダコ、スルメイカ、ヤリイカ、ケンサキイカ、ジンドウイカ、ケガニ、ズワイガニ、ベニズワイガニ、ヒゴロモエビ、ボタンエビ、ホッコクアカエビ、沖合性のツブ貝（シライトマキバイ、チヂミエゾボラ、エゾボラモドキ及びナガバイ）、キチジ、アオメエソ（メヒカリ）、ミギガレイ（ニクモチ）、ユメカサゴ※、ヤナギムシガレイ、キアンコウ、アカガレイ、サメガレイ、アカムツ、ヒレグロ、チダイ、マアジ、メダイ、スケトウダラ、コウナゴ（イカナゴの稚魚）、シラス（カタクチイワシの稚魚）及びイシカワシラウオを対象とした試験操業を除く。）
※ユメカサゴについては、平成26年2月27日の出荷前に漁協が実施する自主検査において112Bq/kgが検出されたため、同日以降出荷していません。

出荷制限（福島県沖）
アイナメ、アカシタビラメ、イカナゴ（稚魚を除く）、イシガレイ、ウスメバル、ウミタナゴ、エゾイソアイナメ、キツネメバル、クロウシノシタ、クロソイ、クロダイ、ケムシカジカ、コモンカスベ、サクラマス、サブロウ、シロメバル、スズキ、ニベ、ヌマガレイ、ババガレイ、ヒガンフグ、ヒラメ、ホウボウ、ホシガレイ、マアナゴ、マガレイ、マコガレイ、マゴチ、マダラ、ムシガレイ、ムラソイ、メイタガレイ、ビノスガイ、キタムラサキウニ　24.6.22～
ナガヅカ、マツカワ　24.7.12～
ホシザメ　24.7.26～
ショウサイフグ　24.8.23～
サヨリ　25.2.14～
カサゴ　H25.8.8～

茨城県

N36°38′

県北部
メロウド（イカナゴ親魚）、アカシタビラメ、キツネメバル、アイナメ、クロソイ、クロダイ、ムラソイ

県央部
メロウド（イカナゴ親魚）、クロメバル、アカエイ

県南部
メロウド（イカナゴ親魚）、コモンフグ、マルアジ、キツネメバル

出荷制限（茨城県沖）　ヒラメ　24.4.17～（北緯36度38分以南を除く）
イシガレイ24.7.5～（北緯36度38分以南を除く）

シロメバル　24.4.13～
スズキ、ニベ　24.4.17～
コモンカスベ　24.6.1～
マダラ　24.11.9～

千葉県

表 2-6　内水面における出荷制限や採捕自粛などの状況（2014 年 3 月 3 日現在）

◆岩手県

【出荷制限】

魚種	河川・湖沼	開始時期
イワナ	磐井川、砂鉄川	2012.5.8
ウグイ	北上川のうち四十四田ダムの下流（石羽根ダムの上流、石淵ダムの上流、入畑ダムの上流、御所ダムの上流、外山ダムの上流、田瀬ダムの上流、綱取ダムの上流、豊沢ダムの上流及び早池峰ダムの上流を除く）	2012.5.11
	大川	
	気仙川	2012.6.12

【県の要請により採捕自粛】

魚種	河川・湖沼	開始時期
ヤマメ	衣川、磐井川	2012.3.29

◆宮城県

【出荷制限】

魚種	河川・湖沼	開始時期
ヤマメ	阿武隈川（七ヶ宿ダムの上流を除く）	2012.4.20
イワナ	大倉川のうち大倉ダムより上流及び名取川のうち秋保大滝の上流※	2012.5.14
	三迫川（栗駒ダムの上流に限る）	2012.5.24
	松川（濁川及び澄川4号堰堤より上流を除く）	
	二迫川（荒砥沢ダムの上流に限る）	2012.5.28
	江合川（鳴子ダムの上流に限る）	
	一迫川（花山ダムの上流に限る）	2012.6.22
	碁石川（釜房ダムの上流に限る）	
	広瀬川（大倉ダムより上流の大倉川を除く）※	2012.12.6
ウグイ	阿武隈川（七ヶ宿ダムの上流を除く）	2012.4.20
	大川	2012.5.18
	北上川	2012.5.28
アユ	阿武隈川（白幡堰堤よりの上流の白石川を除く）	2013.6.27

※大倉川は広瀬川の支流であるため、大倉川のイワナについては、2012.5.14 付けで大倉ダムの上流について、また、2012.12.6 付けで大倉ダムの下流について広瀬川の支流として、出荷制限が指示されている。

【県の要請により採捕自粛】

魚種	河川・湖沼	開始時期
イワナ	名取川、宍戸川、本砂金川	2012.5.10
ウナギ	阿武隈川（丸森町内の支流を含む）	2012.7.25

◆福島県

【摂取・出荷制限】

魚種	河川・湖沼	開始時期
ヤマメ	新田川	2012.3.29

【出荷制限】

魚種	河川・湖沼	開始時期
アユ	阿武隈川のうち信夫ダムの下流	2011.6.27
	真野川	
	新田川	
ヤマメ	秋元湖、檜原湖及び小野川湖、長瀬川（酸川との合流点から上流に限る）	2011.6.6
	阿武隈川	
	真野川	2011.6.17
	太田川	2012.3.29
	酸川（支流に限る）	2012.4.5
	猪苗代湖、日橋川のうち東京電力株式会社金川発電所の上流	2012.4.24
ウグイ	阿武隈川のうち信夫ダムの下流	2011.6.27
	阿武隈川のうち信夫ダムの上流	2012.5.31
	真野川	2011.6.17
	秋元湖、檜原湖及び小野川湖、長瀬川（酸川との合流点から上流に限る）	2012.3.29
	猪苗代湖、日橋川のうち東京電力株式会社金川発電所の上流	2012.4.24
	只見川（滝ダム～只見ダム間に限る）	2012.5.24
イワナ	阿武隈川	2012.4.5
	酸川（支流に限る）	2012.4.12
	秋元湖、檜原湖及び小野川湖、長瀬川（酸川との合流点から上流に限る）、日橋川のうち東京電力株式会社金川発電所の下流（東山ダムの上流を除く）、只見川のうち本名ダムの下流	2012.4.24
コイ	秋元湖、檜原湖及び小野川湖、長瀬川（酸川との合流点から上流に限る）、阿賀川のうち大川ダムの下流（東京電力株式会社金川発電所の上流及び片門ダムの上流を除く）	2012.4.27
	阿武隈川のうち信夫ダムの下流	2012.5.10
フナ	秋元湖、檜原湖及び小野川湖、長瀬川（酸川との合流点から上流に限る）、阿賀川のうち大川ダムの下流（東京電力株式会社金川発電所の上流及び片門ダムの上流を除く）	2012.4.27
	真野川	
	阿武隈川のうち信夫ダムの下流	2012.5.10
ウナギ	阿武隈川	2012.8.2

【県の要請により採捕自粛】

魚種	河川・湖沼	開始時期
モクズガニ	真野川	2011.6.23
ヒメマス	沼沢湖	2012.3.28

【県の要請により出荷自粛】

魚種	市町村	開始時期
ホンモロコ（養殖により生産されたものに限る）	川内村内	2011.7.20
ドジョウ（養殖により生産されたものに限る）	郡山市内	2012.6.20

◆栃木県
【県の要請により採捕自粛】

魚種	河川・湖沼	開始時期
ニジマス、ブラウントラウト、ヒメマス	中禅寺湖	2012.3.8

◆群馬県
【出荷制限】

魚種	河川・湖沼	開始時期
ヤマメ	吾妻川のうち岩島橋から東京電力株式会社佐久発電所吾妻川取水施設までの区間	2012.4.27
イワナ	吾妻川のうち岩島橋から東京電力株式会社佐久発電所吾妻川取水施設までの区間	2012.6.8

【県の要請により出荷自粛】

魚種	河川・湖沼	開始時期
ヤマメ、イワナ、ウグイ、ワカサギ、コイ	赤城大沼	2012.9.1
ワカサギ	榛名湖	2013.2.1

◆埼玉県
【県の要請により採捕自粛】

魚種	河川・湖沼	開始時期
ナマズ	中川（田島橋〜新中川水管橋）、大落古利根川（寿橋〜中川合流点）、新方川（鷹匠橋〜中川合流点）、元荒川（しらこばと橋〜中川合流点）	2012.5.11
ウナギ	江戸川	2013.6.7

注：江戸川のウナギについては、東京都からの自粛依頼を受けて関係者に要請した。

◆東京都
【都の要請により出荷自粛】

魚種	河川・湖沼	開始時期
ウナギ	江戸川、旧江戸川（河口域を除く。）、新中川	2013.6.7

◆茨城県
【出荷制限】

魚種	河川・湖沼	開始時期
アメリカナマズ、ギンブナ	霞ヶ浦、北浦、外浪逆浦及び常陸利根川	2012.4.17
ウナギ	霞ヶ浦、北浦、外浪逆浦及び常陸利根川	2012.5.7
ウナギ	利根川のうち境大橋から下流（茨城県内の支流を含む。ただし、霞ヶ浦、北浦、外浪逆浦及び常陸利根川を除く。）	2013.11.12

【県の要請により採捕及び出荷・販売の自粛】

魚種	河川・湖沼	開始時期
ゲンゴロウブナ	霞ヶ浦、北浦、外浪逆浦及び常陸利根川	2012.4.1
イワナ	花園川（水沼ダムの上流に限る）	2012.4.1

◆千葉県
【出荷制限】

魚種	河川・湖沼	開始時期
ギンブナ	手賀沼及びこれに流入する河川（支流を含む。）並びに手賀川（支流を含む。）	2012.7.19
コイ	手賀沼及びこれに流入する河川（支流を含む。）並びに手賀川（支流を含む。）	2013.7.3
ウナギ	利根川のうち境大橋の下流（支流を含む。ただし、印旛排水機場及び印旛水門の上流、両総用水第一揚水機場の下流、八筋川、与田浦並びに与田浦川を除く。）	2013.11.12

【県の要請により出荷自粛】

魚種	河川・湖沼	開始時期
モツゴ	手賀沼	2012.3.12
ギンブナ	利根川（本流）	2012.4.25
ウナギ	江戸川	2013.6.7

注1：モツゴは文書による要請が3月23日。
注2：手賀沼では、漁協により、モツゴ・ギンブナ・コイを含むすべての魚種の出荷を自粛中。ただし、ゲンゴロウブナ（ヘラブナ）については、用途を非食用に限り自粛を解除した。
注3：利根川（本流）では、漁協によりギンブナ・ウナギを含むすべての魚種の出荷を自粛中（テナガエビは6月15日の検査で安全性が確認されたため出荷・販売が可能）。

注1：開始時期は、公表又は要請を行った日のうち、早い方の日付を記載。
注2：特に断りのない限り、養殖により生産されたものを除く。
注3：特に断りのない限り、河川には支流を含み、湖沼には流入河川を含む。
注4：出荷制限指示後も自粛措置を継続している場合があるが、この場合の自粛措置は、原則として本表では省略。

前著においては、福島事態による海の放射能汚染につき、文部科学省や水産庁のデータなどを使って概略をフォローした。事故から2〜3カ月に放出された量と比べ、その後の放出量は、桁が4つほど小さくなっているとされている。しかし、問題は、いったん環境中に放出された物質群が、水に溶け、大気や水の運動に従って、環境中を移動していることである。物質ごとの半減期に従って減衰していくとはいえ、決して消滅したわけではない。しかも無機的自然だけではなく、生物の体内にも、浸透しているであろうことは言うまでもない。以下、本書では、主に環境中での移流、拡散に関わって、水を対象にできるだけ幅広く放射能汚染の実体をフォローする。

　対象とするのは、第1に、海洋における海水、底質、及び水産生物の汚染である。どの項目についても前著で扱った項目につき、その後の丸2年から3年間における変遷を加味して、新たに図を作成した。第2に、陸上における河川、湖沼の底質、及び淡水生物の汚染状態を取り上げる。取り扱う主な河川、湖沼は図2-5に示した。

図2-5　地表面への放射性セシウムの沈着量分布と河川、湖沼

(文部科学省、2011年11月11日発表)

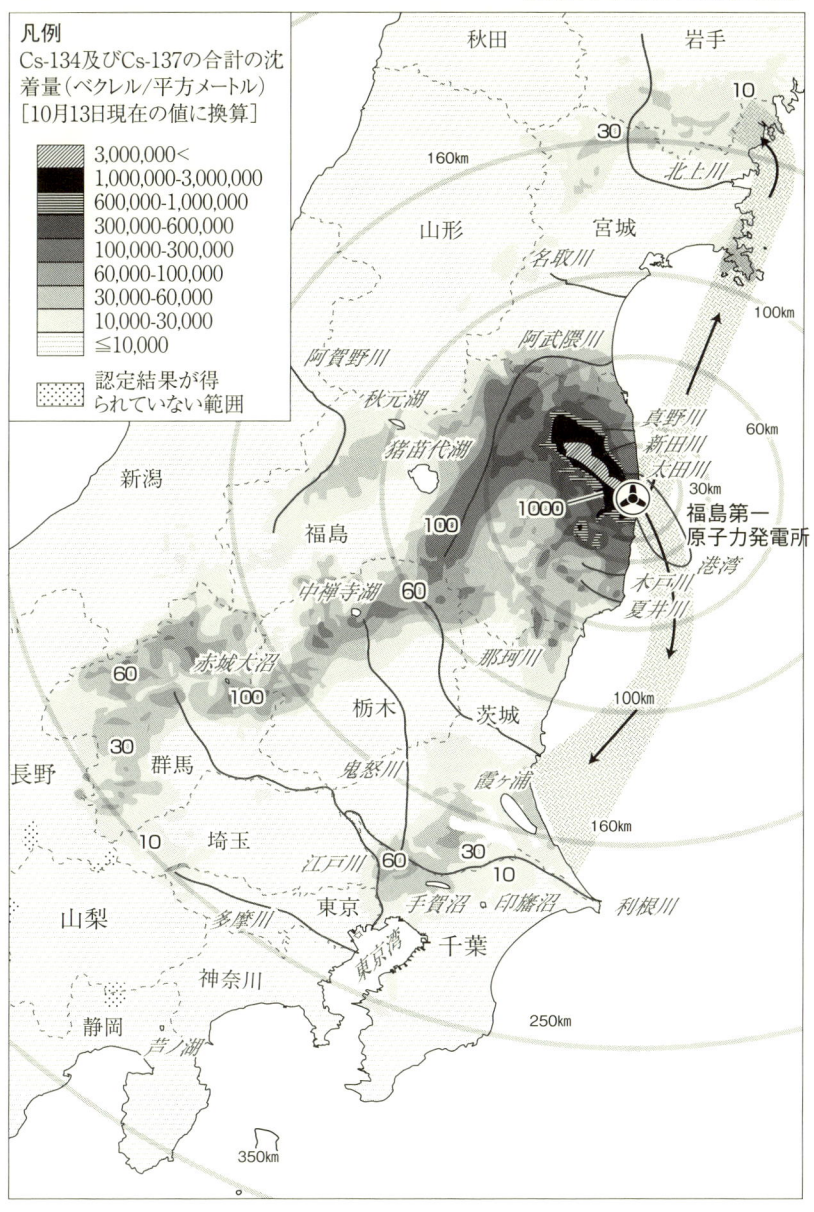

第3章 海の放射能汚染
―― 海水、底質と水産生物 ――

第2章までのことを前提に、海洋に放出された放射能の2～3年にわたる移動、分布、及び挙動について検討しよう。筆者自身は現場での試料の採取や測定はしていないので、国や東電の測定したデータを基に分析を試みることは前著と同じである。

1　海水

　前著では、東電が、2011年3月から福島第1、第2原発付近の4点においてセシウム137、及びヨウ素131の海水濃度を測定したデータにより、海水濃度の経時変化を詳細に見た※1。第1原発から南に10～16kmも離れた場所の海水が、事故から10日もたたないのに、既に相当な高濃度の放射能を帯びていたことは、汚染水の流出が、かなり早い時期に始まっていたことを示唆している。そこでは、3月15日頃には既に海洋への流出が始まっていた可能性があることを指摘した。

　福島第1原発の放水口近傍では、3月30日に向けて濃度が急上昇し、セシウム137濃度は、30日には南放水口付近で1リットル当たり（海水については以下、同じ）4万7000ベクレルに達する。事故発生直後からの約3週間に、相当量の放射能が出ていたことがうかがえる。そこから4月8日までの約10日間は、福島第1原発の南北放水口付近の海水は、1万ベクレルを下まわる日はないまま高濃度が続いた。最高値は、4月7日の北放水口における6万8000ベクレルである。

　福島第1原発では、4月9日以降、急激に濃度が下がり始め、約2週間にわたり低下が続く。4月23日には約100ベクレルまでに低くなり、岩沢海岸付近を含めた4点がほぼ同レベルになった。その後は、福島第1原発の2地点ともに80～100ベクレルと相当な高濃度を保持したまま、5月末まで横ばいが続いた。この濃度は、欧州の再処理工場による汚染で、アイリッシュ海東部の最も高レベルの汚染海域の値に匹敵する。曲がりなりにも、セシウムを吸着させる処理装置を稼働することで、海に出ないよ

※1　東京電力（2011年3月22日）；「福島第一原子力発電所放水口付近の海水からの放射性物質の検出について」。
　　http://www.tepco.co.jp/cc/press/11032201-j.html

う努力しているはずなのに、3カ月近くがたっても海水濃度がゼロにならない。これは、把握しきれていない、そして止める手立てのない放出ルートが残っていたためと考えられる。それでも4月上旬の最高値と比べれば、およそ1000分の1程度までに減少している。

その後、7月後半には4点ともセシウムが検出されない日が増え、8月に入ると海水からの検出はほぼなくなった。海岸付近では一方向の流れが常に存在していたとすれば、定点で測定している海水は常に新たな水である。従って、放水口付近の海水から微量でも放射能が検出されるということは、放出量がまだまだ大きいことを意味している。その状態が5カ月近く続いていたことになる。

8月以降、海水から検出されなくなったのを受けて、9月以降は沖合30km以上の海域では、検出下限値を0.001ベクレル／リットル（1立方メートル当たり1ベクレル）に切り替えての測定が始まった。欧州の再処理工場等による海洋汚染（前著第4章）や平常時における海水中の濃度は、1立方メートル当たりの濃度を測定して、議論されている。

一方、原発を中心とした原子力施設周辺の環境放射能の監視を行うことを目的として、1983年から文部科学省（当初は科学技術庁）が、原発周辺などの全国16海域で、「海洋環境放射能調査」を実施している。その12年8月3日の調査検討会（第2回）の資料[※2]に基づき日本列島周辺における海水、及び底質中の放射性セシウム濃度が福島の事故を前後して、どのように変化したかをみてみよう。

1983年からの各地点におけるセシウム137の年平均値で見た経年変化図（図3-1）（毎年4月下旬から6月上旬にかけて表層、下層で採取）を見ると、チェルノブイリ原発の事故があった1986年（昭和61年）が他の年よりも幾分か高くなる現象が日本列島周辺の全域で起きている。典型例を図3-1-1、福島、図3-1-2、新潟、図3-1-3、愛媛に示す。福島（図3-1-1）では、表層水は、1986年、セシウム137が約8ベクレル（以下、立方メートルを省略）

※2　文部科学省：「平成23年度 海洋環境放射能総合評価事業 海洋放射能調査結果」（12年8月3日）。
　　　http://www.mext.go.jp/component/b_menu/shingi/toushin/__icsFiles/afieldfile/2012/09/26/1326218_1_1.pdf

図 3-1、日本の原発沖の海水中のセシウム 137 濃度の経年変化図
1　福島県福島第一、第二原発沖

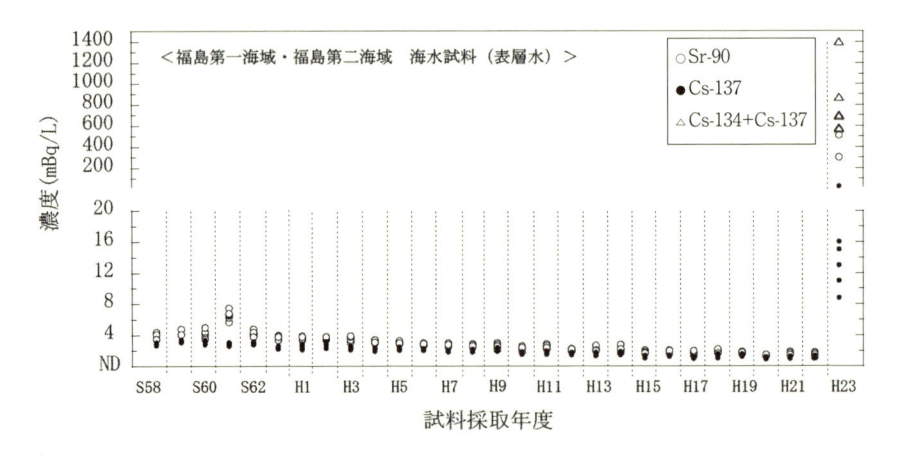

2　新潟県柏崎原発沖

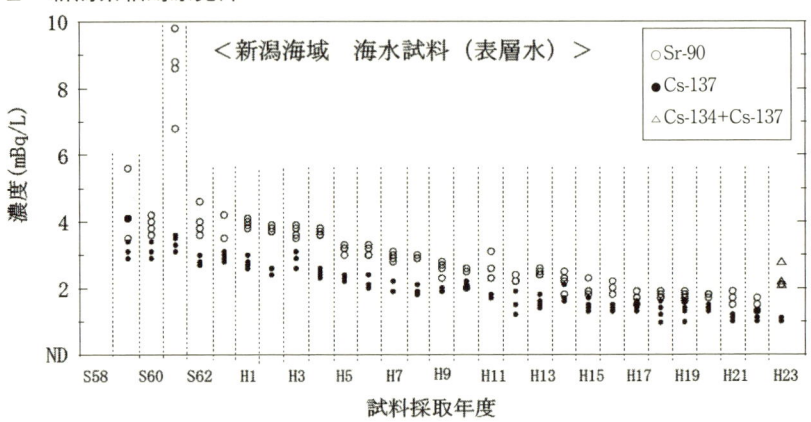

3　愛媛県伊方原発沖

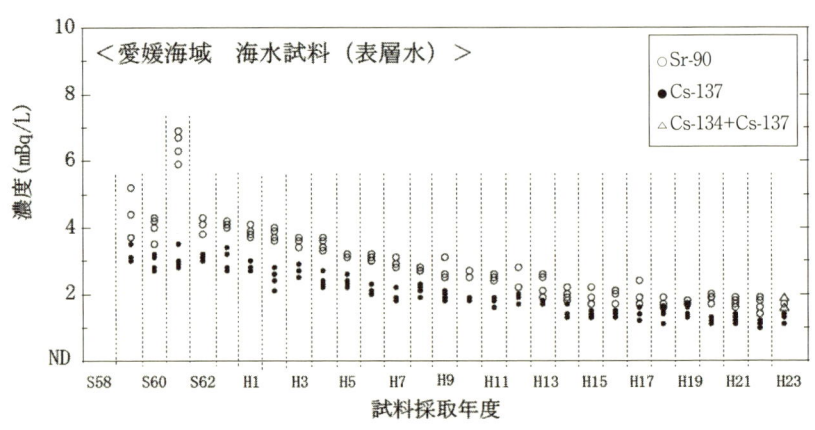

まで上がり、その後徐々に低下しながら、2ベクレル未満になるのに約20年かかっている。下層は事故から1年後の1987年にピークがあり、その濃度は約6ベクレルである。同地点で2011年は300〜1400ベクレルへと急上昇しているのがわかる。これに対し、新潟沖では（図3-1-2）、福島と同様に1986年にピークがあり7〜10ベクレルに跳ね上がる。が、2011年には、最大値が2.8ベクレルで、平常時の2倍にもなっていない。更に愛媛沖（図3-1-3）でも1986年には表層で約7ベクレル、下層で約6ベクレルまで高くなっているのに対し、福島事故の2011年には、ほとんど変化がない。このように16海域を見てみると、2011年に高くなっている海域は、青森県六ヶ所沖から茨城県東海村沖にかけてである。北海道の泊沖、及び静岡県浜岡沖は、幾分かの痕跡のようなものが見られる。これらは、福島事故の影響と考えられるが、チェルノブイリの時と比べると、日本列島周辺の全域というよりは、東日本一帯、さらには青森県から千葉県にかけての太平洋岸、まさに大地震の震源域にあたる海域で濃度が高くなっている様子がわかる。西日本の太平洋側や日本海には、チェルノブイリ原発事故の時よりも影響は見られず、放射能はほとんど到達していないことがうかがえる。

　そこで、2011年5月の日本の原発周辺におけるセシウム137濃度を比較したのが図3-2である。各原発沖には、4つの測定点が設定されている。例えば茨城沖といえば、東海原発の沖合の4地点という意味であるが、図ではその4点を茨城という地点にプロットした。図から北海道泊沖、2.5〜3.5ベクレル、青森県東通沖、2.5〜5ベクレル、同六ヶ所（核燃料サイクル）沖、3〜7ベクレル、静岡県浜岡沖、3〜5ベクレルとなっている。事故前の日本周辺の海水中のセシウム137濃度は、1〜2ベクレル／立方メートル（以下、立方メートルを省略。福島事故直後、東電が測定していた濃度は、キログラム当たりなので、それより1000倍薄い）であった。そこで、3ベクレルより高い値は福島事故の影響を受けていると考えれば、上記の地点は、事故の影響の痕跡がわかるという意味で影響を受けている。しかし、量的には平常時の2〜3倍程度である。これに対し、福島第1原発沖、300〜1400ベクレルを筆頭に、福島第2原発沖、500〜900ベクレル、茨城県東海村沖、6〜130ベクレル、宮城県女川沖、25〜45ベクレルとなっ

図 3-2　東北海区の太平洋岸における海水中セシウム 137 濃度（2011 年 5 月）

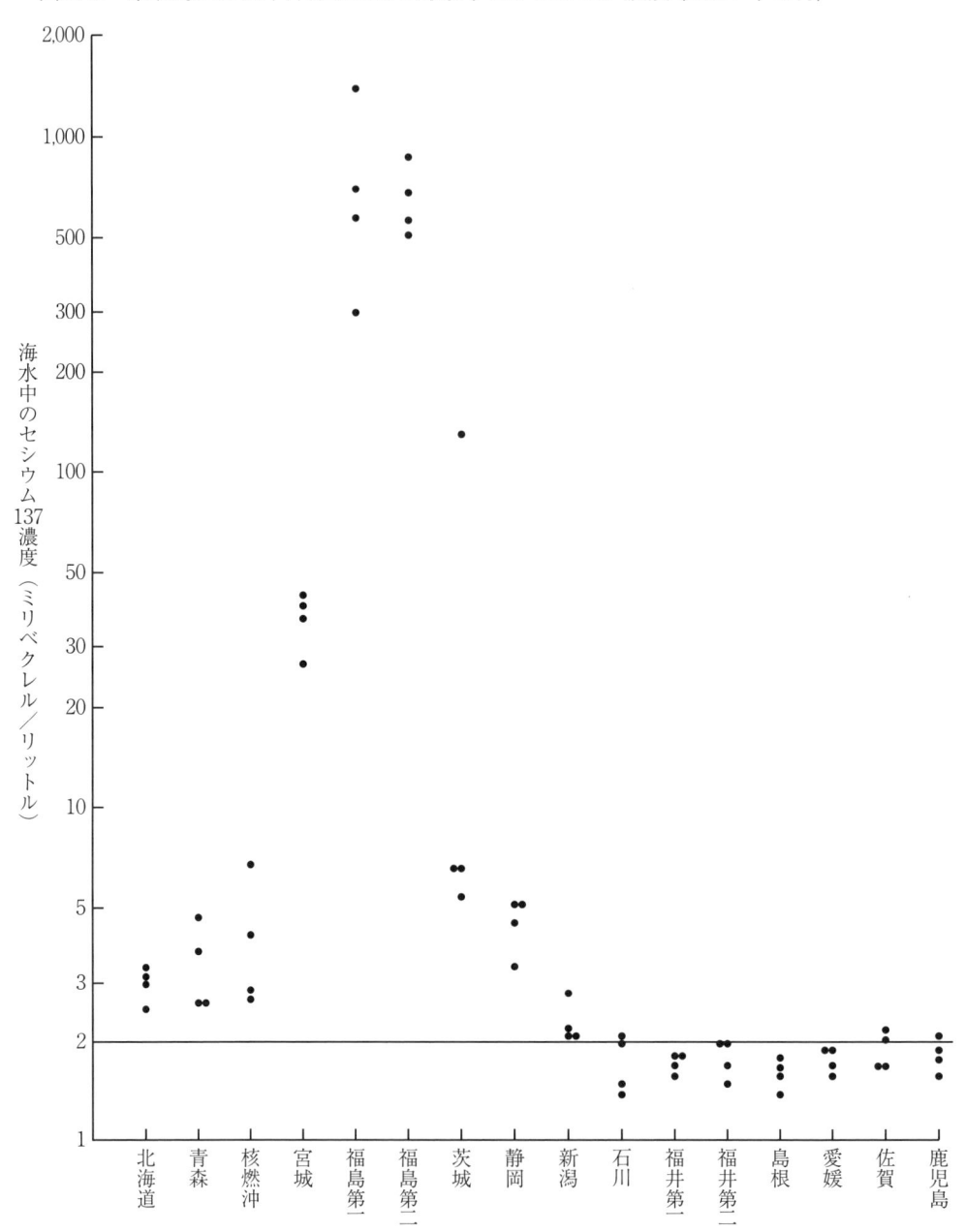

ている。平常時の濃度を1.5ベクレルと仮定すれば、福島第1原発沖では約200～1000倍の濃度であったことになる。ちなみに、同時期の福島第1原発の南放水口では、1立方メートル当たりでは約10万ベクレル（1リットル当たり100ベクレル）あった。従って、福島第1原発沖では、その100～300分の1の濃度であったことがわかる。

これらの汚染の要因については、事故から、まだ2カ月程度の時期のため、海水の流れによって輸送されたと考えられるのは、福島第1、第2原発の周辺、及び茨城県東海村沖の汚染である。女川沖は判断が難しいが、後述するように事故直後、福島沖には、親潮系水が張り出しており、南へ向かう緩やかな流れが支配的であった。いわき沖から東海村沖にかけて、東西に存在していた親潮（千島海流）と黒潮の潮境に到達し、沈降する部分と、東に流れる部分にわかれていったと推測される。そういう構図からは、女川沖が高いのは、水の移動というよりは、大気に放出されたものの海面への降下によると考える方が妥当であろう。

次に、事故の影響を受けたとみられる青森から千葉までの太平洋岸の濃度を分布図（図3-3）にしてみた。各測定点には表層と下層のデータがある。これらを同じ図にプロットしたところ、極めて興味深いことがわかった。福島第1、第2原発沖では、表層が300～1400ベクレルなのに対し、下層は25～200ベクレルである。原発から放出された放射能は、淡水に溶けており、淡水は軽いため、表層を這うようにして移動し、広がっていく。下層には、徐々に拡がっていくにしても、汚染水は表層で高く、下層で低い傾向にある。

ところが、茨城県の日立市沖より南側の4地点では、下層が高濃度となり、上下が逆転している極めて特異な分布がみられる。この鉛直方向の逆転は、何によって起きているのか？　背景には、黒潮と親潮が交差する場にできる潮境の位置の停滞しやすさとの関連があると考えられる。

この要因を検討するためには、当時の海況について知る必要がある。図3-4-a（カラー図）は、地震が発生した日の衛星画像から求めた海面温度の分布[※3]である。黒潮続流に当たる水温15度C以上の水が銚子沖より南側に分布している。その北側には、親潮系水に相当する水温8～11度Cの

※3　茨城県水産試験場HPより。

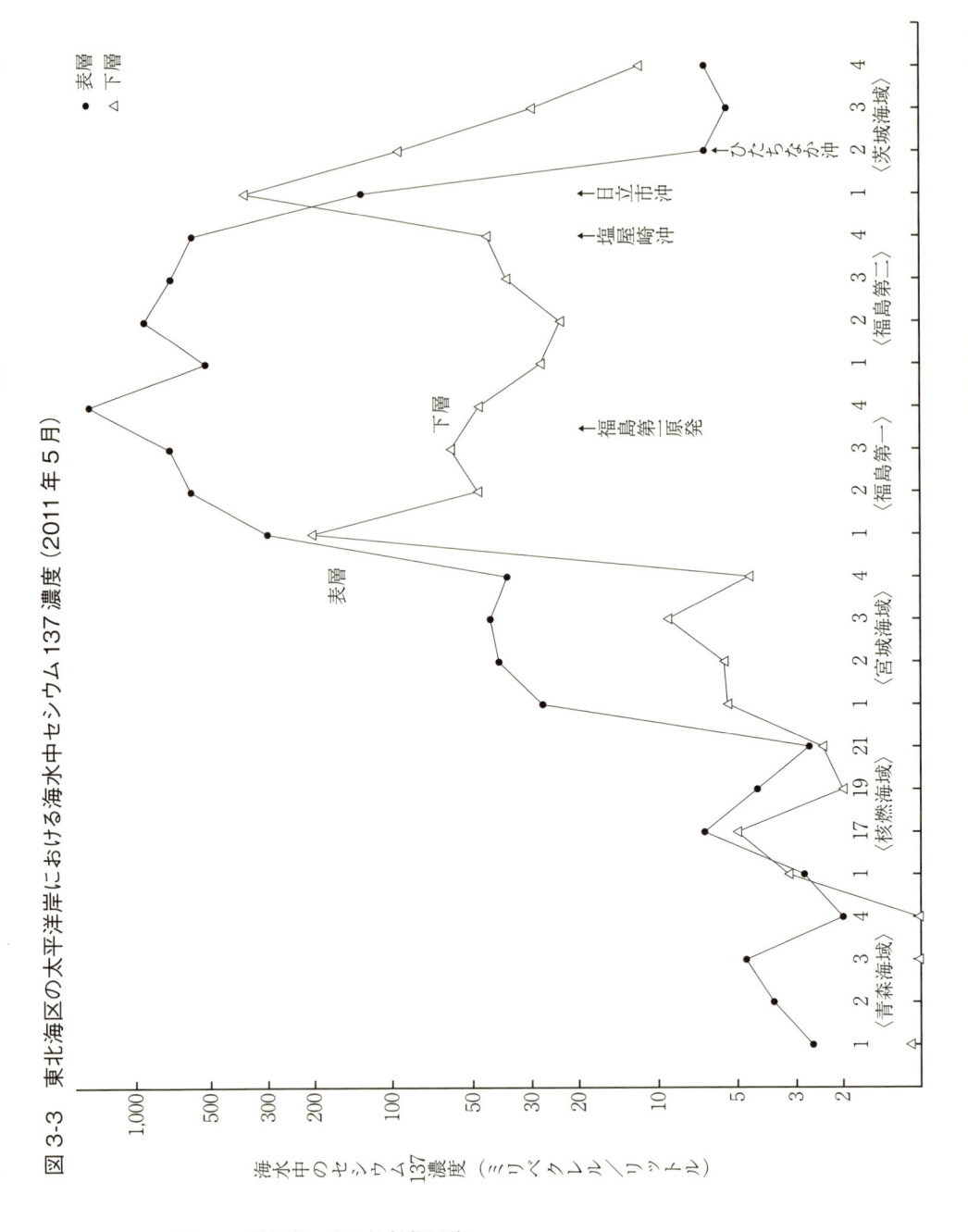

図 3-3 東北海区の太平洋岸における海水中セシウム 137 濃度（2011 年 5 月）

70　第 3 章　海の放射能汚染

図3-5 異なる水塊が接して形成されるフロントの模式図

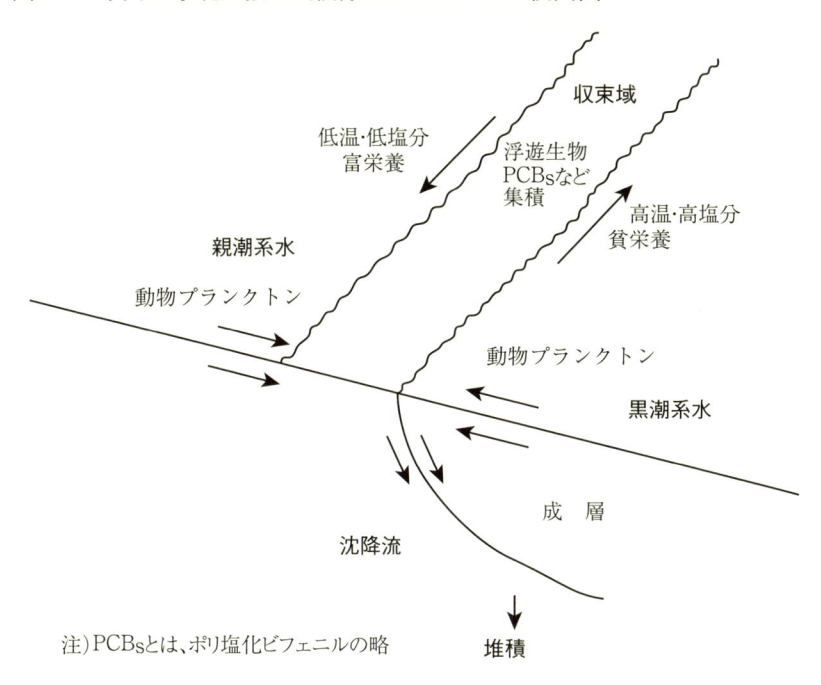

```
                                     収束域
              低温・低塩分    浮遊生物
              富栄養        PCBsなど
                           集積        高温・高塩分
                                      貧栄養
    親潮系水
        動物プランクトン
                              動物プランクトン
                                                黒潮系水
                                    成  層
                    沈降流
                                    ↓
  注）PCBsとは、ポリ塩化ビフェニルの略          堆積
```

冷たい水が分布している。両者の境界は、ほぼ銚子沖を東西方向にやや蛇行しながら長く分布している。この潮境では、南北10km内に温度差7～8度Cの顕著な温度勾配があり、何重もの潮目が形成されていたと考えられる。3月29日（図3-4-b、カラー図）になると、黒潮系水の勢いが増す中で、この分布は、そのまま約100km、北に移動し、潮境は日立沖辺りにあり、きれいに東西に延びている。さらに4月18日には、潮境は、福島第1原発付近の沖合まで北上していた。このころから親潮系水の温度も高くなってきて、潮境は、5月20日には再び日立市沖まで南下している。

　事故に伴い、原発から直接、海に大量の放射性物質が流入した時期、福島沖から茨城沖の海況は、上記のように黒潮系水と親潮系水がぶつかり合う潮境が形成され、その位置は、主に北茨城から日立沖を中心に南北方向に行き来するような形で変動していたと推測される。

　親潮と黒潮がぶつかりあう潮境が常に形成されるのは、両者が、常に新

しい海水を潮境に向けて輸送しているからである。黒潮系水は北東へ向け、親潮系水は南西に向けて、それぞれ流れている。潮境の位置は、両者の勢いのバランスによって、北上したり、南下したりするが、潮境が形成される点に変わりはない。そこでは、海水が収束し、結果として沈降流が発生し、重い方の海水は、軽い水の下に侵入するような形で沈降していく。黒潮は、塩分は高いが、水温が高いため、親潮系水よりは軽い。親潮系の水は、潮境に来ると黒潮系の水の下に侵入する。そのため、福島県側にいる間は表層にあった高濃度の汚染水が、茨城県側に入ると下層に侵入し、密度の等しい面に沿って、徐々に南へ張り出していったと考えられる（これを模式化したのが図3-5である）。この点は、前著、表4で、大洗沖の底質のセシウム濃度が高くなっている現象の説明において述べたことと符合する。

　潮目には、表面に浮かぶゴミや泡がたまり、船上からも潮目のラインを確認することができる場合が多い。ここには、栄養塩やプランクトンも集積しているので、その餌を求めて多くの魚群が集まる。三陸沖から茨城沖を経て銚子までの広大な海域は、世界三大漁場の一つとして知られている。これは、グローバルな循環流の一部を構成する黒潮と親潮がぶつかりあう構造によって形成されている、まさに自然が作る恵みの場である。福島原発から流入した放射性物質が向かっていった潮境は、魚群が集まる世界でも屈指の好漁場なのである。

　さらに沖合や外洋へ向けての放射能の拡散実験については、多くの数値計算が行われている。例えば、津旨ら[4]は、水平方向1キロメッシュの領域海洋モデルを用いて、セシウム137の拡散シミュレーションを行い、原発から沖合30km範囲内の濃度変化を予測し、中規模渦による沖合への輸送の重要性を指摘している。

　またキール研究所[5]の地球規模の海洋循環モデルによるセシウム137の

---

[4] 津旨大輔、坪野孝樹、青山道夫、広瀬勝巳：「福島第一原子力発電所から漏えいしたCs137の海洋拡散シミュレーション」、電力中央研究所研究報告書V11002（2011年11月）。

[5] エリック・ベーレン、フランシスカ・U・シュワルツコフ、ジョウク・F・リーベッケ、クラウス・W・ビニング：「福島沖の太平洋へ放出されたセシウム137の長期拡散に関するシミュレーション実験」、環境研究レター（2012年7月）。

拡散予測では、放出量を10ペタベクレル（1京。10の16乗）と仮定した場合、2年後までに1立方メートル当たり10ベクレル程度までに希釈される。さらに4～7年後には、1立方メートル当たり1～2ベクレルまで下がる。その時点で、事故前のレベルの約2倍になる。この計算には、海洋の物理場における不連続線や海流の構造は考慮されていない。潮境に達して、沈降し、堆積することによる、海水からの除去も含まれていない。従って、実際は、この予測値よりも小さくなると考えられる。しかし太平洋規模での影響が、今後どうなっていくかについては、生物への影響を含めて注視ていく必要があろう。

2　底質

　海水は、大気に比べ緩慢とはいえ、常に動いている。従って海水の濃度という場合は、同じ水を測っているわけではない。例えば、ある場所を決めて、毎日測定しているとすれば、むしろ毎日、異なる水を測定していると考える方が妥当である。

　これに対し、底質の濃度は、場所さえ確定できれば、同じ泥を分析していると思って差し支えない。その場所の中長期的な特徴をとらえるには適している。

　先の海洋放射能調査検討会の資料には、海水の測定地点と同じ場所の底質に関するデータがある。それを図3-6に示す。最も高いのは、福島第1原発沖で、1キログラム当たり（以下、同じなので省略）50～220ベクレルの範囲にあり、100ベクレルを超えるのは、ここだけである。次いで宮城県の女川沖、16～76ベクレル、福島第2原発沖、16～65ベクレル、さらには茨城県東海村沖、4～27ベクレルと順次、低くなる。

　鹿児島、佐賀、愛媛、島根、石川、静岡については、1～2ベクレルの範囲内にある。ちなみに福島事故の前の2009年における宮城県から千葉県沖の底質のセシウム濃度は0.7～1.7であったので、上記の地域では事故前とほぼ同レベルである。これと比べ、泊（北海道）、1.5～4.5ベクレル、東通（青森県）、3～4ベクレル、福井沖、1.5～6ベクレル、新潟沖、3～19ベクレルなどは、平常時のバックグラウンドと比べやや高い。こ

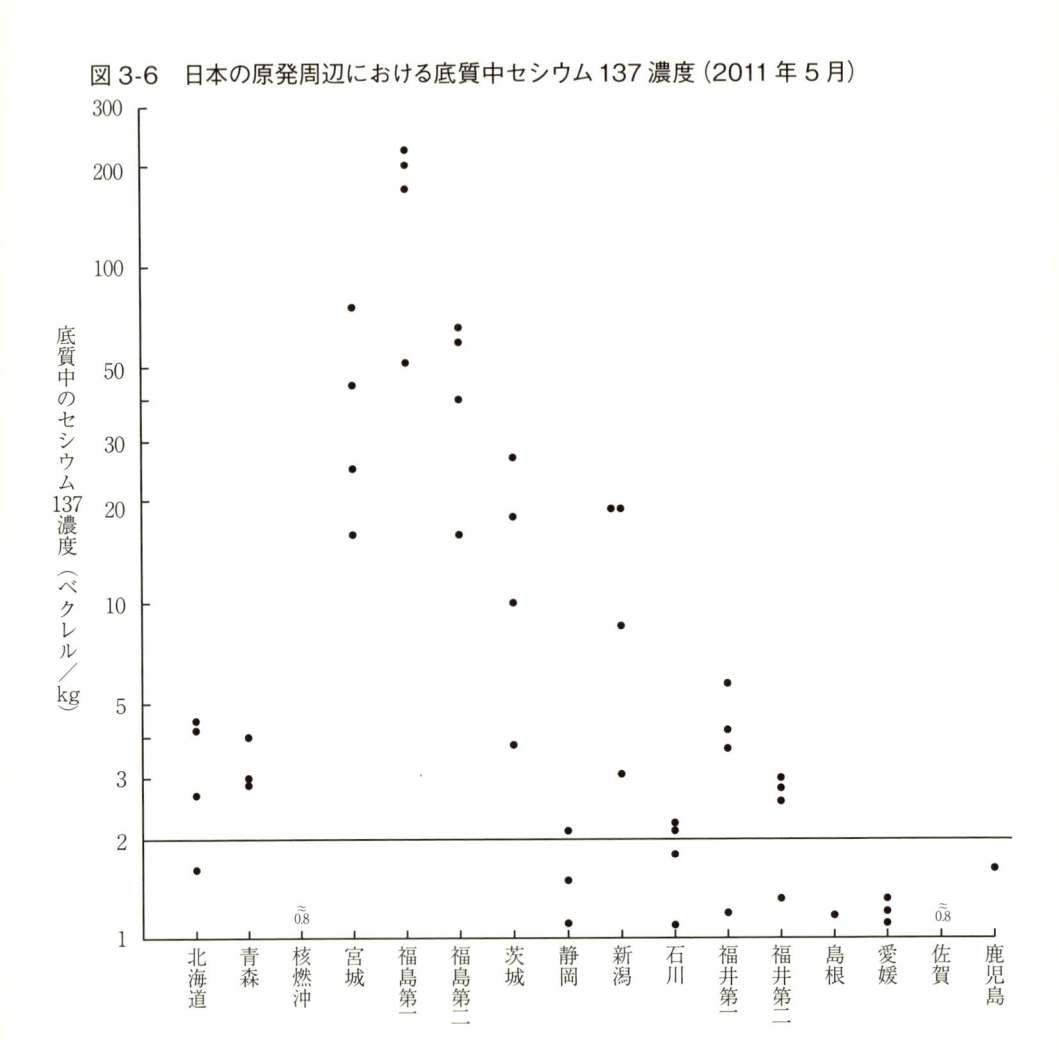

図3-6 日本の原発周辺における底質中セシウム137濃度（2011年5月）

れが、主として福島の事故によるものなのか否かは定かではない。

　海水の濃度とも併せ考えると、泊、青森は、今回の福島事故の影響とみられるが、福井については、福島事故に主原因を帰するのは無理があるように思われ、ここでは原因は不明としておきたい。新潟沖の19ベクレルは、阿賀野川や信濃川など河川経由のものが影響している可能性がある。

　次に事故後の東北海区沖の底質について、日本原子力研究開発機構が行った調査を基に表3-1を作成した（前著の表4をアップデート）。文科省は、

表 3-1　太平洋沿岸海域での底質のセシウム 137 濃度の変化（ベクレル / キログラム）
（文部科学省 2011 年 5 月 9 日～ 2013 年 1 月 10 日）

	2011 年							
	5月9日	5月23日	6月6日	6月20日	7月5日	7月25日	9月7日	10月13日
A（雄勝沖）	7	8.6	9	11	5	8	8	5
B 1（仙台湾）	110	78	18	29	26	34	29	44
B 3（仙台湾入口）							490	380
C（相馬沖）	94	58	46	20	26	49	21	28
D（福島第 1 原発沖）	320	210	160	170	110	150	170	190
E（福島第 1 原発沖）	85	37	88	20	210	100	150	200
F（福島第 2 原発沖）	50	67	73	77	79	77	97	77
G（四倉沖）	27	60	41	89	42	41	52	98
H（小名浜沖）	24	56	51	45	42	49	72	86
I（北茨城沖）	12	62	33	22	49	72	130	140
J（大洗沖）	50	28	250	130	200	180	520	57
K（鹿嶋沖）	7.5	5.8	53	68	60	120	34	30
L（銚子沖）	1.9	1.7	26	25	21	15	9	9

	2012 年					2013 年		
	12月5日	2月4日	5月16日	7月31日	10月25日	1月10日		平均*
A（雄勝沖）	8	9	6	7	10	8	5 ～ 11	8
B 1（仙台湾）	13	14	19	16	20	8	8 ～ 110	49
B 3（仙台湾入口）	360	390	220	220	240	200	200 ～ 490	313
C（相馬沖）	19	15	12	11	8	7	7 ～ 94	49
D（福島第 1 原発沖）	180	100	160	170	280	210	110 ～ 320	187
E（福島第 1 原発沖）	170	140	140	240	110	95	20 ～ 240	90
F（福島第 2 原発沖）	120	81	71	79	50	48	48 ～ 120	71
G（四倉沖）	92	74	140	79	71	57	27 ～ 140	50
H（小名浜沖）	65	87	120	90	82	70	24 ～ 120	45
I（北茨城沖）	310	280	280	240	230	190	12 ～ 310	42
J（大洗沖）	35	60	35	46	24	19	19 ～ 520	140
K（鹿嶋沖）	18	9	10	17	7	5	5 ～ 120	52
L（銚子沖）	7	7	4	5	4	3	2 ～ 26	15

底質のセシウム 137 濃度の変化（Bq/kg）（測定；日本原子力研究開発機構）
＊同海域における 2009 年のセシウム 137 は、0.7 ～ 1.7Bq ／kg

11 年 5 月 9 日から宮城県から千葉県にかけての沿岸域で、海底堆積物のセシウム 134、137 の測定を開始し、以後、2 週間から 1 カ月おきの観測を継続している[※6]。2013 年 1 月 10 日までの 14 回の観測データをもとに分析すると以下のようなことがわかる。

※6　文部科学省（2011 年 5 ～ 2013 年 1 月）：「海底土のモニタリング結果」。
http://radioactivity.mext.go.jp/ja/monitoring_around_FukushimaNPP_sea/

福島第1原発の沖合30kmで乾重量1キログラム当たり110〜320ベクレル、平均187ベクレルと高い。さらに南に100kmの大洗沖などもかなり高く、19〜520ベクレルと大きく変動し、11年9月には520ベクレルと最高値が出ている。その北の北茨城沖でも、12〜310ベクレルと変動幅が大きく、ここは、2011年10月以降高くなり、11年12月に最高値310ベクレルを記録する。均一な分布になっていれば、観測ごとに、あまり変化しないはずであるが、かなり変動している。

　09年が、全体として乾重量1キログラム当たり0.7〜1.7ベクレルの範囲にあったのと比べると、軒並み上昇している。牡鹿半島を超えた女川沖でも5〜11ベクレル、平均8ベクレルで、他の地点と比べ相対的に濃度は低いが、同地点の09年と比べると約3〜6倍である。その他の地点では、鹿嶋、銚子なども含めて、09年の40〜140倍へと高くなっている。

　ここで、大きな特徴は、事故から3カ月くらいたつ6月上旬になり、福島第1原発から南へ50〜170km離れた北茨城から、大洗、更には鹿嶋にかけてなど、かなり広い範囲で底質の濃度が急上昇していることである。これは、海水の項目で述べた北茨城より南側で、海水の濃度が下層が表層より高い逆転現象が起きていたことと符合する。親潮系の緩やかな南下流に乗って、福島原発から南に移動してきた放射能が、潮境に来て沈降し、その一部が海底に沈殿する過程がほぼ同時に起こっていたと推測できる。

　また11年9月7日から測定が始まっている仙台湾入り口付近は200〜490ベクレルとかなり高く、11年9月7日には最高値490ベクレルが出ている。これは、当時の海況からして、流れによる輸送というよりも、大気へ放出されたものが、やはり仙台湾と外洋との境界域にできる何らかの潮目に沿って、高濃度の帯が形成され、それを検出したものではないかと推測される。

　これらの底質の汚染からは、海底付近を生息場所とする底層性の生物への影響が懸念される。さらに欧州における事例（前著第4章、2参照）から推測するに、今後は、福島第1原発から北茨城、大洗・鹿嶋へ至る海域で、底質に蓄積したセシウムなどが、溶出して海水へ移行する2次的な汚染源となることが懸念される。

3　水産・海洋生物

　生態系への影響をとらえるという視点からの海洋生物のデータは今後、出てくると思われるが、現時点では、「食品の安全」という観点から、水産生物の放射能汚染に関して、水産庁が11年3月24日から調査を始めた[※7]膨大なデータがある。11年6月14日、583検体から始まって、11年12月27日現在で5091検体、12年3月30日現在、8576検体、13年3月29日現在、2万8120検体、そして13年11月30日現在、4万2739検体となった。検体数としては実に膨大である。ここでは、主に13年3月29日までのデータをもとに、水産生物の汚染状況を分析する。対象種としては、コウナゴなどの表層性魚、スズキなどの中層性魚、アイナメなどの底層性魚、貝類やウニなどの無脊椎動物、マサバなどの回遊魚、及びワカメなどの海藻類である。

　事故発生の年の年末、11年12月27日現在、5091検体のうち、放射性セシウムが暫定規制値を超えたものは179検体であった。魚種としては、「沿岸の表層性魚（コウナゴ、シラス）、沿岸の中層性魚（スズキ）、沿岸の底層性魚（アイナメ、シロメバル、キツネメバル、ウスメバル、クロソイ、ムラソイ、ヒラメ、マコガレイ、イシガレイ、ババガレイ、エゾイソアイナメ、コモンカスベ）、無脊椎動物（ホッキガイ、キタムラサキウニ、ムラサキイガイ、モクズガニ）、海藻類（ワカメ、ヒジキ、アラメ）、淡水魚（アユ、ヤマメ、ウグイ、ワカサギ、イワナ、ホンモロコ（養殖））」と多岐にわたる。また基準値を超えるが、暫定規制値以下のものは824検体であった。この時点で、合計1003検体、全体の約20％が基準値を超えていた。基準値を超える検体数は、11年6月から急増し、最高は同年11月の195検体である。福島沖の底層性魚を中心に高濃度となっていた。基準値100ベクレル～暫定規制値500ベクレルの間の濃度のものは、福島第1原発の南北約150kmにわたる沿岸域で、相当数、出現している。この間、福島県沖で漁業操業は行われていないので、事実上、市場には出回っていないと思われるが、これらは、約1年にわたり、基準値をクリアしているものとして扱われてきた

※7　水産庁；「水産物の放射性物質調査の結果について」。
　　　http://www.jfa.maff.go.jp/j/housyanou/kekka.html

ことになる。

　図3-7は、水産庁がまとめ、12年9月28日現在として公表した検体の採取位置図に地名を書きこんだものである。黒丸は、基準値より高いものが検出された位置を示す。12年7月から9月までで基準値を超える魚種としては、「沿岸の中層性魚（スズキ、クロダイ、サブロウ、ニベ、ホシザメ）、沿岸の底層性魚（アイナメ、シロメバル、キツネメバル、ウスメバル、クロソイ、ムラソイ、ヒラメ、アカシタビラメ、マコガレイ、イシガレイ、ババガレイ、ムシガレイ、マツカワ、マダラ、エゾイソアイナメ、ホウボウ、マゴチ、コモンカスベ、マアナゴ、)、淡水魚（アユ、ヤマメ、ウグイ、イワナ、ヒメマス、アメリカマズ、ブラウントラウト、ギンブナ、ウナギ）」の33種である。表層性魚、無脊椎動物、海藻類では基準値を超える種はなくなった。

　水産庁は、全検体のうちの93.4％は、基準値以下であることを強調している[※8]。福島県では、85.8％（1万6316検体中で1万3992検体）が、福島県以外では98.1％（2万6423検体中で2万5929検体）が100ベクレルをクリアしているという。確かに3年が経過する中で、濃度が下がってきていることは、一つの事実ではある。しかし、調査にあたり、どういう魚種を、どこで採取するかにより、値は大幅に変化するので、全検体中の基準値を上回るものの比率だけで、一概に汚染が低下してきているということは事実を見誤る危険性がある。また、逆に言えば、福島県では2324検体、福島県以外でも494検体は基準値を超えているということでもある。魚種ごとに、現実を具体的に見た上で、判断していくべきであろう。

　放射線は微量であっても、その量に応じた影響があるので、本来ゼロでなければならないものである。従って、体内の放射能量も基本的には人工放射能についてはゼロであるべきで、暫定規制値や基準値は、安全の目安というよりは、政治的、社会的概念であることをまずは確認しておかねばならない。さらに基準値は、汚染を受けている生物にとっての生理的、遺伝的影響まで含めた安全性は全く想定されないまま、定められている。その上で、これを比較するための一つの目安として、以下、海洋生物の汚染状態を見てみよう。

※8　※7と同じ。

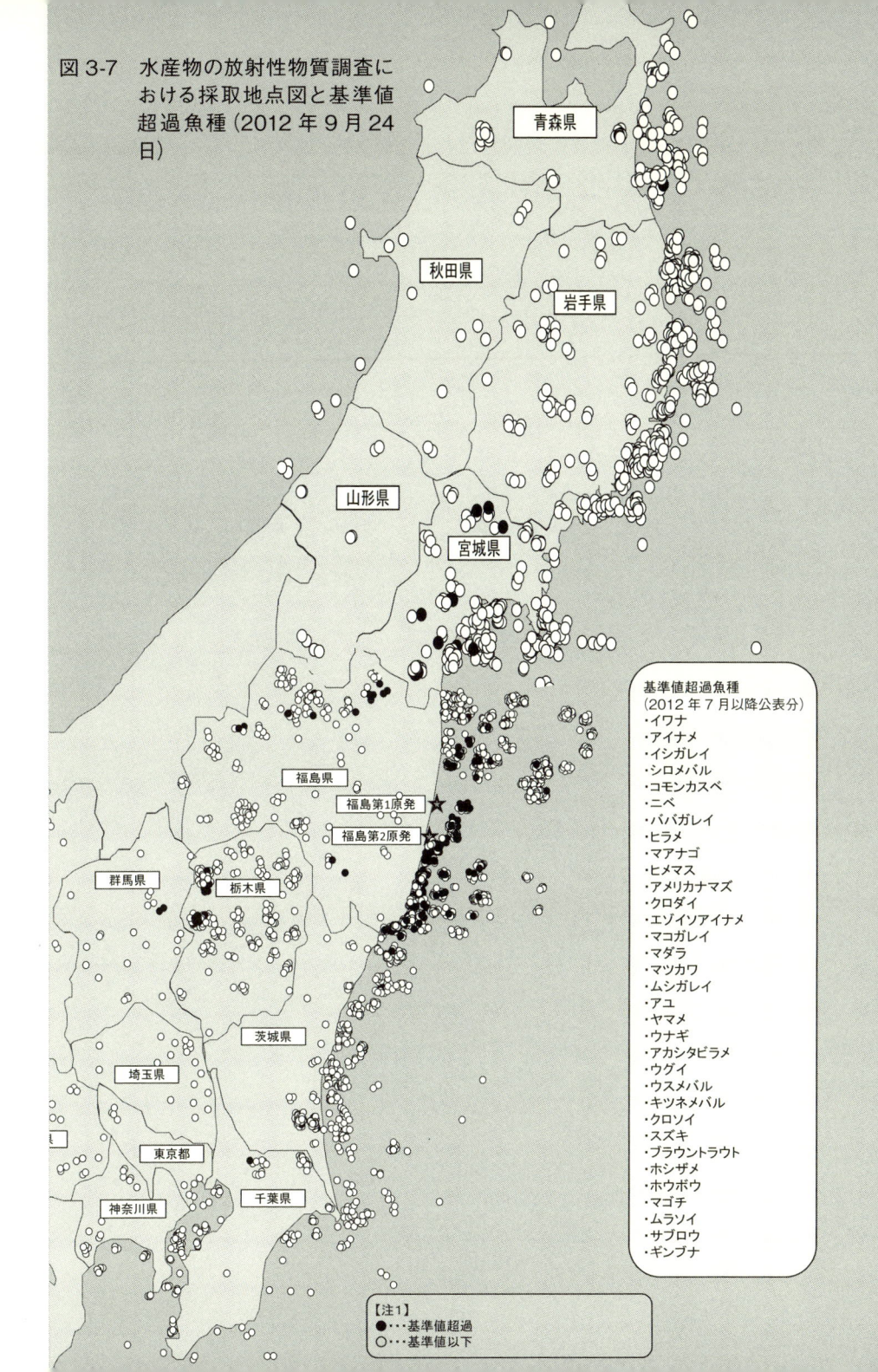

図 3-7 水産物の放射性物質調査における採取地点図と基準値超過魚種（2012年9月24日）

基準値超過魚種
（2012年7月以降公表分）
・イワナ
・アイナメ
・イシガレイ
・シロメバル
・コモンカスベ
・ニベ
・ババガレイ
・ヒラメ
・マアナゴ
・ヒメマス
・アメリカナマズ
・クロダイ
・エゾイソアイナメ
・マコガレイ
・マダラ
・マツカワ
・ムシガレイ
・アユ
・ヤマメ
・ウナギ
・アカシタビラメ
・ウグイ
・ウスメバル
・キツネメバル
・クロソイ
・スズキ
・ブラウントラウト
・ホシザメ
・ホウボウ
・マゴチ
・ムラソイ
・サブロウ
・ギンブナ

【注1】
●…基準値超過
○…基準値以下

1　表層性魚（イカナゴ、シラス、カタクチイワシ）

　真っ先に高濃度汚染に見舞われたのはイカナゴ（その幼魚がコウナゴ）であった。水産庁のデータを用いて、採取地点ごとのイカナゴの放射性セシウム（セシウム 134 と 137 の合計）を示したのが図 3-8-1 である。横軸に採取地点、縦軸に放射性セシウム（セシウム 134 と 137 の合計）を対数で示した。脇の数字は採取月日である。他の図も、以下、同じである。最高濃度は、11 年 4 月 19 日、福島第 1 原発から南へ 30km の久之浜沖で 1 万 4400 ベクレルの放射性セシウムが検出された。以下、本章での生物中濃度は、すべて 1 キログラム当たりの値である。

　原発から南に向け距離に応じてセシウム濃度は減少しつつも、茨城県に入り北茨城沖（原発から約 70km）まで 1000 ベクレルを超える高濃度が見られる。原発から北方向では、45km の原釜沖（相馬市）で 11 年 5 ～ 7 月にかけて 100 ～ 200 ベクレルと基準値をオーバーしている。しかし、原発より南側と比べると、同じ距離で見れば 1 ～ 2 桁近く低濃度で、空間的な広がりは、南側の 3 分の 1 にとどまる。12 年になると、基準値を超えるものは、ほとんどなくなり、特に原発から南側では、5 ～ 10 ベクレルにまで低下する。むしろ原発より北側、とりわけ仙台湾で 50 ベクレルと、かなり高いものが見られる。さらに 13 年には、亘理沖（原発から北へ 70km）で 10 ベクレルを前後している。イカナゴは、表層のプランクトンを餌とすることから、海水濃度の低下とともに、濃度は低くなっている。

　イカナゴと同じように表層性魚種で、低次生態系を構成するシラス（図 3-8-2）は、11 年 5 月 13 日、勿来沖でセシウムの最高濃度 850 ベクレルを記録するが、イカナゴと比べ 1 ケタ以上、低い。11 年を通して、基準値を超えるものは、久之浜～北茨城沖で見られ、空間的分布はイカナゴと同じ傾向にある。50 ベクレルより高い値は、11 年 9 月以降は見られない。原発より北側のデータは少ないが、おおむね低いとみられる。高萩より以南の茨城県沿岸で 20 ベクレル前後の値が続いている。9 月以降は、どの地点も 10 ベクレル以下となる。シラスとして生活する時期が短期間であり、11 年 7 月末以降、海水への新たな流入が減り、海水中濃度の低下とともに、体内の濃度も低くなっていると推測される。

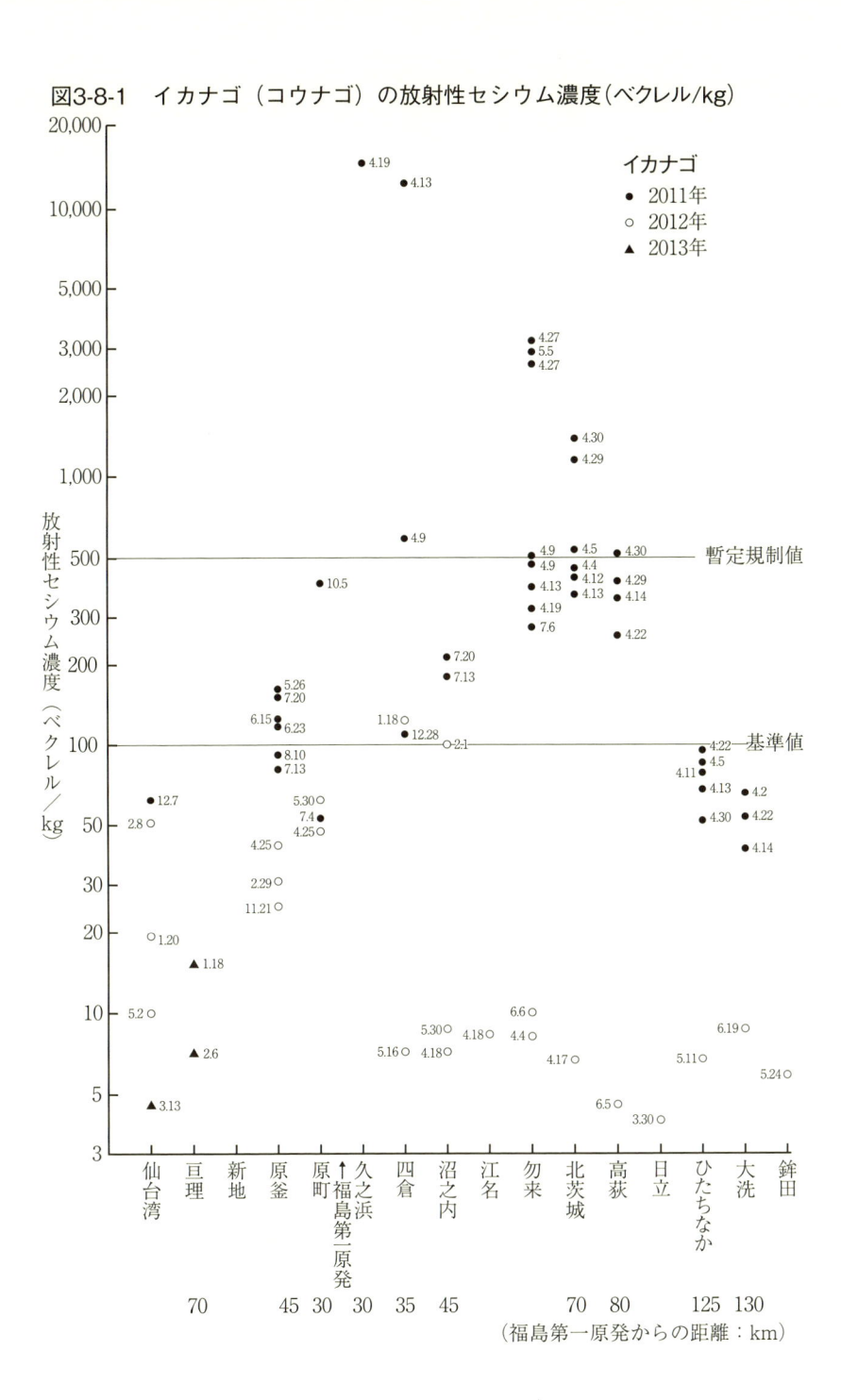

図3-8-1 イカナゴ（コウナゴ）の放射性セシウム濃度（ベクレル/kg）

図3-8-2　シラスの放射性セシウム濃度（ベクレル/kg）

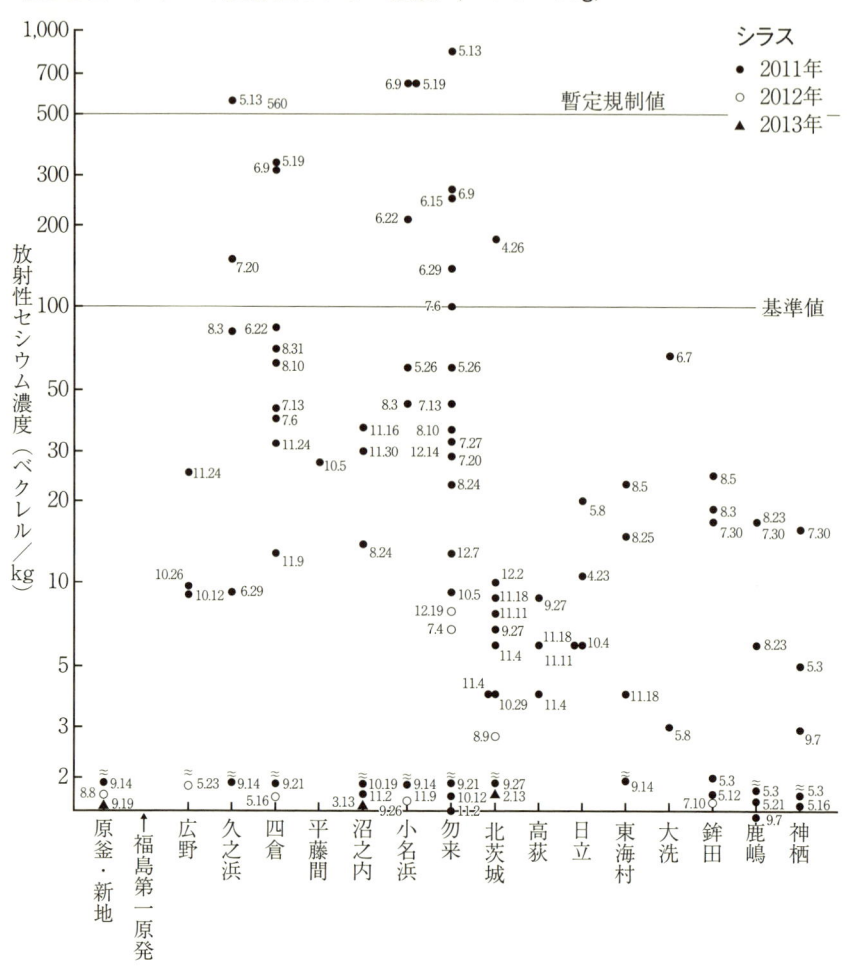

カタクチイワシ（図3-8-3）は、4～5月の福島沖データがないので明確なことは言えないが、11年4月12日、北茨城沖での170ベクレルが最高で、イカナゴと比べ2桁低い。基準値を超える高濃度は、小名浜～北茨城沖で見られ、その周りに原発から鉾田沖（茨城県）までの広い範囲で50ベクレル以上とやや高い。原発から190kmの銚子沖でも、20～30ベクレルはある。原発から北側では原釜沖で30ベクレルあるが、南側の分布

図3-8-3　カタクチイワシの放射性セシウム濃度（ベクレル／kg）

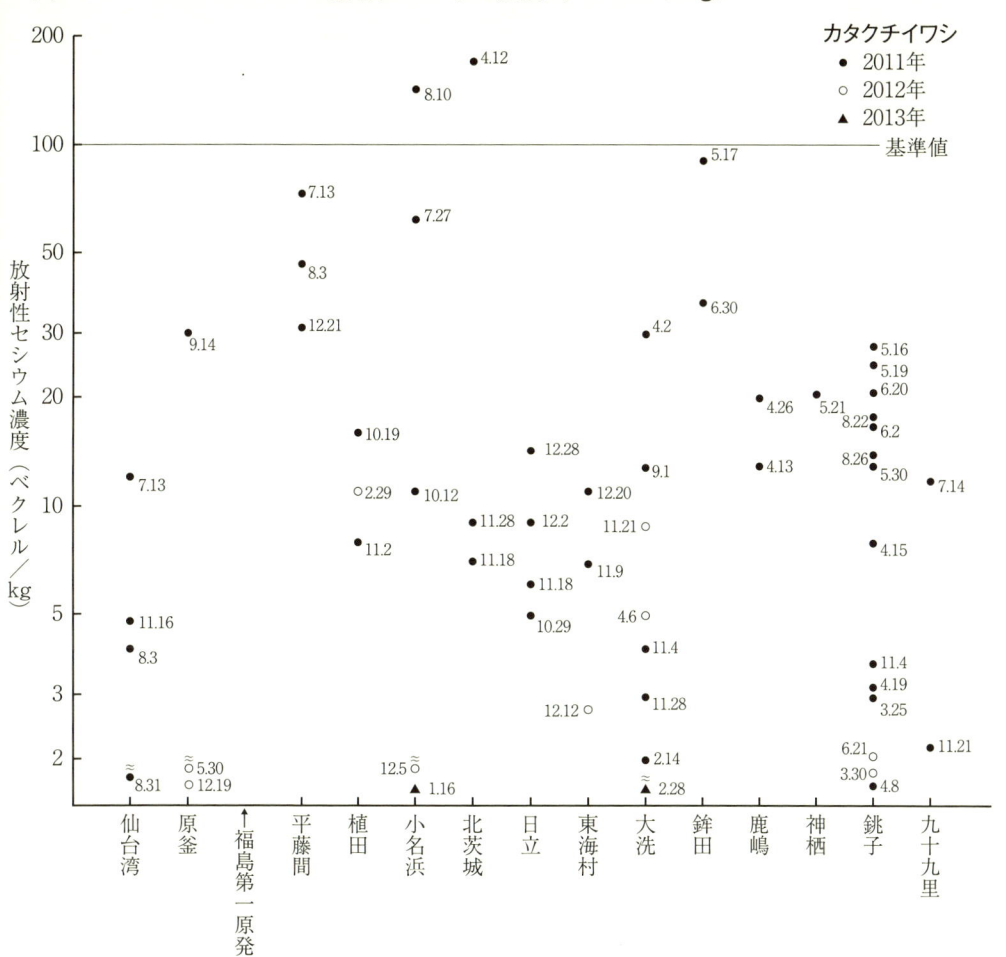

範囲と比べると小さい。12年以降は、同じ範囲で濃度は大幅に低下する。また、原発事故から間もない11年3月25日、銚子沖で3ベクレルが検出され、原発からの距離と経過時間や当時の海況から、海水の移動による汚染というより、大気経由で海洋へ降下した放射能の影響が、この程度の濃度をもたらしたと考える方が妥当であろう。

2　中層性魚（スズキ、クロダイ、サブロウ、ニベなど）

　中層で暮らし、自ら移動する範囲が広いスズキ、クロダイなどの中層性魚は、初めの半年間は、さほど高濃度のものは見つからなかった。11 年末ころから基準値を超えるものが広域的に出現し、その状態が 12 年、13 年と慢性化するようになった。

　その典型例はスズキ（図 3-9-1）である。福島事態からほぼ 1 年近くたった 12 年 2 月 1 日、広野沖で最高値 2110 ベクレルを記録する。原発の北方である鹿島沖で 11 年 9 月 14 日に 670 ベクレル、磯部沖で 12 年 2 月 29 日に 660 ベクレルと暫定規制値を超えるものが相次いで出現した。同じレベルのものは、12 年 5 月 16 日、岩沼沖（宮城県）で 570 ベクレル、12 年 11 月 28 日、鉾田沖（茨城県）で 600 ベクレルと点在して見つかっている。

　事故から間もない当初、基準値を超えるものは、新地沖（原発から北へ 50km）〜「ひたちなか」までの南北 170km にわたる範囲にあり、これは他の高濃度を呈する底層性魚と似た分布である。ところが、事故から 1 年を経た頃になると、基準値を超える領域はさらに広がり、北は金華山沖から、南は銚子沖までの南北 300km を超える広大な領域にまで拡大した。このような魚種は他に例がない。スズキは、貪欲に餌を食べるため、有害物が体内にたまっていき、過去にも PCB や重金属汚染の際に環境汚染の指標によく使われている魚種である。放射能汚染においてもその例外ではなさそうである。そのため、福島県だけでなく、宮城県、茨城県でも出荷制限がかかったままである。

　イカナゴなどと異なり、北方への広がりに特徴があるが、海水の流れとの関係から見ると、魚自身の遊泳による移動の要素が大きいと考えられる。個体の寿命は長いことから、中長期にわたる汚染が懸念される。また、スズキは、東京湾内でも 12 年 7 月 9 日、最高値 53 ベクレルが見られ、千葉や横浜沖で 10 〜 20 ベクレルのものが出現している。これらは、福島方面から移動してきたスズキが房総半島を南下して東京湾に入りこんだというより、千葉・茨城県境の柏・取手といったやや高濃度の陸域（図 2-1、裏表紙）から江戸川などの河川を経由して運ばれた放射能起源と考えるのが妥当であろう。

図3-9-1 スズキの放射性セシウム濃度（ベクレル／kg）

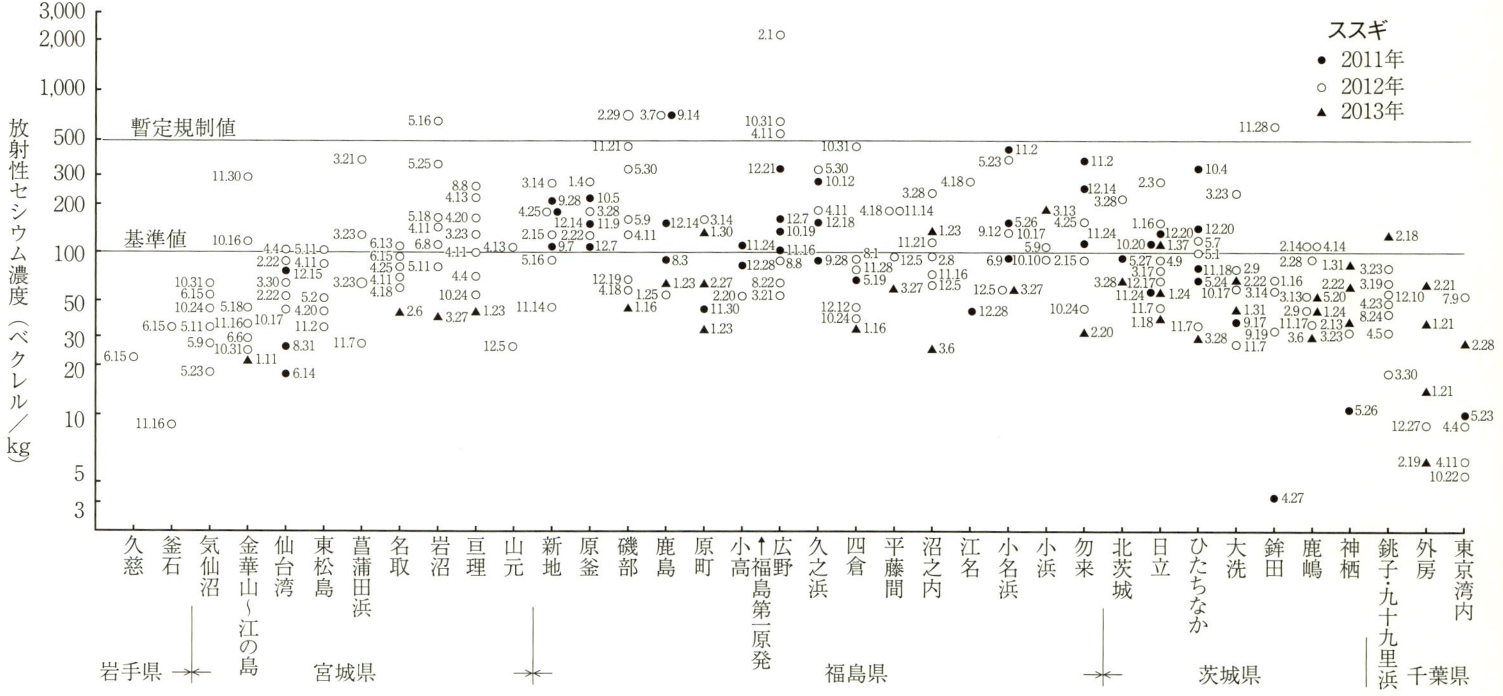

図3-9-2　クロダイの放射性セシウム濃度（ベクレル/kg）

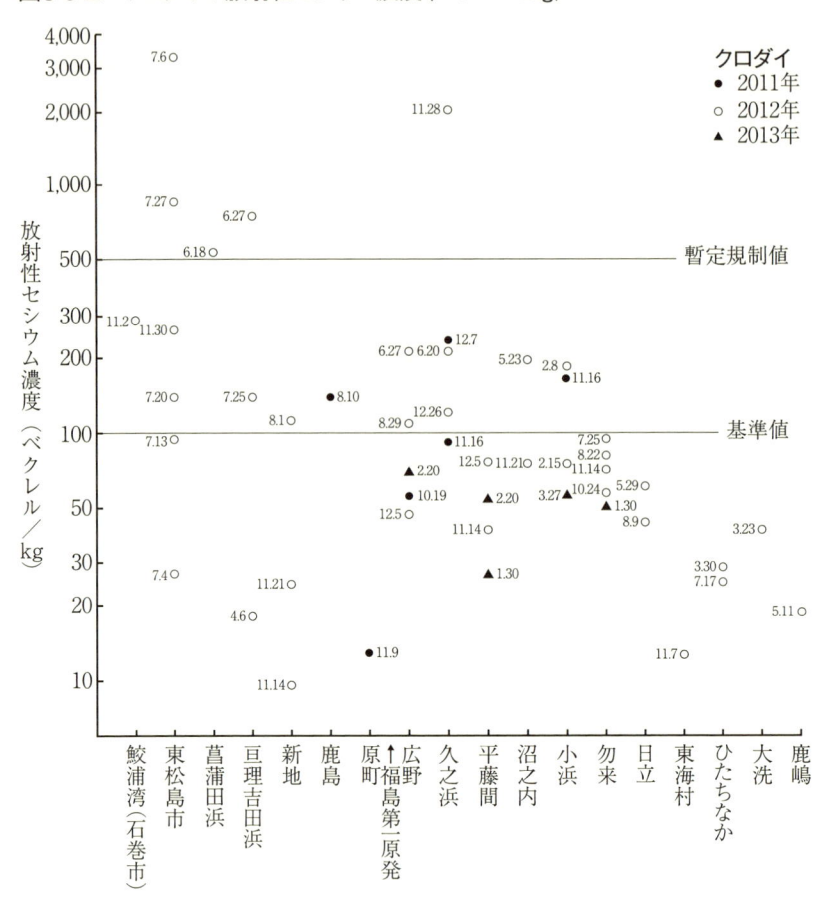

クロダイ（図3-9-2）は、チヌとも言われるが、タイの中でも塩分の低い内湾や河口に生息し、初夏から夏にかけて産卵し、旬は秋である。何でも食べる雑食性である。そのせいか、スズキによく似た傾向がみられる。最高値は、12年7月6日、東松島市の松島湾での3300ベクレルである。福島原発から北へ120km、仙台湾の北東の端で、このような高濃度の魚が出現した意味は何か、極めて大きな課題である。他にも12年11月28日、久之浜沖で2000ベクレルが出ている。

事故が起きた11年には、基準値を超えるものは、原発から北の新地沖

から、南はいわき市小名浜までの南北100kmほどの中におさまっていた。ところが12年7月頃になり、先の東松島市を初めとして、亘理吉田浜や菖蒲田浜など北方へ相当離れた仙台湾方面で基準値を超える検体が出るようになったのである。

　この原因について、水産庁報告書[※9]は次のように分析している。汽水域に近いところが生息域であることから、陸上からのセシウムの流入と、仙台湾が地形的に閉鎖性がやや強いため、福島沖とは異なる現象が起きているのかもしれない。このことは、当然の帰結ではあるが、物理的な海水の交換性の強さなどが汚染の程度を決める上で、重要な役割を持っていることが示唆される。これは、瀬戸内海などで、仮に原発事故があった場合を想定する上で、貴重な示唆を与えている。もう一つは、スズキでも推測されたように、個体自らの遊泳に伴って、高濃度に汚染された個体が、移動したものが発見されたという側面である。この両者のどちらが有力なのか、また双方が重なった結果なのかはわからない。

　サブロウ（図3-9-3）は、スズキ系カジカ亜目に属し、銚子以北の太平洋岸に生息する。検体が少ないが、11年よりも12年になって基準値を超えるものが見られている。原発から南側の四倉沖から平藤間沖（いわき市）で高い。最高値は、12年2月1日の平藤間沖での1440ベクレルで、ここでは12年2〜3月にかけ1000ベクレルを超える検体が相次いで見つかっている。13年には、やや低くなり、基準値を超えるものは出現していない。

　ニベ（図3-9-4）は、スズキ目に属し、近海の泥底に棲むが、スズキ目なので、ここで扱う。関東では「イシモチ」、関西では「グチ」と呼ばれる。最高値は、11年9月21日、久之浜沖の390ベクレルである。11年9〜12月にかけ、基準値を超えるものが、北は新地から南は北茨城までの約120km内で見つかっている。その後、12年に入ると、基準値を超える領域は、原発から南へ「ひたちなか」あたりまでにやや広がり、原発より北側では、基準値を超える検体は見られなくなる。スズキ、クロダイと比べると、北方への拡がりは小さいが、福島原発〜茨城県北部では、50ベクレルを超えるものが現在も継続して見つかっている。

※9　水産庁（2013年6月）；「高濃度に放射性セシウムで汚染された魚類の汚染源・汚染経路の解明のための緊急調査研究」。

図3-9-3　サブロウの放射性セシウム濃度（ベクレル/kg）

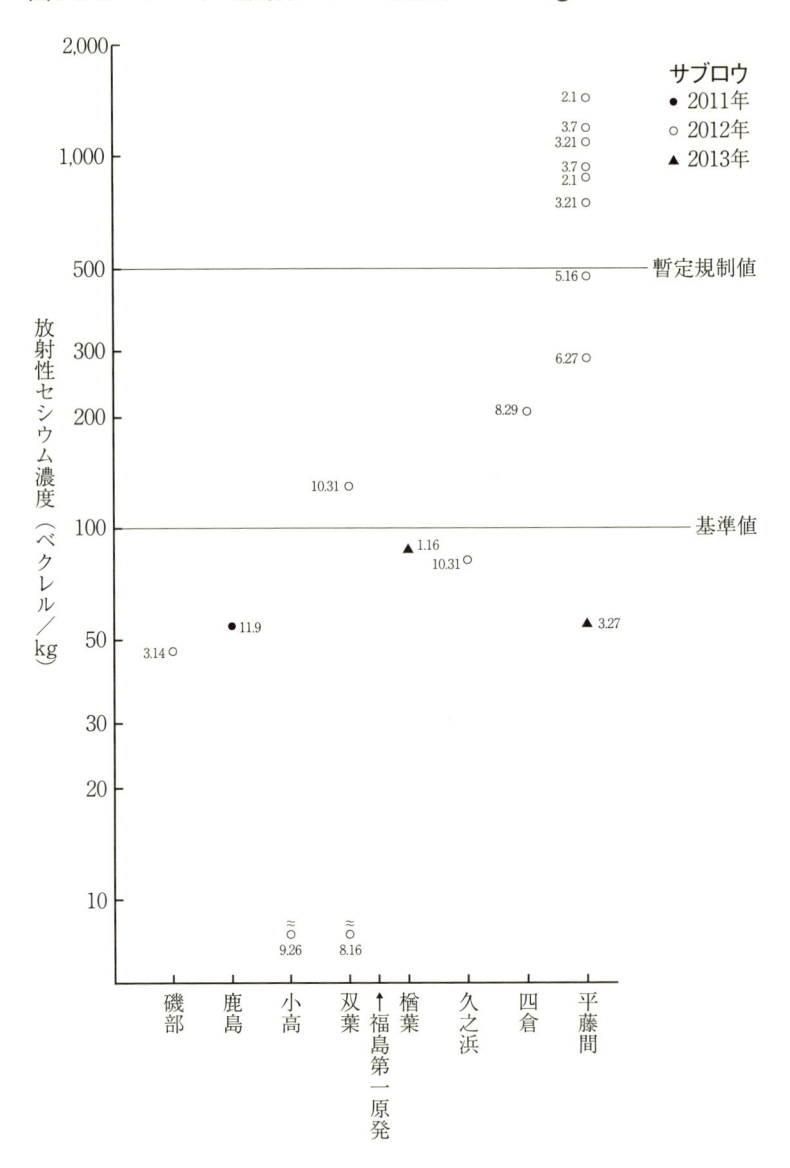

凡例：
サブロウ
● 2011年
○ 2012年
▲ 2013年

データ点（縦軸：放射性セシウム濃度（ベクレル/kg）、横軸：地点）：

- 磯部：3.14 ○（約50）
- 鹿島：●11.9（約55）
- 小高：≈○ 9.26（約6）
- 双葉：≈○ 8.16（約6）
- ←福島第一原発
- 楢葉：▲ 1.16（約90）、10.31 ○（約80）
- 久之浜：10.31 ○（約130）
- 四倉：8.29 ○（約210）、6.27 ○（約280）、5.16 ○（約480）
- 平藤間：▲ 3.27（約55）、3.21 ○（約800）、2.1 ○（約900）、3.7 ○（約950）、3.21 ○（約1200）、3.7 ○（約1300）、2.1 ○（約1500）

基準線：
- 暫定規制値：500
- 基準値：100

88　第3章　海の放射能汚染

図3-9-4 ニベの放射性セシウム濃度（ベクレル/kg）

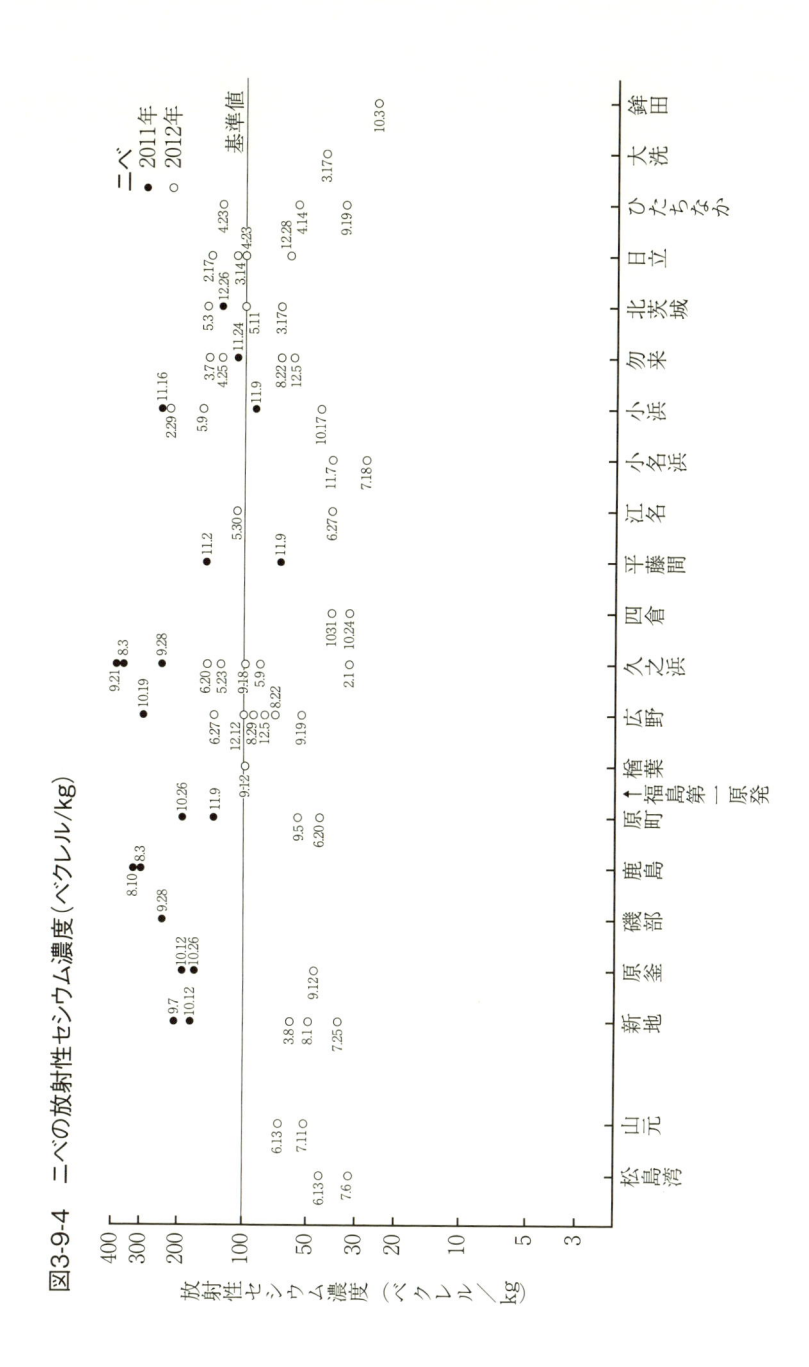

図3-9-5 マアジの放射性セシウム濃度（ベクレル/kg）

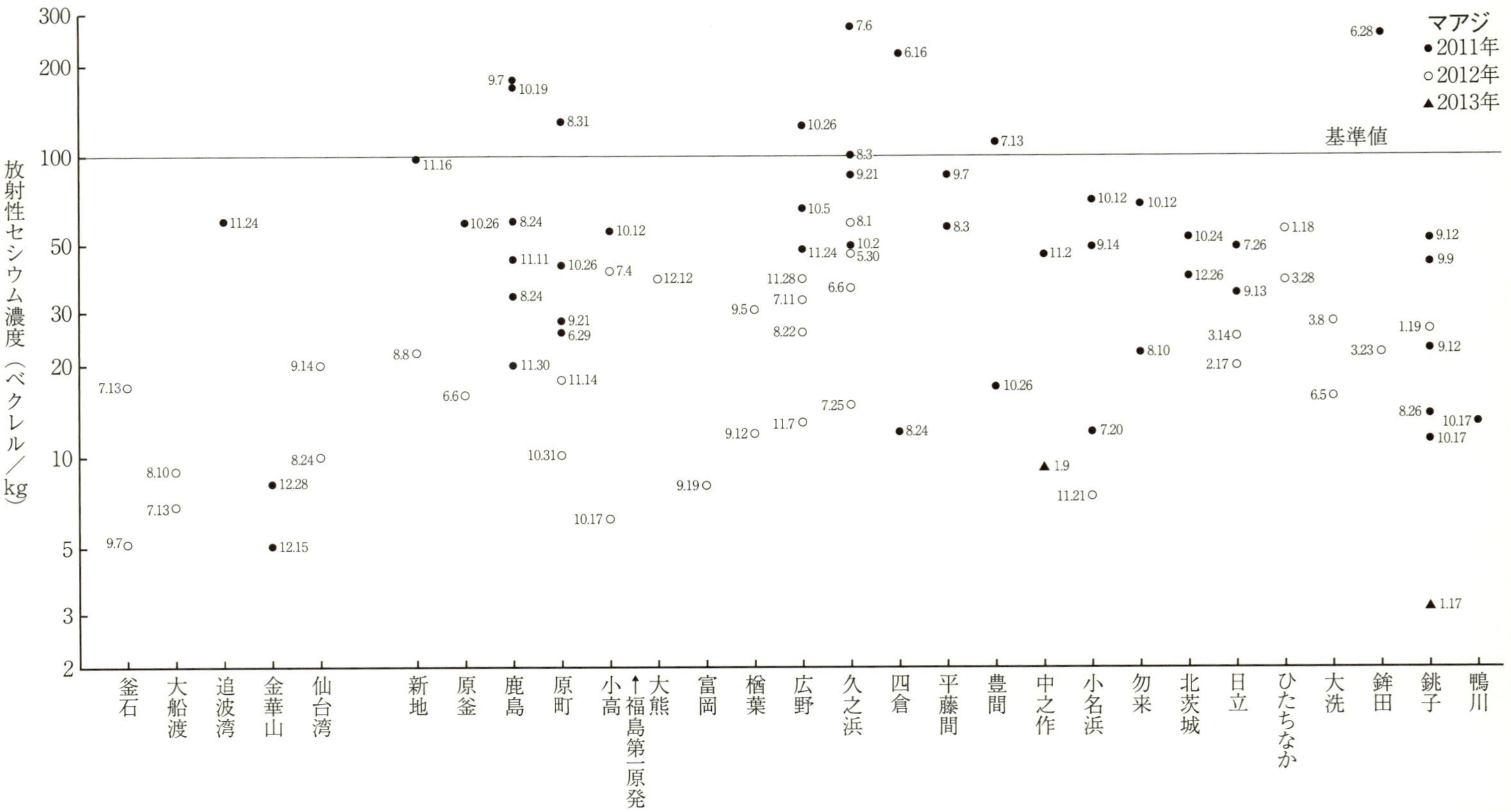

図3-9-6　ウミタナゴの放射性セシウム濃度（ベクレル/kg）

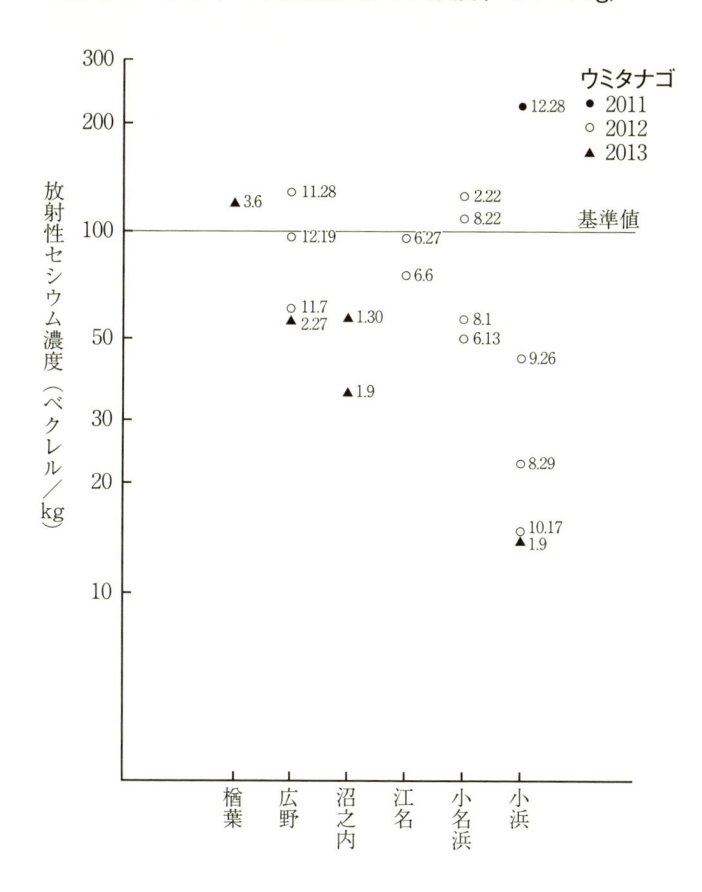

　マアジ（図3-9-5）は、スズキ目アジ科に分類される。浅海の岩礁域に定着する「居つき型」と、外洋を回遊する「回遊型」がある。ここでは、居つき型を念頭に、スズキと同じ中層性魚のなかで位置付けている。最高値は、11年7月6日、久之浜沖で270ベクレル、11年6月28日、鉾田沖で250ベクレルが出ている。基準値を超えるのは、広野沖から豊間沖、鉾田沖、さらに原発から北側の鹿島～原町沖の3領域に点在している。アイナメ等の底層性魚のように新地沖から北茨城沖までにまんべんなく濃度が高いという分布とは本質的に異なる。むしろ、濃度はスズキほど高くはな

図3-9-7　ホシザメの放射性セシウム濃度（ベクレル/kg）

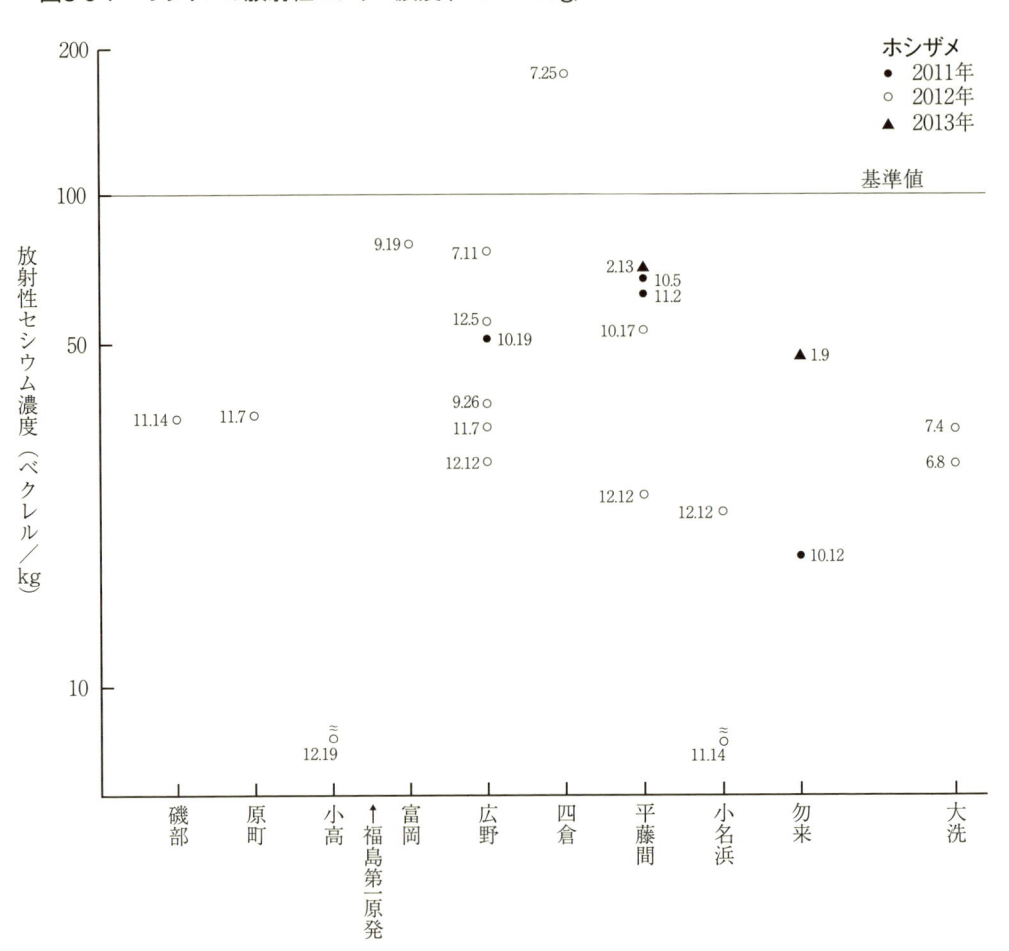

いが、空間分布はスズキに似て、釜石沖から銚子沖まで、非常に広範囲にわたって、50〜70ベクレルと中程度の汚染魚が分布している。経年的には、12、13年と時を経るにつれて、濃度は低くなっている。

　ウミタナゴ（図3-9-6）は、スズキ目に属し、胎生で春から初夏にかけて子を産む。データのある範囲が、原発から小浜沖までと狭いため、全体的特性はわからないが、最高値は、11年12月28日の小浜沖での224ベク

レルである。この範囲では、どこも基準値を超えている。この3年間で見る限り、経年的な変化は少ない。

ホシザメ（図3-9-7）は、沿岸の各地に生息し、体長は1.5mほどで、甲殻類や軟体動物を常食としている。最高値は、12年7月25日、四倉沖での180ベクレルで、他に基準値を超える検体は出現していない。分布のパターンは、原発から平藤間沖が高く、大洗沖まで徐々に低くなっている。平藤間沖にみられるが、11～13年にかけて年による違いはほとんど見られない。

3 底層性魚（アイナメ、メバル類、ソイ、ヒラメ、カレイ類、マダラ、エゾイソアイナメ、コモンカスベなど）

これからも最も高い汚染の継続が懸念されるのが、定着性の強い底層性魚である。どの魚種も寿命が数年以上はあるので、放出から時間が経過するほどに、高濃度のものが出現し、それが継続している。基準値を超え、操業自粛や出荷停止の対象の中で、最も多くの魚種がこのグループに属している。第1章で福島原発の港湾内の超高濃度に汚染されたアイナメ、ソイ、メバル類などは、どれもこれに属する魚種であったことを思いおこしておきたい。

① アイナメ、メバル類、ソイ

アイナメ（図3-10-1）は、比較的塩分濃度の低い岩礁域に広く生息する底層性魚で、小魚や甲殻類、多毛類（ゴカイ）などを捕食する。産卵期は秋から冬で、晩秋から春にかけての寒い時期が旬である。防波堤や岩場からの釣り魚として親しまれている他、底引き網、刺し網でも捕獲される。

最高値は、11年7月20日、久之浜でのセシウム3000ベクレルである。ただし、第1章で述べたように、原発から20km圏内での東電の調査における太田川沖での2万5800ベクレルがある。原釜沖から勿来沖まで原発を囲む形で旧暫定規制値500ベクレルを超える検体が見られる。さらに、その周りの新地沖～日立市沖（原発から南へ100km）の広い範囲で基準値をオーバーする高濃度が検出され続けている。

さらに、南へ170kmもある鹿嶋沖（茨城県）でも11年10月17日に54ベクレルと相当、高い値が見られる。全体としては、原発から久之浜間

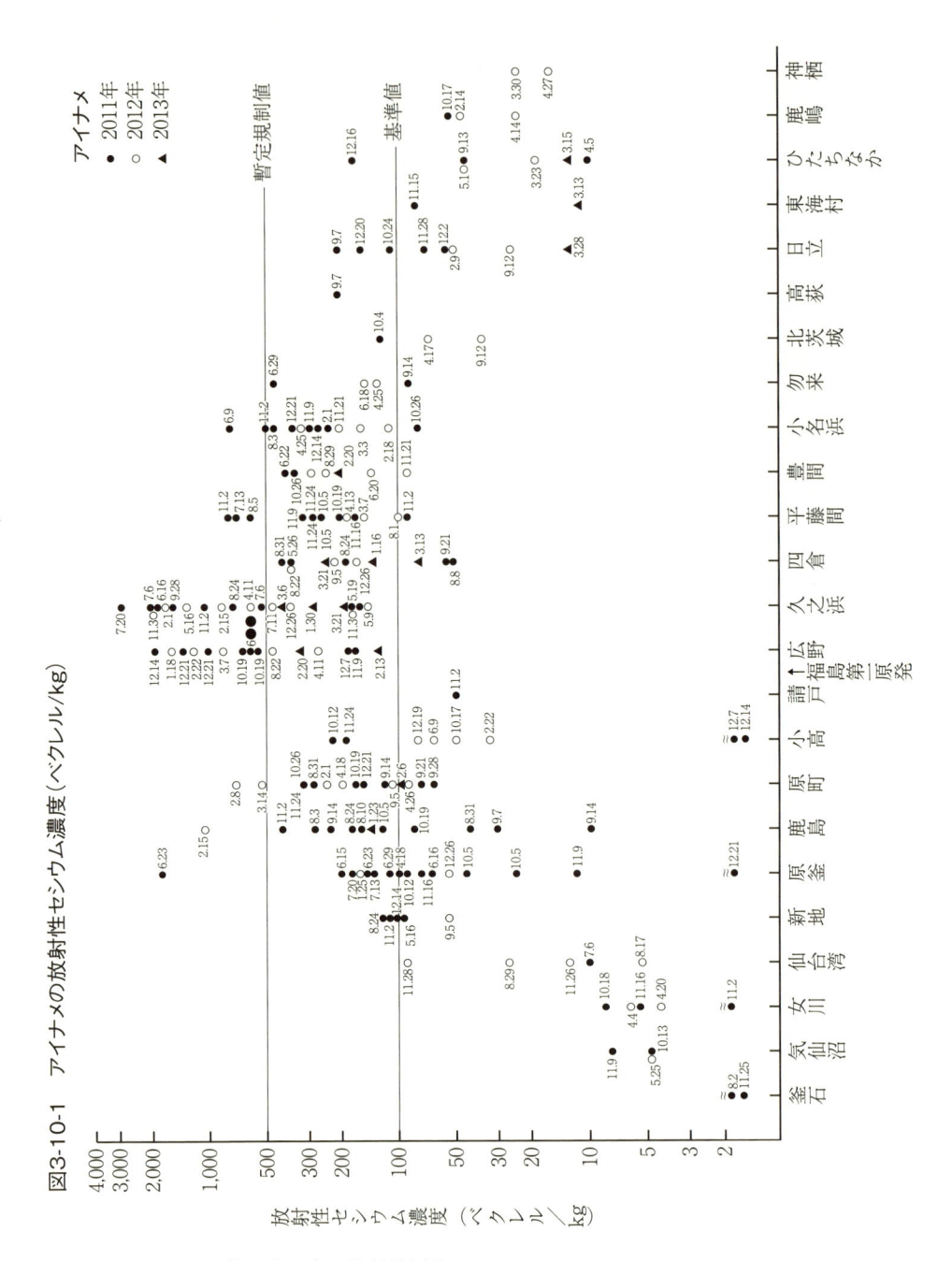

図3-10-1 アイナメの放射性セシウム濃度（ベクレル/kg）

94　第3章　海の放射能汚染

を山のピークにして、南北両側に向けて濃度が漸減していくパターンがみられる。南側の方が、影響範囲が北と比べて約3倍大きい。12年になり、仙台湾では90ベクレルというかなり高い値がみられる。金華山より北側の三陸海岸の女川、気仙沼、釜石沖でも5～8ベクレルという値が見られるが、海況からみて海水の移動は考えにくい。岩手県、宮城県の陸上起源のものの河川による輸送や大気経由の海面への降下物などが主要な要因ではないかと推測される。

そのほか、メバル類はかなり高濃度である。メバルは、春の磯魚の代表で、岩礁域のやや開けた場所に生息し、岩の隙間に潜み海底近くで小魚を捕食する。メバルは非常に種類が多く、同族の魚種にソイ、メヌケなどもある。卵をうまず、体内で孵化が完了し、5ミリ前後まで成長した稚魚を体外に出す卵胎生である。

セシウムの最も高い値が出ているのはシロメバル（図3-10-2）で、最高値は11年7月6日、久之浜沖の3200ベクレルである。次いで12年2月1日、広野沖で3100ベクレルもあり、久之浜沖、広野沖では2000ベクレルを超えるものが6検体ある。12年になり、8月29日、富岡沖、12月5日、大熊沖でそれぞれ1700ベクレルが出現している。原町沖から小浜沖（いわき市）までの範囲で暫定規制値を超えている。さらに基準値を上回る領域は、やや広がり、北は原釜沖から南は高萩沖までとなる。北茨城沖や高萩沖では、11年にはデータがなかったが、12年になり基準値を超えるものが出現している。

また原発近傍の小高沖から楢葉沖までは、11年にはデータがなかったが、12年以降、すべての検体が基準値を超えている。原発から南側の大熊沖、富岡沖、楢葉沖では、かなり高い。例えば、12年8月22日、楢葉沖で920ベクレル、13年1月16日、大熊沖で800ベクレルという高い値が見られる。11年と比べ、やや低くなっているとはいえ、まだまだ高い値が出現している。

キツネメバル（図3-10-3）は、クロソイとよく似ていると言われる。最高値は、12年1月18日、広野沖での1310ベクレルである。富岡～広野沖の原発近傍の南側で暫定規制値500ベクレルを超えており、原町沖から勿来沖の範囲で基準値を超えている。シロメバルと比べ、高濃度の領域は

図3-10-2 シロメバルの放射性セシウム濃度（ベクレル/kg）

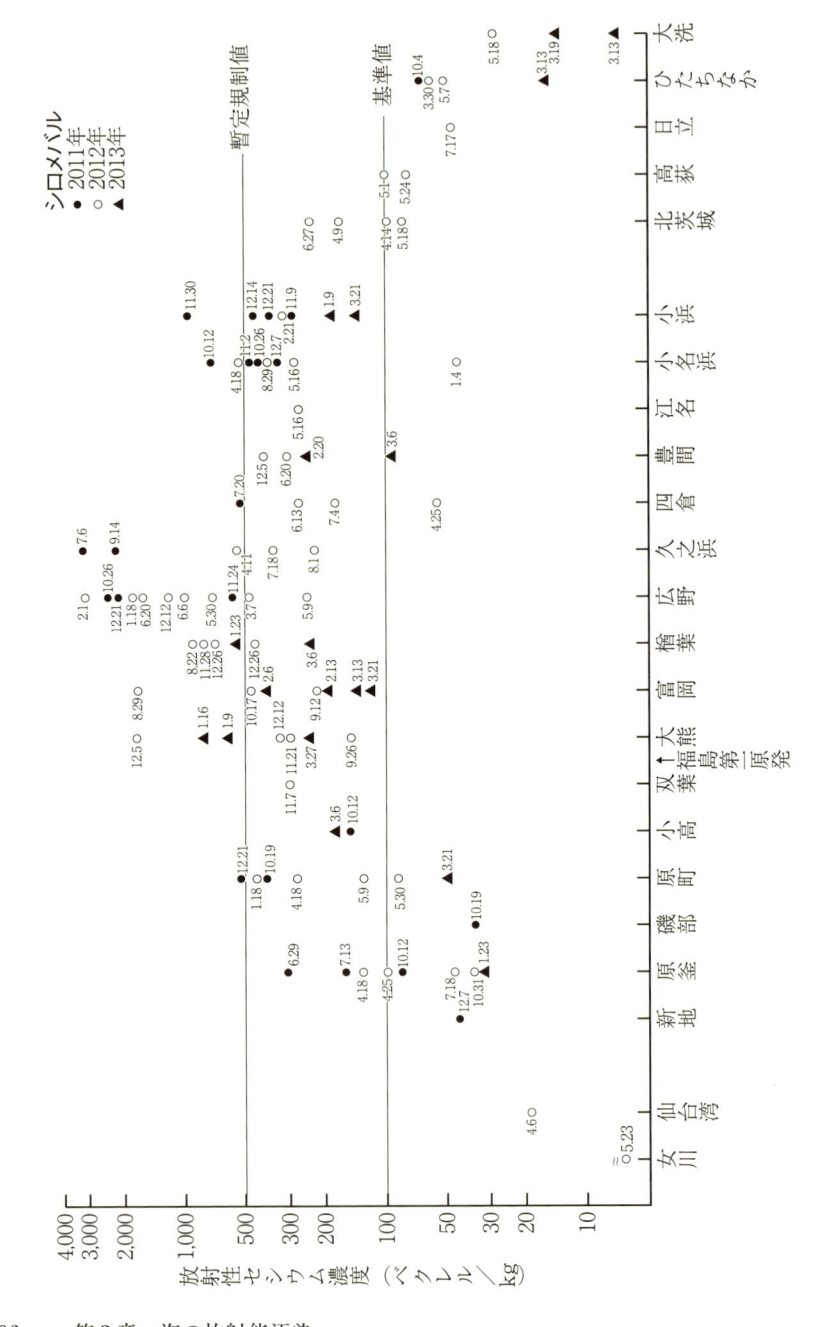

第3章 海の放射能汚染

図3-10-3　キツネメバルの放射性セシウム濃度（ベクレル/kg）

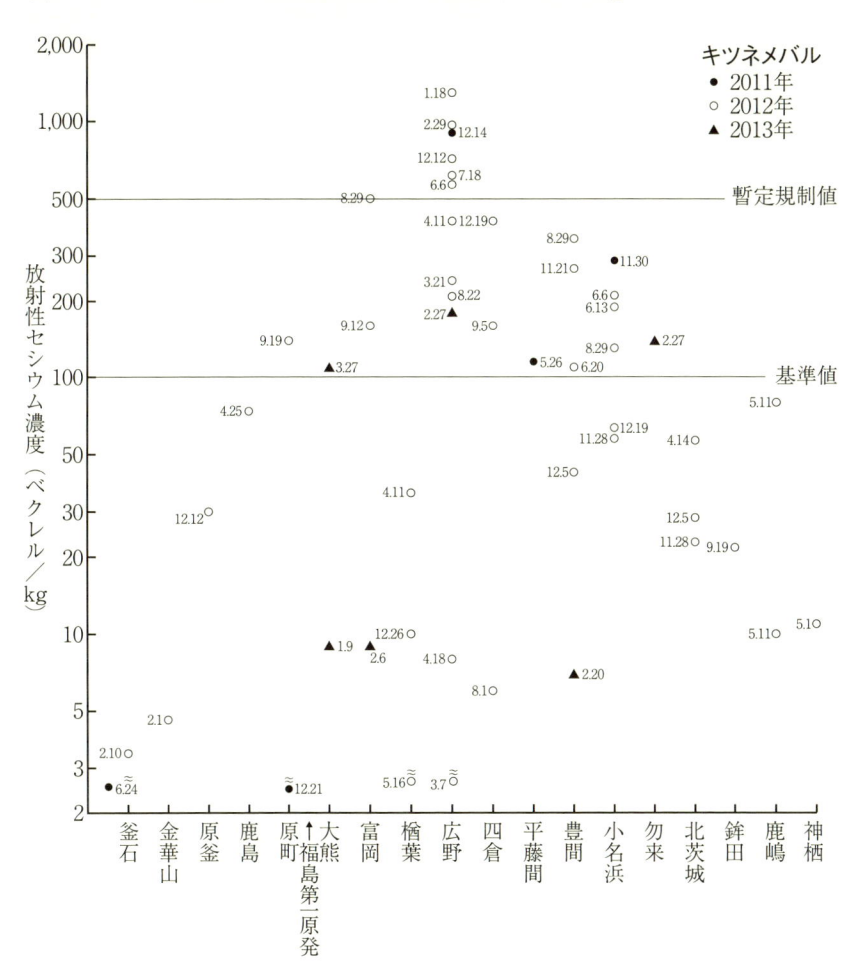

やや狭い。12年、13年においても、基本的な状況に変化はない。12年5月11日には、鹿嶋沖でも81ベクレルとかなり高い値が出ている。

　ウスメバル（図3-10-4）は、青森県が最大の生産地である。最高値は、11年12月21日、広野沖での1630ベクレルで、同地点では、12年5月30日にも1500ベクレルが出現している。暫定規制値を超えるものは、原発から南へ大熊沖、富岡沖、楢葉沖、広野沖、そして四倉沖までで、11

図3-10-4　ウスメバルの放射性セシウム濃度（ベクレル/kg）

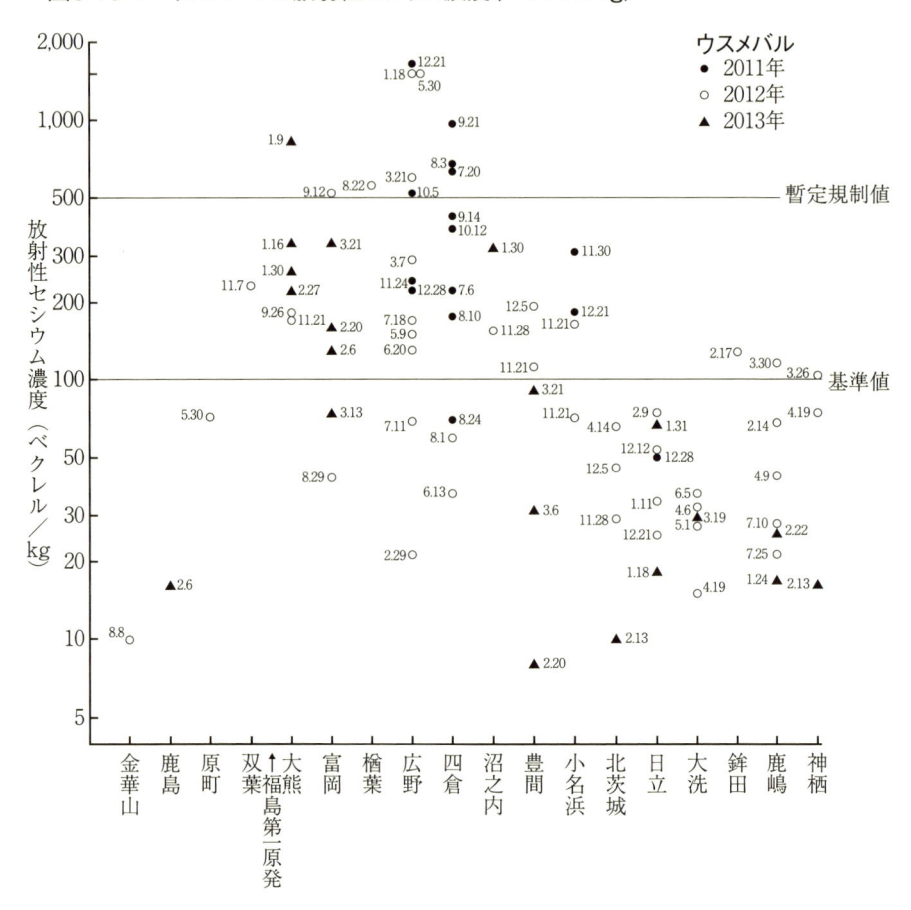

～13年を通じて出現している。基準値100ベクレルを超えるのも、基本的に原発から南側の福島県沖である。12年には、原発から南へ約150～180kmの鉾田沖、鹿嶋沖、神栖沖で基準値を超す検体が出現している。この理由はわからないが、小名浜近辺の個体が移動していたということも考えられる。

クロソイ（図3-10-5）は、メバル属に入り、浅い岩礁域に生息し、移動性が小さい。沖縄を除く日本の沿岸各地に広く分布する。卵胎生で、交尾期は晩秋から冬である。成長は、初期の1年で20～25cm、3歳で30～

図3-10-5　クロソイの放射性セシウム濃度（ベクレル/kg）

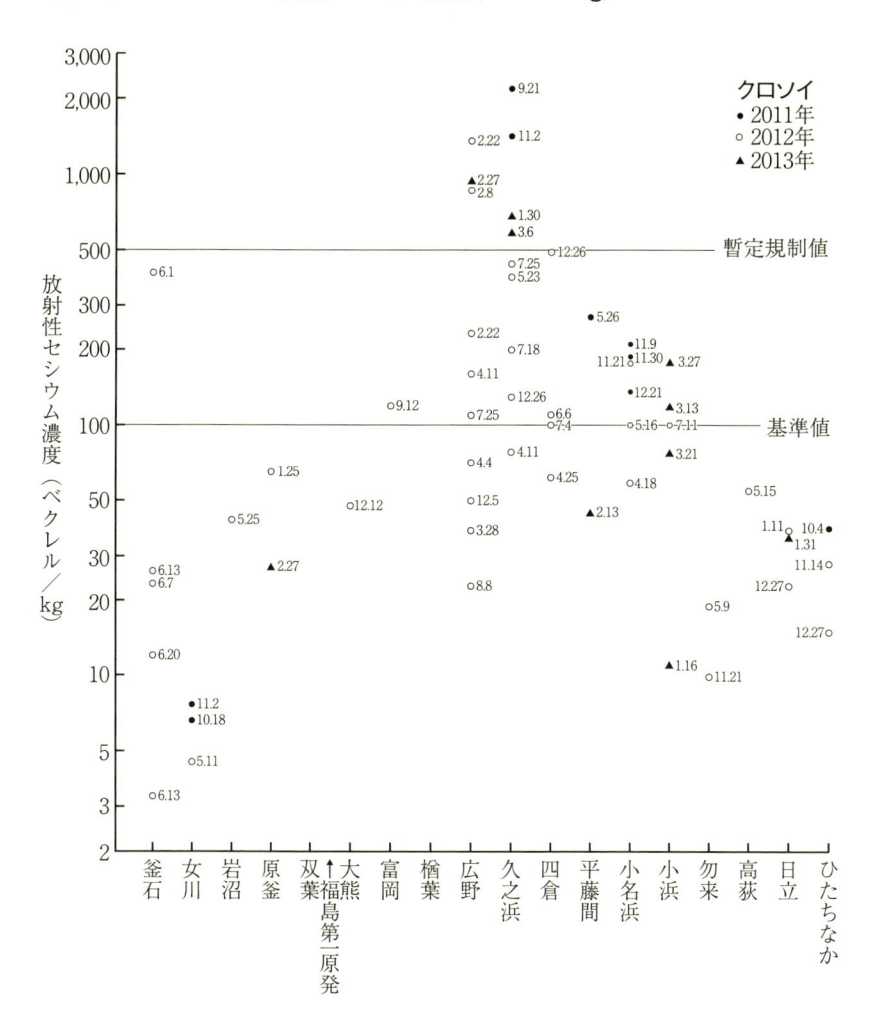

40cmにまでなる。刺し網や定置網、釣りで漁獲される。最高値は、11年9月21日、久之浜沖で2190ベクレルを記録し、広野沖から四倉沖の間で高い。基準値を超えるのは、やはり原発から南へ小浜沖（いわき市）までにみられる。経年的には、広野沖、久之浜沖では13年になっても高いままで、ほとんど変化しない。13年2月27日、広野沖で960ベクレルという

99

1000 ベクレルに近い検体が発見されている。原発から北へはるかに遠い釜石沖でも、12 年 6 月 1 日に 400 ベクレルという高いものが見つかっている。クロソイは移動性が低いことから、陸起源の放射能が河川経由で海に運ばれたものの影響と考えられる。

ムラソイ（図 3-10-6）は、浅い岩礁域に生息し、卵胎生で春から初夏に仔魚を生む。回遊はせず、成長が遅く、5 年かけて 20cm くらいになると言われる。検体数が少ないが、最高値は、12 年 11 月 21 日、事故から 1 年半以上経た時点に、広野沖で 1100 ベクレルが出た。広野沖では、11 年 12 月 14 日にも 870 ベクレルという高濃度のものが見つかっている。基準値を超えるものは、原発から南側で小浜沖（いわき市）までの範囲に広がっている。四倉沖では、13 年 3 月、事故から 2 年を経た時点で、基準値を超えるものが複数出現した。第 1 章で、福島原発港湾での超高濃度汚染の魚種の中に、ムラソイが含まれていたが、1000 ベクレル程度の値では、港湾内の魚との直接的な因果関係はないと考えられる。

② ヒラメ、カレイ類

ヒラメ（図 3-11-1）は、沿岸の砂泥地を好み、夜間、行動する。3～7 月の産卵期は水深 20 m くらいの浅瀬にいるが、冬には相当、深い所に移動する。寿命は数年程度である。最高値は、11 年 11 月 16 日、久之浜沖で 4500 ベクレルという極めて高いものが見られる。原町～植田沖（いわき市。原発から南へ 60km）の南北 90km にわたる相当広い海域で暫定規制値を超えている。さらに新地～日立沖までの南北 150km にわたり、基準値を超えるものが多い。鹿嶋沖（茨城県）では 12 年 4 月 6 日、76 ベクレルというかなり高い値がみられ、銚子沖までの範囲で 50 ベクレルを超えるものが多数存在している。また北側の仙台湾でも、12 年 9 月 12 日、140 ベクレルと基準値を超えるものがみられた。これを含め、50 ベクレル以上の、かなり高い値が 13 年まで継続している。

金華山より北側の女川沖でも 12 年 5 月 25 日に 43 ベクレル、気仙沼沖では 11 年 10 月 13 日、59 ベクレルと高値が出ている。他の大部分の魚種や生物では、牡鹿半島の北側で 10 ベクレルを超えることはほとんどないが、ヒラメは、相当広域にわたって汚染が広がっている。これは、ヒラメ

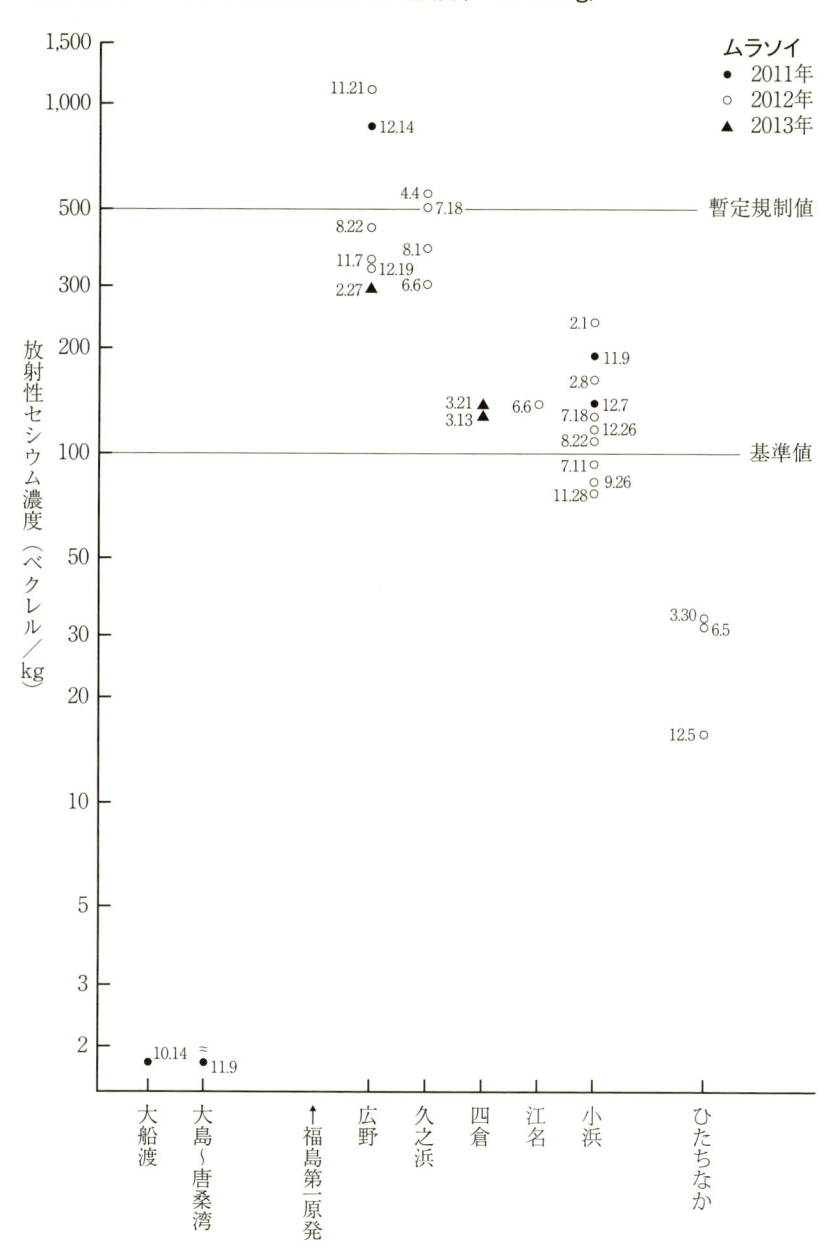

図3-10-6　ムラソイの放射性セシウム濃度（ベクレル/kg）

図3-11-1 ヒラメの放射性セシウム濃度(ベクレル/kg)

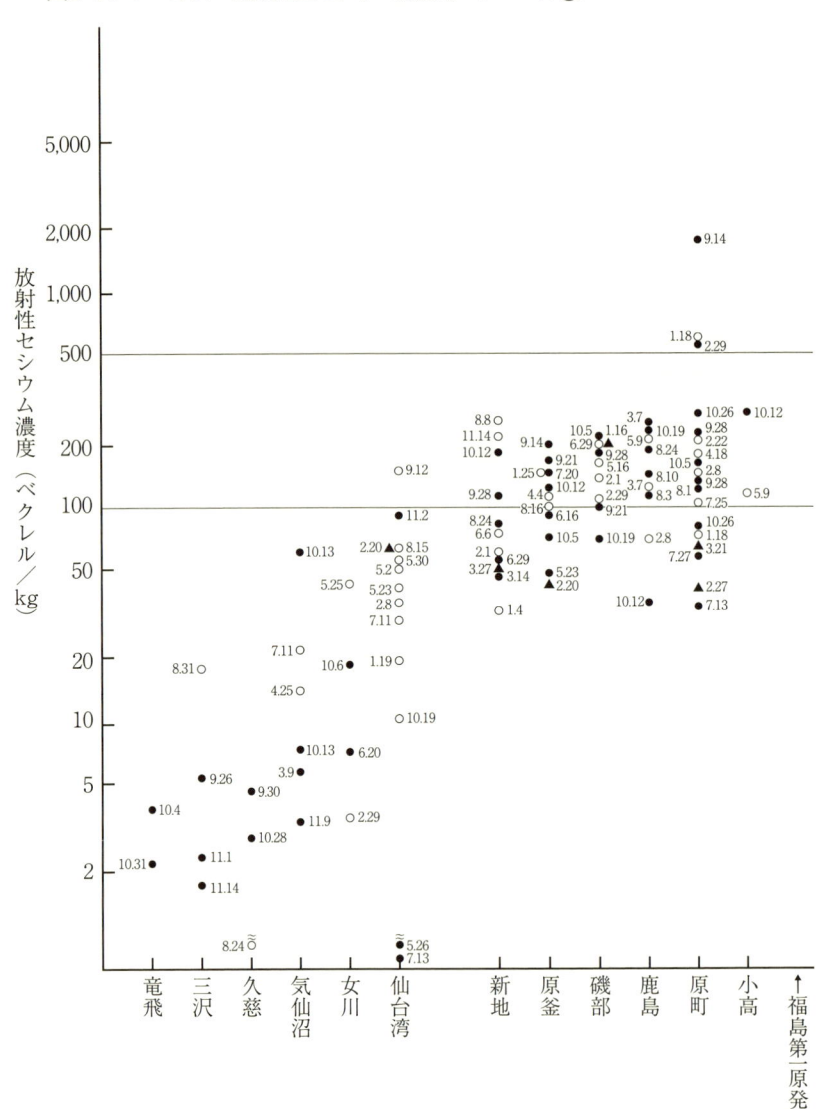

102　第3章　海の放射能汚染

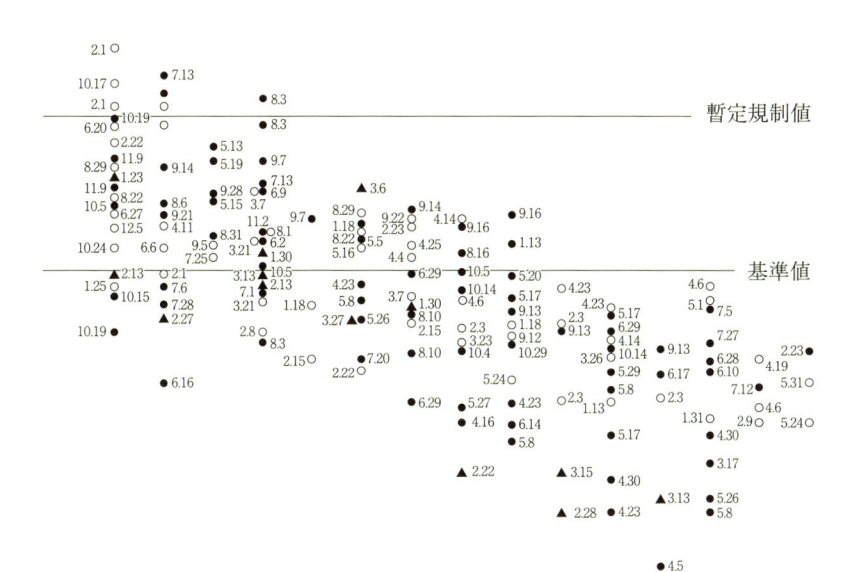

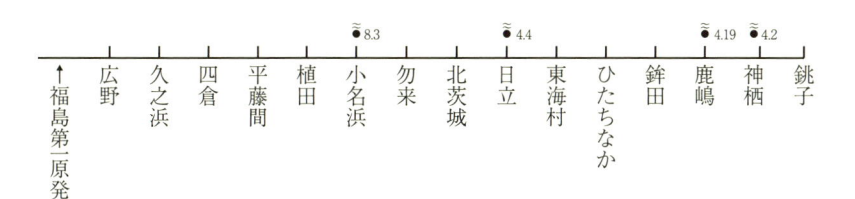

に固有の特徴である。福島原発から南の高濃度汚染海域で生息していたものの一部が、遊泳行動により移動したことも考えられる。

アカシタビラメ（図3-11-2）は、水深40〜50mの沿岸に生息し、貝類やエビ類を餌とする。産卵期は6〜7月ころである。最高値は、11年8月16日、平藤間沖で250ベクレルが出現した。ヒラメと比べ1000ベクレルを超えるといった高い値はなく、また空間的な広がりも比較的小規模である。基準値を超えるものが四倉沖から平藤間沖で見つかり、この傾向は12年も継続している。基準値より低いが、50ベクレルを超えるものは、北茨城沖で確認されている。

マコガレイ（図3-11-3）は、水深100m以浅の砂泥底に生息し、底生動物を食べる。11月から2月が産卵期である。最高値は、12年2月8日、広野沖での2600ベクレルである。それまでは、ヒラメ、アイナメほどの高濃度ではなかった。広野沖から四倉沖で、1000ベクレルを超えるものを含め、暫定規制値を超えるものが出ている。その周りの鹿島〜日立沖の間には基準値を超える領域が広がっている。

11、12年では、新地〜鹿島沖（福島県）は50〜100ベクレルとかなり高いものが出現していたが、基準値よりは低かった。ところが、13年に入り、2月6日、新地沖で510ベクレル、3月6日、原釜沖で290ベクレルという検体が見つかる。事故から2年を経て、何がしかの状況の変化が起こっているのかもしれない。理由はよくわからないが、重大な問題である。仙台湾は11年には4〜6ベクレルであったが、12年に入ると、例えば2月22日には50ベクレルを記録し、やや高くなっている。南方でも、日立沖から神栖沖まで、20〜40ベクレルの濃度が維持され、12年になっても低くならない状況が続いている。

イシガレイ（図3-11-4）は、表面に石のように固い突起があることから、こう呼ばれる。成長は早く、全長60cmくらいと大きくなる。最高値は、11年8月3日、平藤間沖で1220ベクレルが出現している。次いで、江名でも12年10月24日、1200ベクレルと平藤間の最高値に匹敵する高い値が出ている。また鹿島沖では、11年9月7日、1030ベクレルと1000ベクレルを超えるものが出現した。平藤間沖から江名沖を頂点として、南北に向けて徐々に低くなる分布がみられる。その間には、広野沖から沼の内

図3-11-2　アカシタビラメの放射性セシウム濃度（ベクレル/kg）

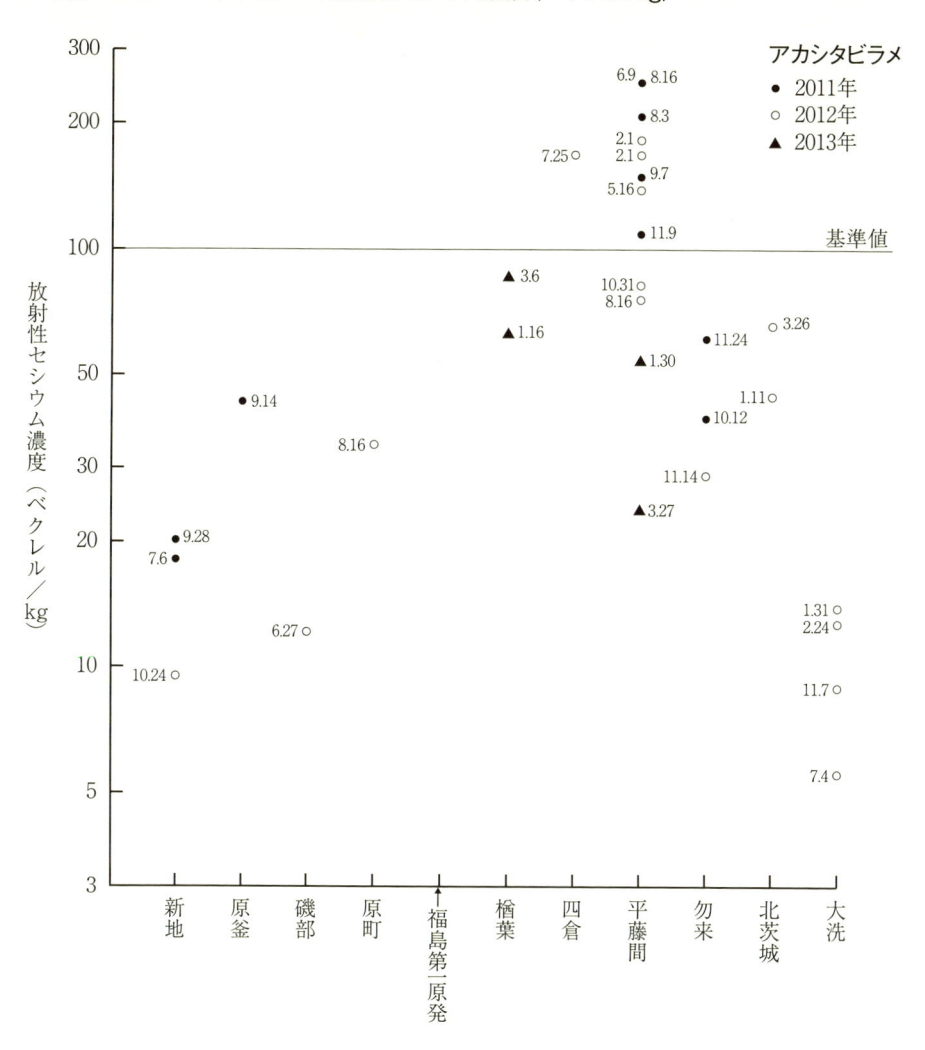

図3-11-3 マコガレイの放射性セシウム濃度（ベクレル/kg）

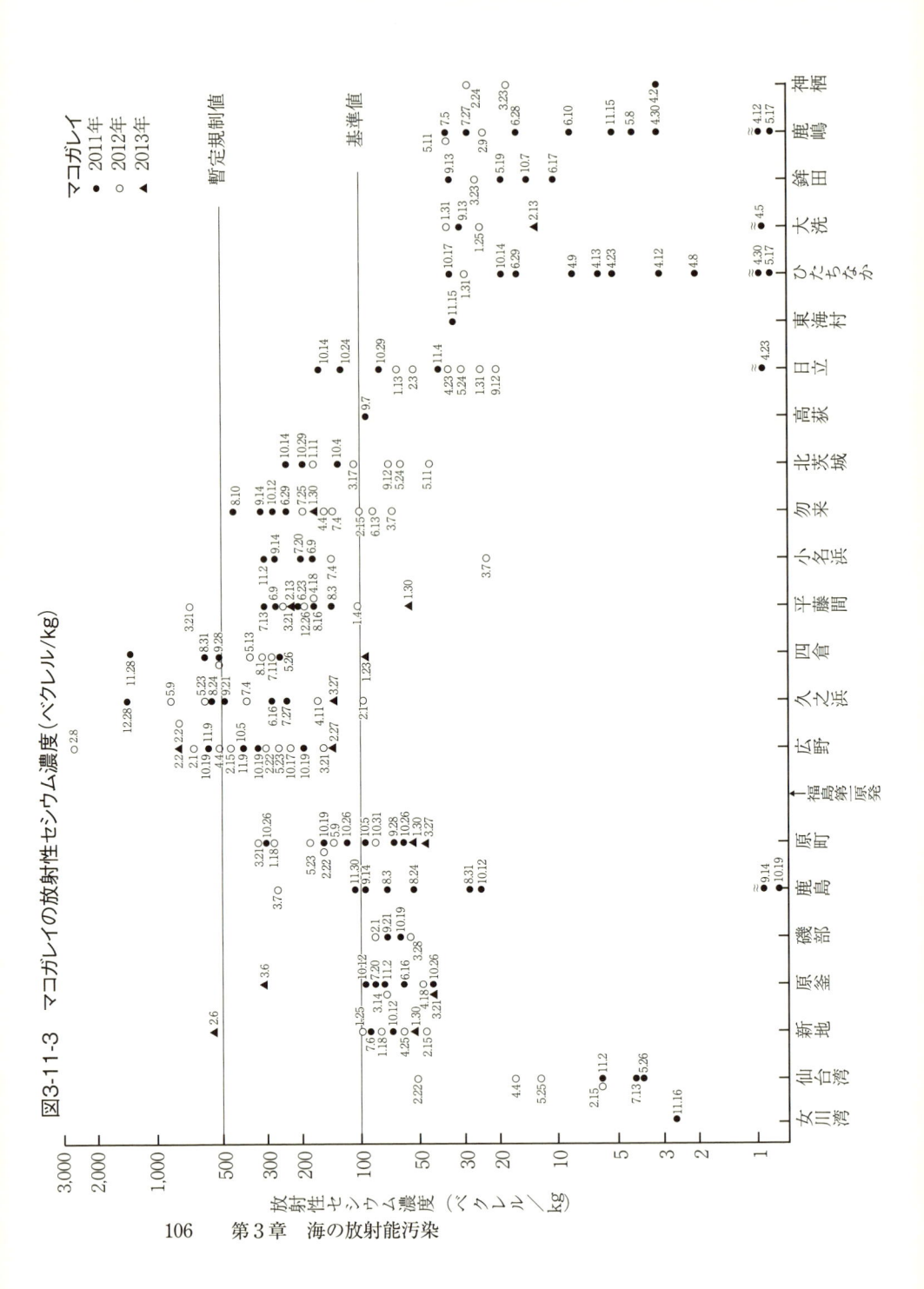

106　第3章　海の放射能汚染

図3-11-4 イシガレイの放射性セシウム濃度（ベクレル/kg）

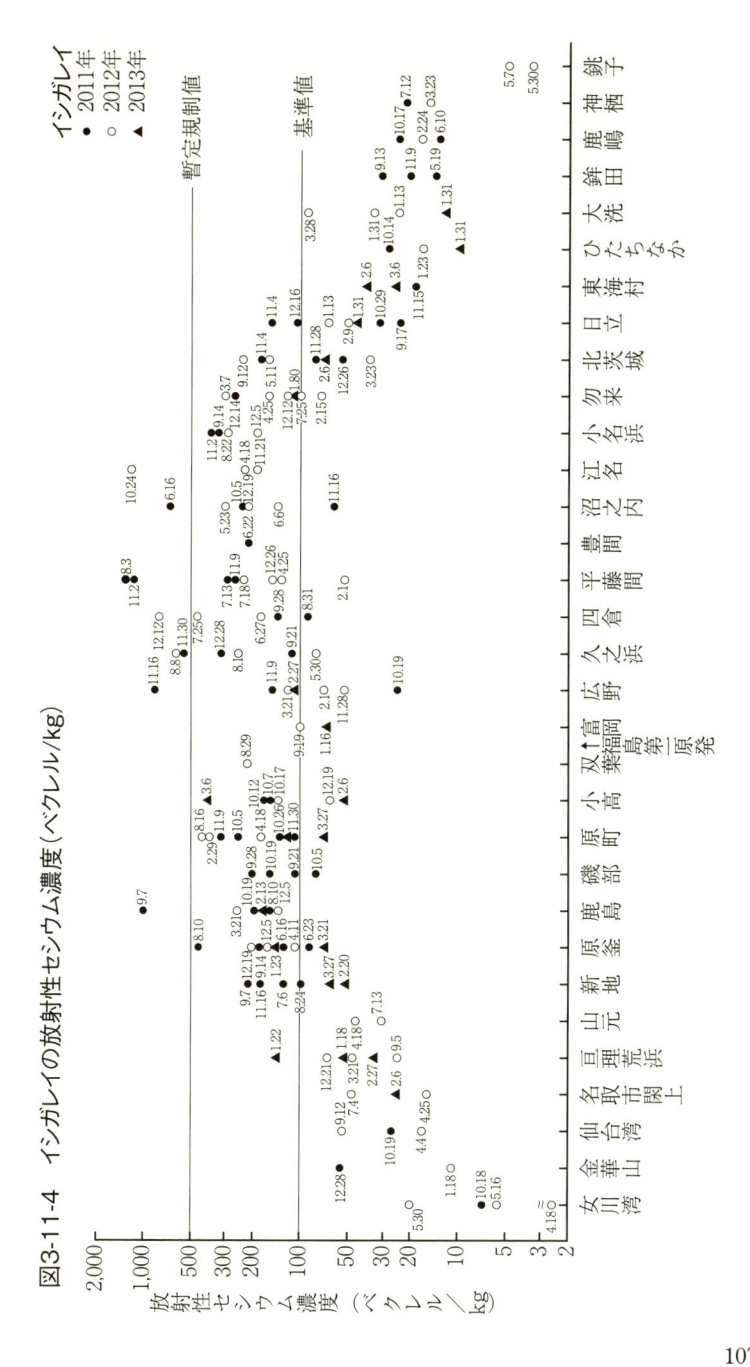

沖、及び北側の原釜沖から鹿島沖の2カ所に、暫定規制値を超える領域がある。さらに北は亘理荒浜沖から南は日立沖に至る南北170kmの広い範囲で基準値を超えている。この状況は、11年だけでなく、12、13年も継続している。特に亘理荒浜沖では13年になって、値がより高くなっている。

マガレイ（図3-11-5）は、浅い海の砂泥底に生息し、底生動物を食べるカレイの1種である。マコガレイ、ヒラメなど1000ベクレルを超えるような魚種と比べると、あまり高くない。最高値は、11年7月6日、久之浜沖での450ベクレルで、暫定規制値を超えるものもない。これを頂点に、例によって北は原釜沖から、南は高萩沖までの海域で基準値を超えるものがみられる。多くは、50～150ベクレルの範囲内である。その外側では、距離が離れるにつれ、徐々に低下していく。経年的には、原発からいわき市沖にかけた領域で見られるように少しずつ低下している。

ババガレイ（図3-11-6）は、表面に粘液が多くヌルヌルしている。1000ベクレルを超えるものは、広野沖、久之浜沖で見られ、最高値は、12年2月8日、広野沖の1500ベクレルである。暫定規制値を超えるものが出現するのも、この領域に限られる。原釜沖から日立沖までの南北約150km内で、基準値を超えている。その外側では、距離が離れるにつれ、順次低下していくが、鹿嶋沖でも20～30ベクレルあり、北方では、山元沖がそれに相当する濃度である。この傾向は、11、12年を通じてほとんど変化しない。中には、小名浜沖や勿来沖、原町沖、新地沖のように、12年の方が高いケースもかなりある。

ムシガレイ（図3-11-7）は、表側の左右に、3対の虫食い状の斑があることから、このように呼ばれている。200m以浅の砂泥地にすみ、底生の甲殻類やゴカイなどを餌とする。最高値は12年7月18日、平藤間沖での580ベクレルである。これとほぼ同等のものが、12年に広野沖から平藤間沖にかけて出現し、この領域では、11年よりも12年になって濃度が高くなっている。原町沖から江名沖（いわき市）間では基準値を超えている。さらに南側では、距離が離れるにつれ、順次低くなる。

図3-11-5 マガレイの放射性セシウム濃度（ベクレル/kg）

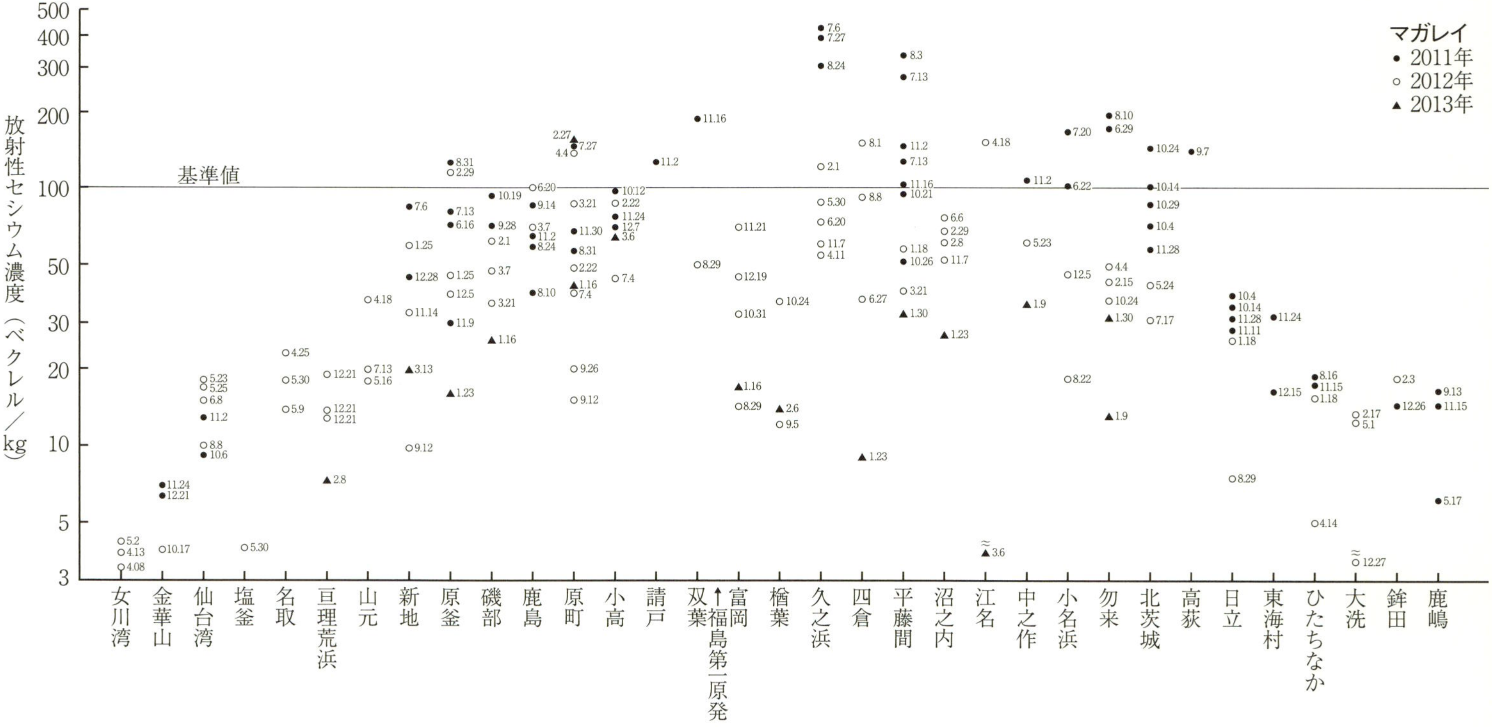

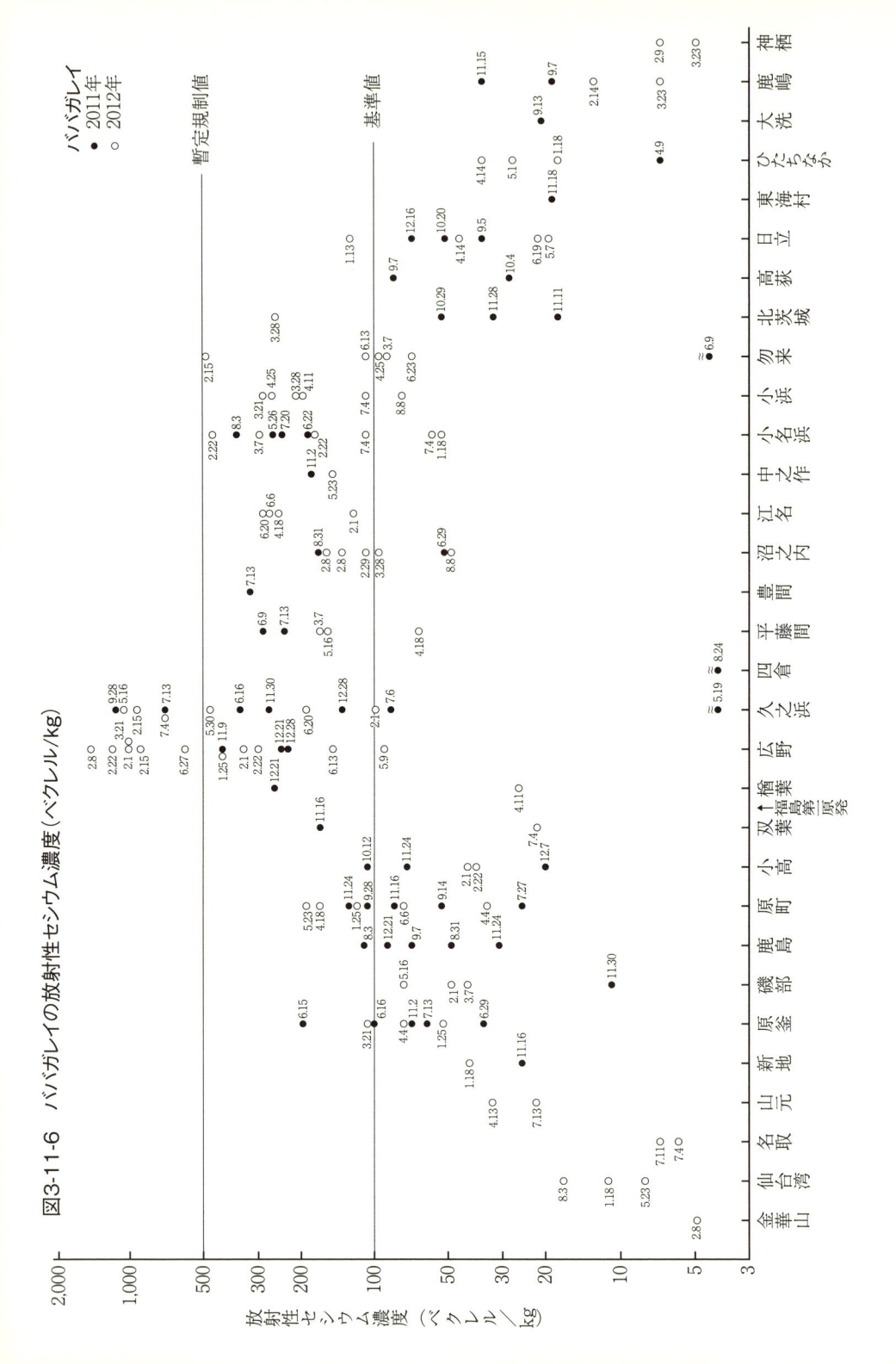

図3-11-6 ババガレイの放射性セシウム濃度（ベクレル/kg）

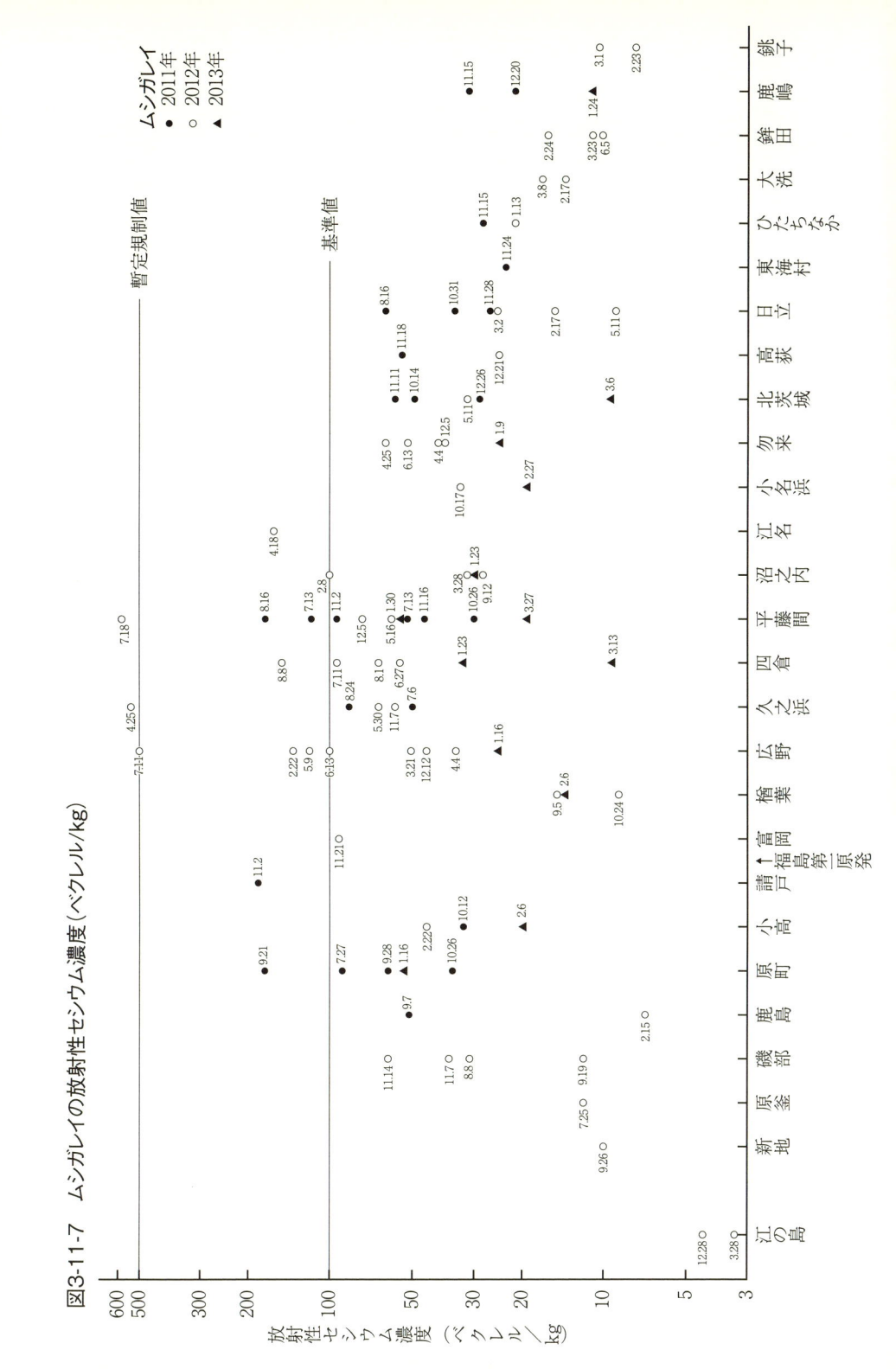

図3-11-7 ムシガレイの放射性セシウム濃度（ベクレル/kg）

図3-11-8　メイタガレイの放射性セシウム濃度（ベクレル/kg）

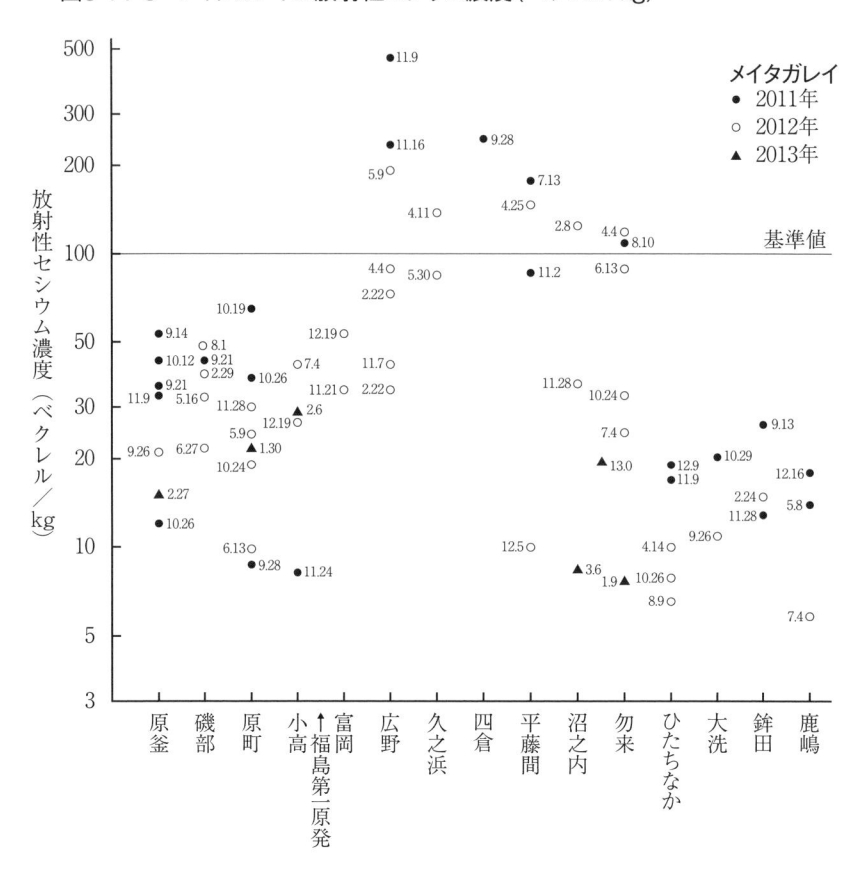

　メイタガレイ（図3-11-8）は、目の間に棘があり、「目痛」が語源とされる。最高値は、11年11月9日、広野沖での470ベクレルである。原発沖から南方向の勿来沖までで基準値を超えるものがみられ、距離が離れるにつれ、順次低くなる。各地点の濃度は、11年が高く、12年にはやや低下している。原発の北側では、原釜沖までの間で、20～50ベクレルと、原発からの距離が近い割には、相対的に低い。

図3-11-9 ヌマガレイの放射性セシウム濃度（ベクレル/kg）

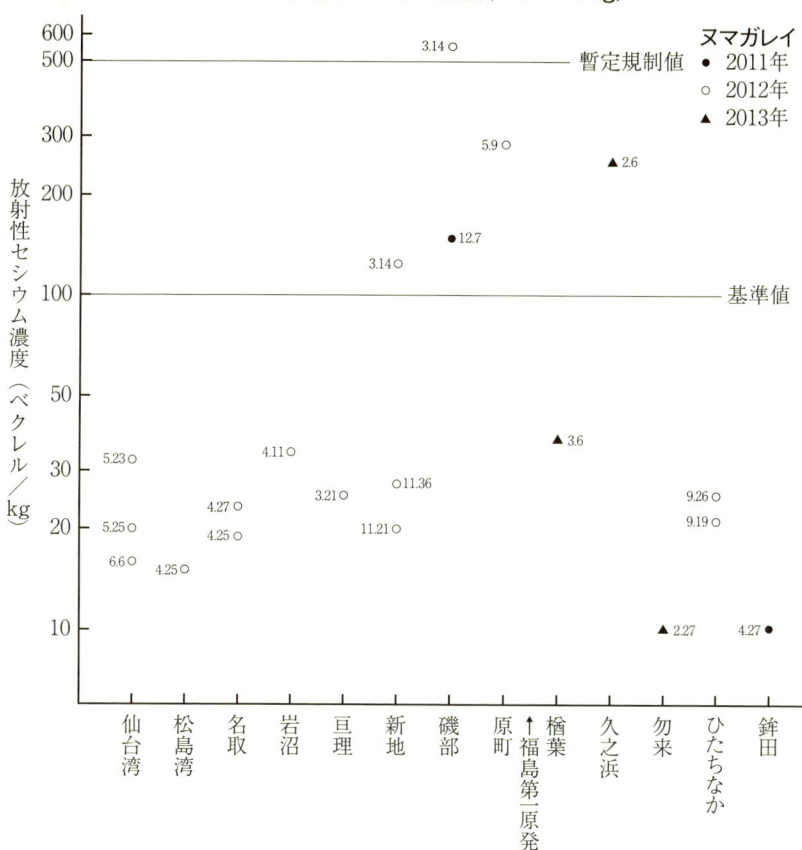

　ヌマガレイ（図3-11-9）は、眼が左側にあり、汽水域や淡水にも入ることがあるのでこの和名がつくカレイである。検体数が少ない面はあるが、最高値は、12年3月14日、原発の北方30kmの磯部沖で550ベクレルがみられる。多くの種が、最高値は、原発南側の広野沖や久之浜沖などに出現するのに対して、北側に最高値が出る数少ない例である。新地沖から久之浜沖で基準値を超えている。北方では、亘理沖、岩沼沖、名取沖、更には松島湾と、相当遠距離まで新地沖とほぼ同レベルの20～30ベクレルが続いている。他の魚種と比べ、全体的に北方への広がりが大きい。

113

図3-11-10　マツカワの放射性セシウム濃度（ベクレル/kg）

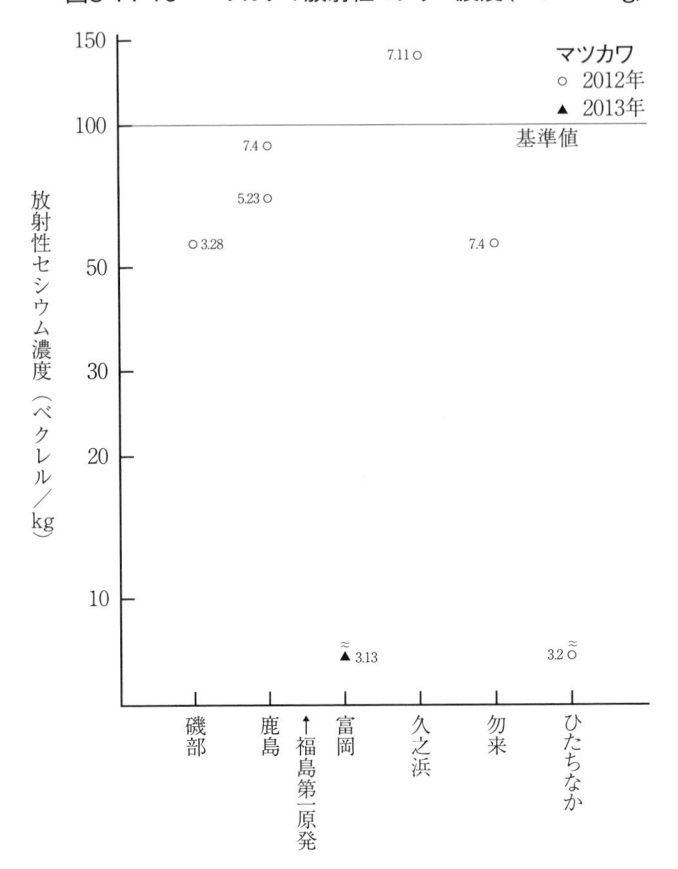

[図：横軸に磯部、鹿島、富岡（←福島第一原発）、久之浜、勿来、ひたちなかを配置し、縦軸に放射性セシウム濃度（ベクレル/kg）を対数的に示す。2012年は○、2013年は▲。基準値100ベクレルの線が引かれている。データ点：磯部 ○3.28（約55）、鹿島 ○5.23（約70）、鹿島 ○7.4（約90）、富岡 ▲3.13（基準線より低く省略記号）、久之浜 ○7.11（約140）、勿来 ○7.4（約55）、ひたちなか ○3.2（省略記号）]

　マツカワ（図3-11-10）は、カレイ目カレイ科の1種である。検体数が少ないが、最高値は12年7月11日、久之浜沖での140ベクレルで、基準値を超えるものは、これだけである。相対的には磯部沖から勿来沖の間で高く、50ベクレルを超える値がみられる。

　クロウシノシタ（図3-11-11）もカレイの仲間である。最高値は、12年3月21日、平藤間沖で390ベクレルを記録する。基準値を超えるのは、鹿島沖と平藤間沖の間で、新地沖から勿来沖まででは50〜100ベクレルの、やや高いものがみられる。13年まで、全体として変化が少ない。

114　　第3章　海の放射能汚染

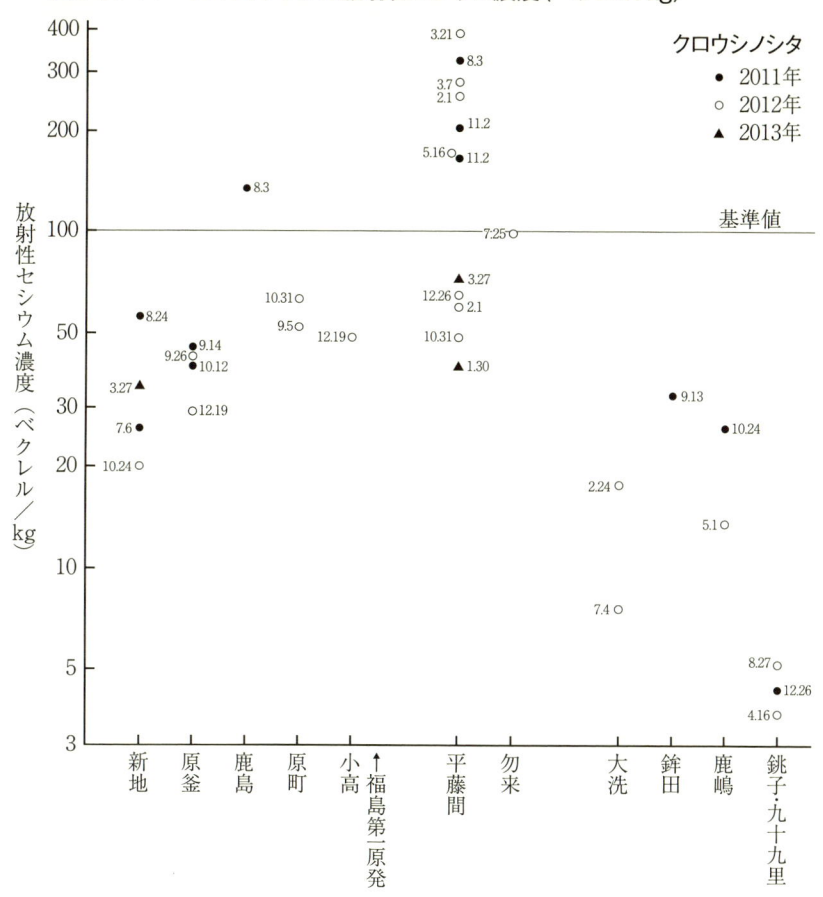

図3-11-11 クロウシノシタの放射性セシウム濃度(ベクレル/kg)

③ マダラ、エゾイソアイナメ、コモンカスベなど

　マダラ（図3-12-1）は、北海道周辺を中心に生息し、生息水温が2〜4度と低く、大陸棚や大陸棚斜面の海底付近に生息する。移動範囲は小さいといわれるが、陸奥湾で産卵魚に標識をつけた調査から、春から秋にかけての索餌期には北海道東部の太平洋へ移動し、冬の産卵期に陸奥湾に戻るという知見もある。最高値は、12年12月26日、原町沖での490ベクレルであるが、アイナメなどと比べ極端に高くはなく、暫定規制値を超えるものは出現していない。その代わり、基準値を超えるものは、新地沖から

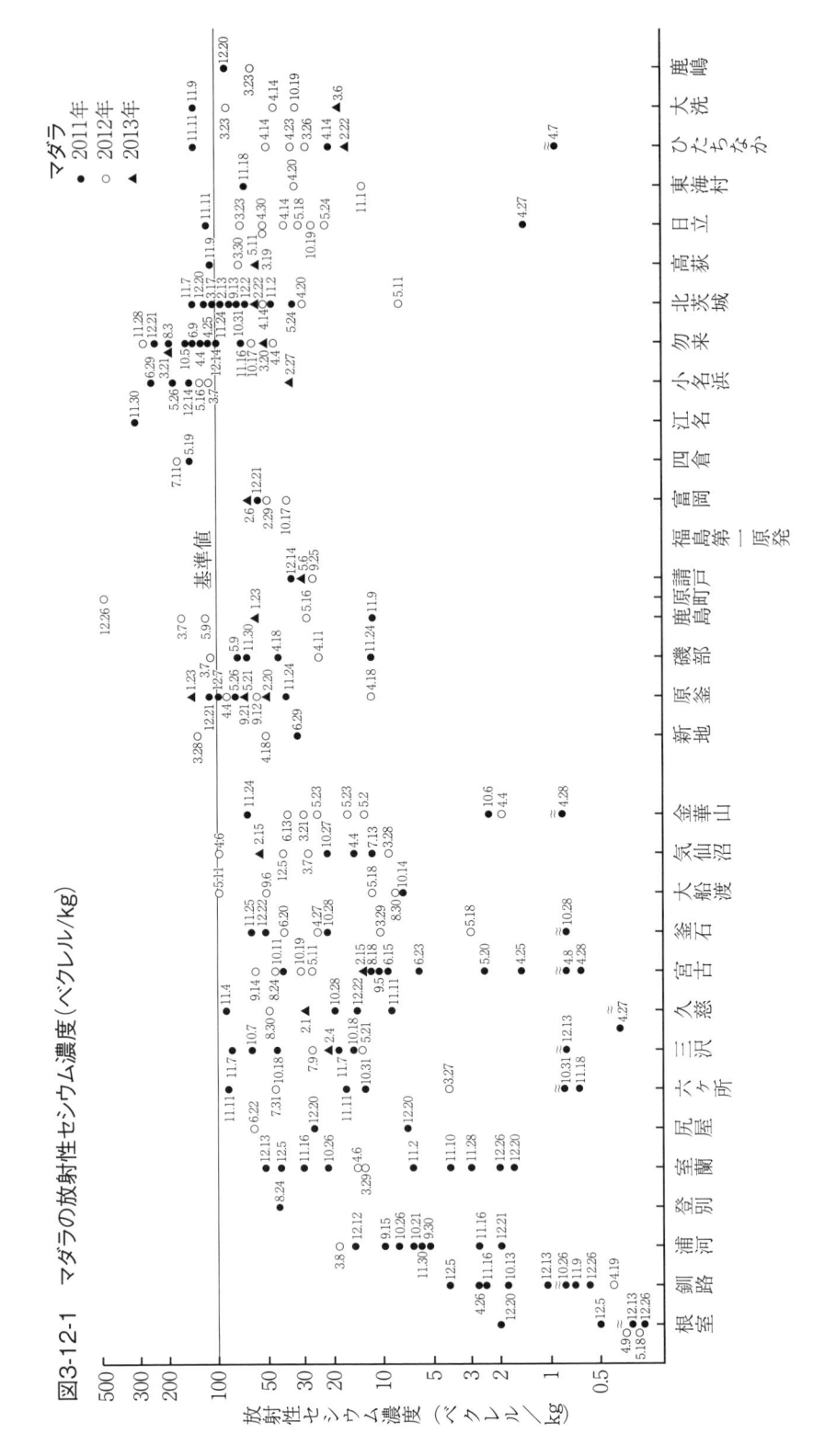

図3-12-1 マダラの放射性セシウム濃度（ベクレル/kg）

茨城県中部の大洗沖までの南北180kmにわたり、非常に広範囲に広がっている。その外側には金華山から青森県尻屋崎沖まで、さらには室蘭沖にいたる広大な領域で、50〜100ベクレルというかなり高い値がみられる。経年的には、12、13年にも同様の傾向が続いている。釧路から根室沖でも10〜30ベクレル台が見られ、魚介類で10ベクレルを超えるものの北限として北海道の沖合まで汚染の影響が出ており、他の種には見られない現象である。500ベクレルを超えるような高濃度はないが、基準値を超える、ないし基準値に近いものが、北海道から銚子沖までの広大な領域に広がっている。

　名前からはアイナメの仲間と誤解されやすいが、エゾイソアイナメ（図3-12-2）は、タラの仲間で、俗称「ドンコ」である。11年9月21日、四倉沖で1770ベクレルの最高値が出ている。久之浜〜日立沖にかけた70km以上のかなり広い海域で暫定規制値を超えている。基準値を超えるものになると、原釜〜鹿嶋沖（茨城県）までに広がり、11年5月8日には鹿嶋沖でも224ベクレルという高い値がみられる。三陸海岸南部の気仙沼沖でも10月以降、5〜8ベクレルが検出されている。この傾向は、12年においても続き、特に久之浜沖では、12年2月8日、1150ベクレルという高い値がみられる。アイナメにみられた、久之浜沖から四倉沖を山の頂点にして南北、特に南へ広がる様子が顕著である。

　ホウボウ（図3-12-3）は、カサゴ目ゴチ亜目に属する。最高値は、11年8月31日、原町沖で440ベクレルを記録する。次いで高いのは、11年9月21日、久之浜沖の380ベクレルである。原釜沖から日立沖までの南北約150km範囲で基準値を超え、原発近隣の小高〜富岡沖、楢葉沖は、周囲と比べて相対的に低い。これは、検体が12年からしかなく、かつ検体数が少ないためなのか、実際に低いのかは定かでない。ひたちなか沖から銚子沖にかけても20〜50ベクレル程度の濃度が確認される。この領域では、11年よりも、12年の方がやや高くなっていることも特徴的である。

　マゴチ（図3-12-4）は、カサゴ目に属し、海岸から水深30mまでの砂泥底に生息する。最高値は、事故から1年以上経過した12年5月9日、久之浜沖で650ベクレルを記録し、暫定規制値を超えるのは、広野沖から久之浜沖である。その周辺の鹿島沖から勿来沖間で基準値を超えている。さ

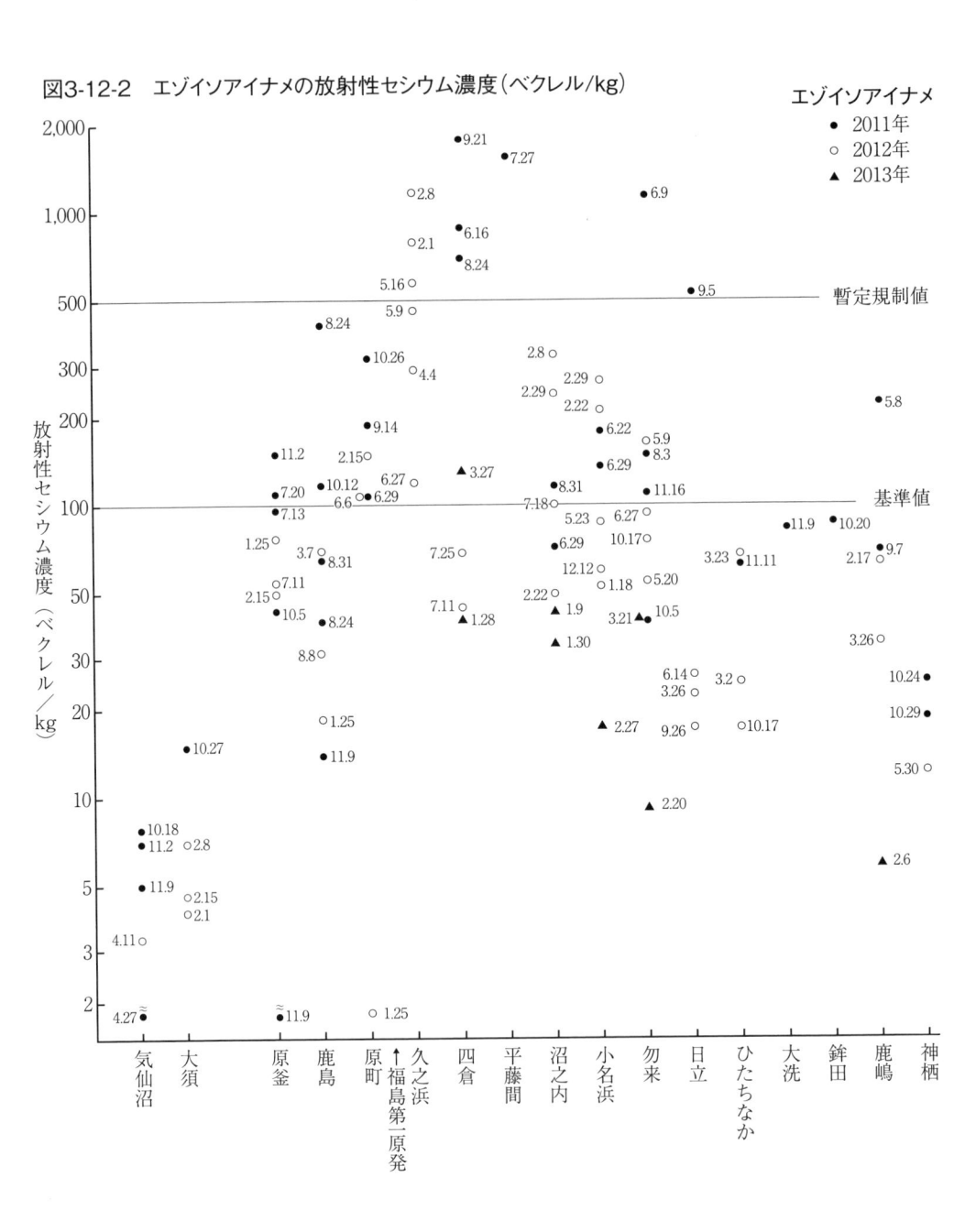

図3-12-2 エゾイソアイナメの放射性セシウム濃度（ベクレル/kg）

118　第3章　海の放射能汚染

図3-12-3 ホウボウの放射性セシウム濃度（ベクレル/kg）

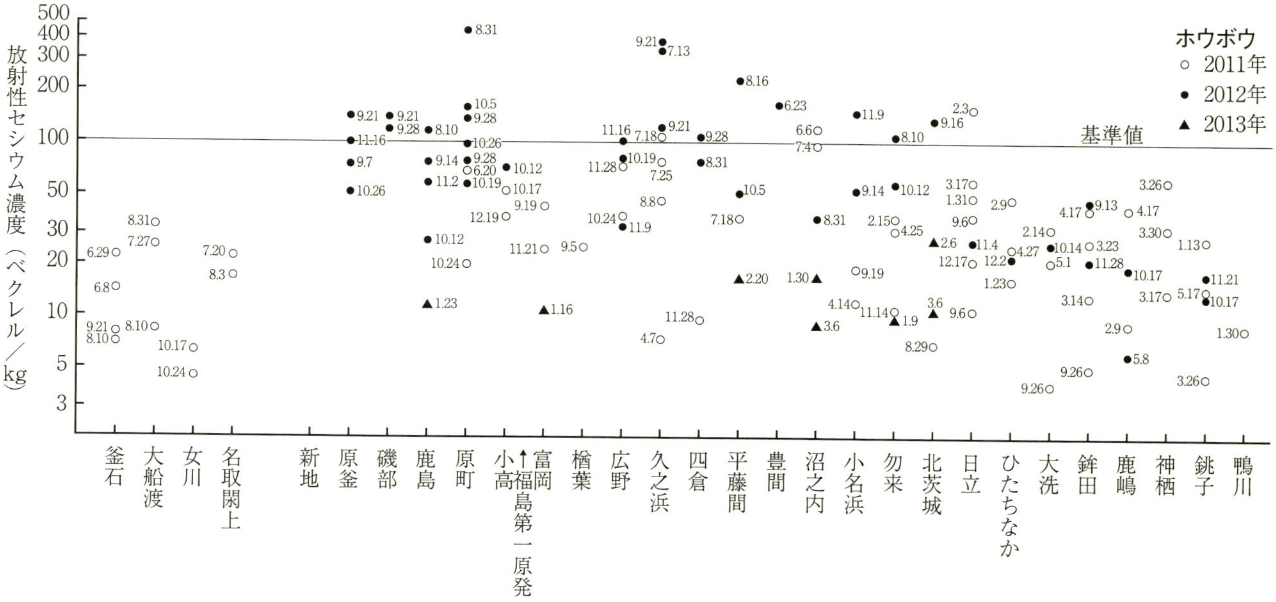

図3-12-4 マゴチの放射性セシウム濃度（ベクレル/kg）

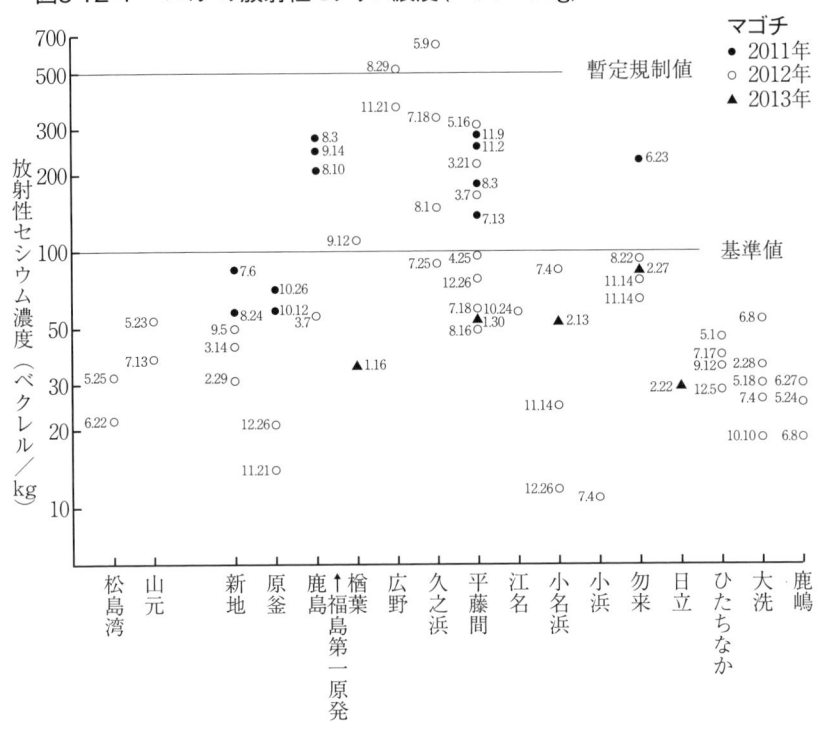

らに、12年のデータが多いが、北方の山元町沖、松島湾、南方でひたちなか沖、大洗沖では30〜50ベクレルで推移している。

　ケムシカジカ（図3-12-5）は、カサゴ目に属し、小魚や甲殻類を餌とし、冬に浅海で産卵する。最高値は12年2月1日、原町沖で710ベクレル、次いで12年12月19日、小高沖で600ベクレルがみられる。この2例だけ暫定規制値を超えている。最高値が、原発より北側で出現する数少ない例である。基準値を超えるのは、原釜沖から沼の内沖までの福島県浜通りの全域に及ぶ。経年的には、11、12年は、ほぼ同等の濃度であるが、13年に入るとやや低くなる傾向がみられる。

　エイの仲間のコモンカスベ（図3-12-6）は、水深30〜100mの砂泥底に生息し、マハゼ、イカナゴ、甲殻類などを餌とする。最高値は、11年9月21日、久之浜沖で1560ベクレルが観察され、原発から南側の広野〜平藤間沖（いわき市）の間では1000ベクレルを超える高濃度が見られる。

120　第3章　海の放射能汚染

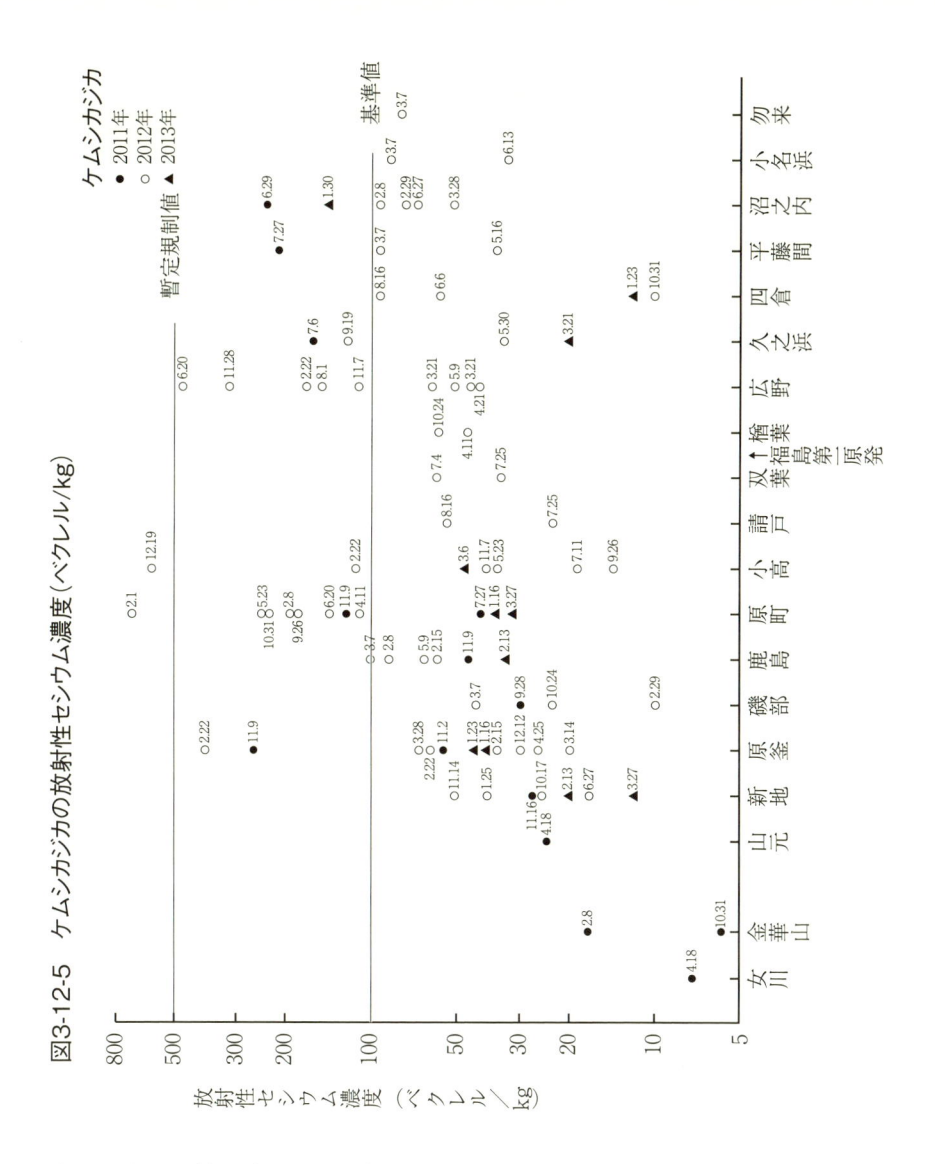

図3-12-5 ケムシカジカの放射性セシウム濃度（ベクレル/kg）

次いで広野〜植田沖の間では暫定規制値を超える検体が見られる。これらの傾向は12年になってもほとんど変化していない。さらに、その周囲に北は新地沖から南は北茨城沖までの南北120kmにわたり、基準値を超えるものが出現し続けている。

　12年の最高値は、2月15日、広野沖で1050ベクレルで、11年とほぼ

121

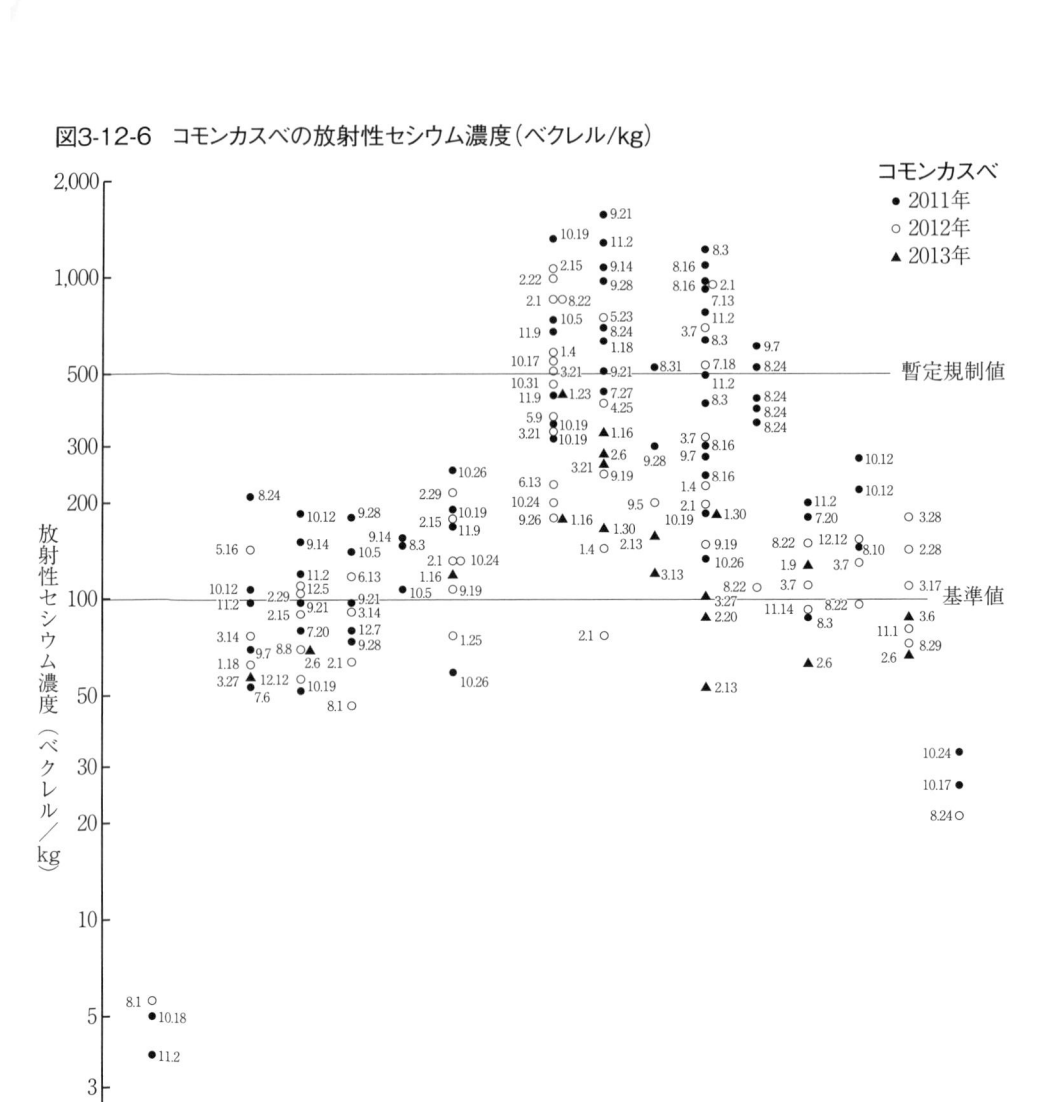

図3-12-6　コモンカスベの放射性セシウム濃度（ベクレル/kg）

122　第3章　海の放射能汚染

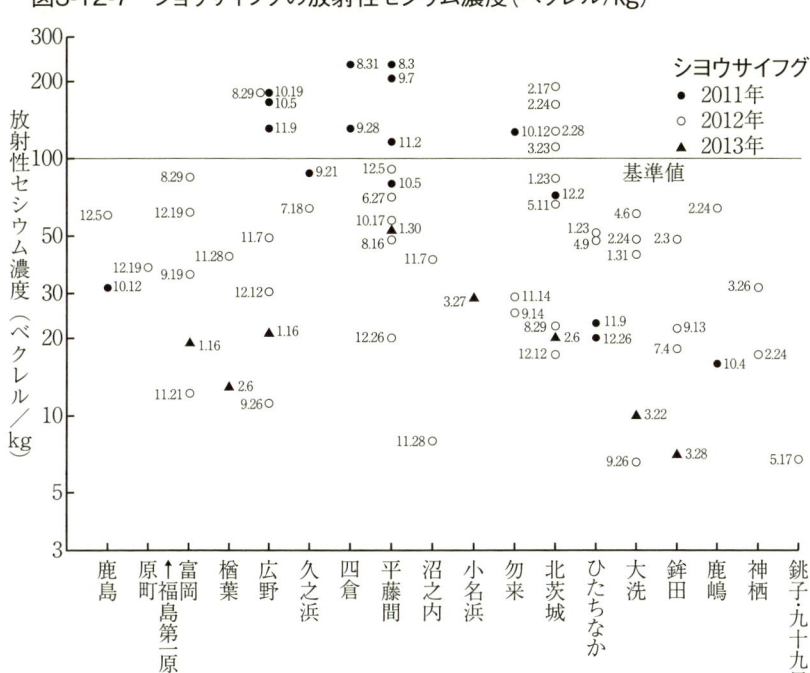

図3-12-7　ショウサイフグの放射性セシウム濃度（ベクレル/kg）

　同じパターンが継続している。南側の北茨城沖では、新たに100～200ベクレルという検体が出現し、基準値を超える領域は拡大している。13年の最高値は、広野沖で、1月23日、430ベクレルである。また鹿嶋沖（茨城県）で25～35ベクレル、女川湾沖では3～5ベクレルである。

　ショウサイフグ（図3-12-7）は、砂底に生息し、甲殻類、多毛類、軟体動物などを捕食するフグの1種である。最高値は、11年8月3日、平藤間沖、8月31日、四倉沖での共に230ベクレルである。広野沖から北茨城沖までの領域で、基準値を超えている。その周辺には、北に鹿島沖～原町沖、南にひたちなか沖～鹿嶋沖など50～70ベクレル台の、やや高いものが出現している。経年的には、13年に入り、やや低くなっている。

　マアナゴ（図3-12-8）は、ウナギに似た細長い体型をし、ウナギ目に属する。最高値は、12年4月11日、広野沖での360ベクレルである。基準値を超すのは、鹿島沖から勿来沖までの福島県浜通り沖で見られる。広野

123

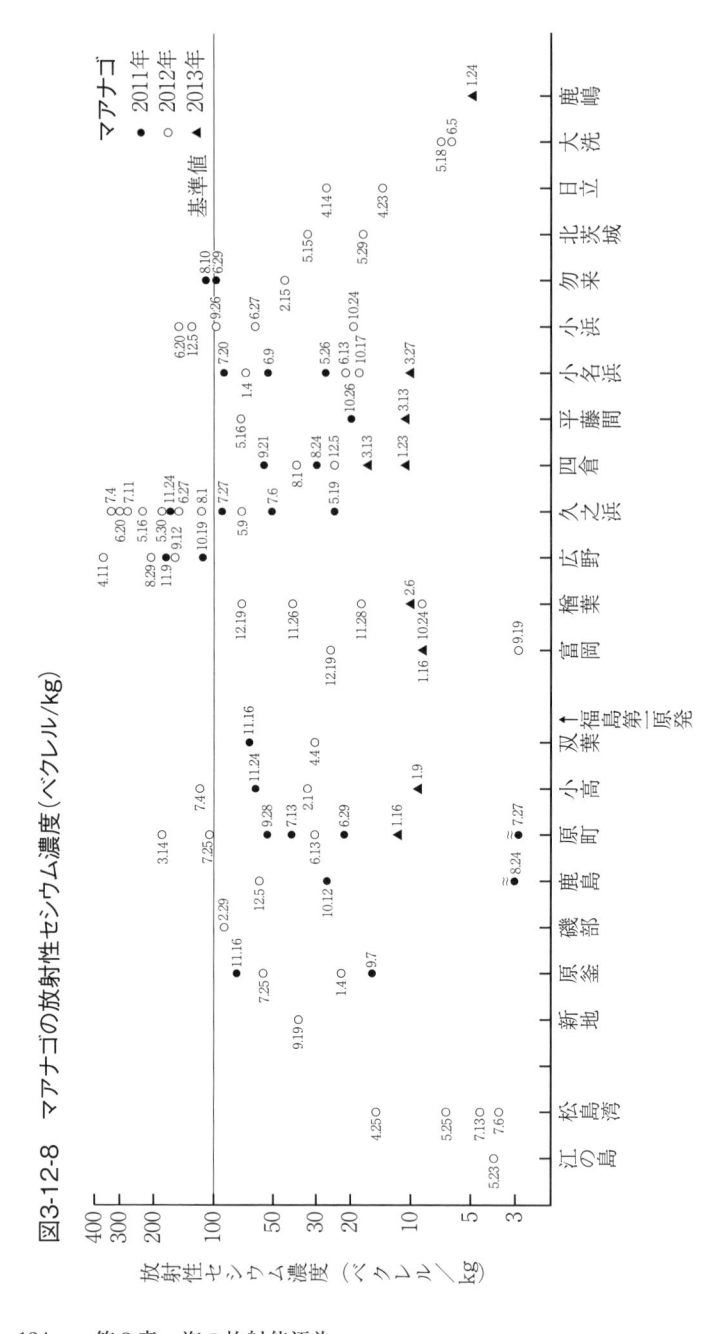

図3-12-8 マアナゴの放射性セシウム濃度（ベクレル/kg）

124　第3章　海の放射能汚染

から久之浜沖をピークにして、南北に広がるにつれて、徐々に濃度が低下していく。原発近傍の小高沖〜楢葉沖は基準値を超えておらず、やや低い。経年的に見ると、広野沖〜久之浜沖や鹿島沖〜原町沖など、高い値が出ている地点では、事故直後よりも 12 年の方が高くなる傾向がみられる。

　以上、底層性魚は、11 年 6 月半ば頃より、原発から南へ約 50km 圏内に最も汚染のひどい海域があり、さらに多くの種で南北 150km で基準値を超える検体が数多く見られる。時間の経過とともに汚染が強まり、ヒラメの最高値が 11 年 11 月に出現したように、寿命が長いことからも、汚染の長期化が懸念される。これは、底質が 6 月頃から高くなってきたのと符合しているように見える。底生魚にとっては、そのころから放射能が生活域に入り込んできた可能性が高い。

　また、ヒラメ、マダラ、エゾイソアイナメなどでは、鹿嶋沖など原発から 170km も離れた茨城県南部、北方の仙台湾や気仙沼などの三陸沖でも 50 ベクレルといった値が見られ、第 3 次影響域とでもいうべき構図も見えている。ただし、これは、大部分の魚種では見られず、マダラやヒラメといった特定の魚種に見られることから、海水の移動というより、魚自身の遊泳の要素が影響していると考えられる。

4　回遊魚（マサバ、スケトウダラ、サンマ、カツオ、マグロ、シロザケ）

　回遊魚で、最も濃度が高いのはマサバである。マサバ（図 3-13-1）の最高値は、11 年 7 月 13 日、原釜沖で 186 ベクレルが出現し、他の魚種と異なり北方の原釜沖で 53 〜 186 ベクレルと高濃度である。他に基準値を超えるのは、11 年 7 月 5 日、ひたちなか市の 110 ベクレルがある。原発から見て南方では、久之浜沖から銚子沖までの広域に 20 〜 50 ベクレル、北方では、金華山〜三沢・八戸沖までの、やはり広範囲に 10 〜 20 ベクレルの低濃度の汚染魚が見つかっている。極端に高い値はないが、中低濃度のものが、南北に広域にわたって分布している。また基準値を超え、最高値の領域が原発の北側にあることも大きな特徴である。13 年には、どこも 1 ベクレル以下になっている。

　スケトウダラ（図 3-13-2）は、最高値は、12 年 5 月 9 日、原発の立地点ともいえる双葉沖における 110 ベクレルで、基準値を超えたのはこれだけ

図3-13-1　マサバの放射性セシウム濃度（ベクレル/kg）

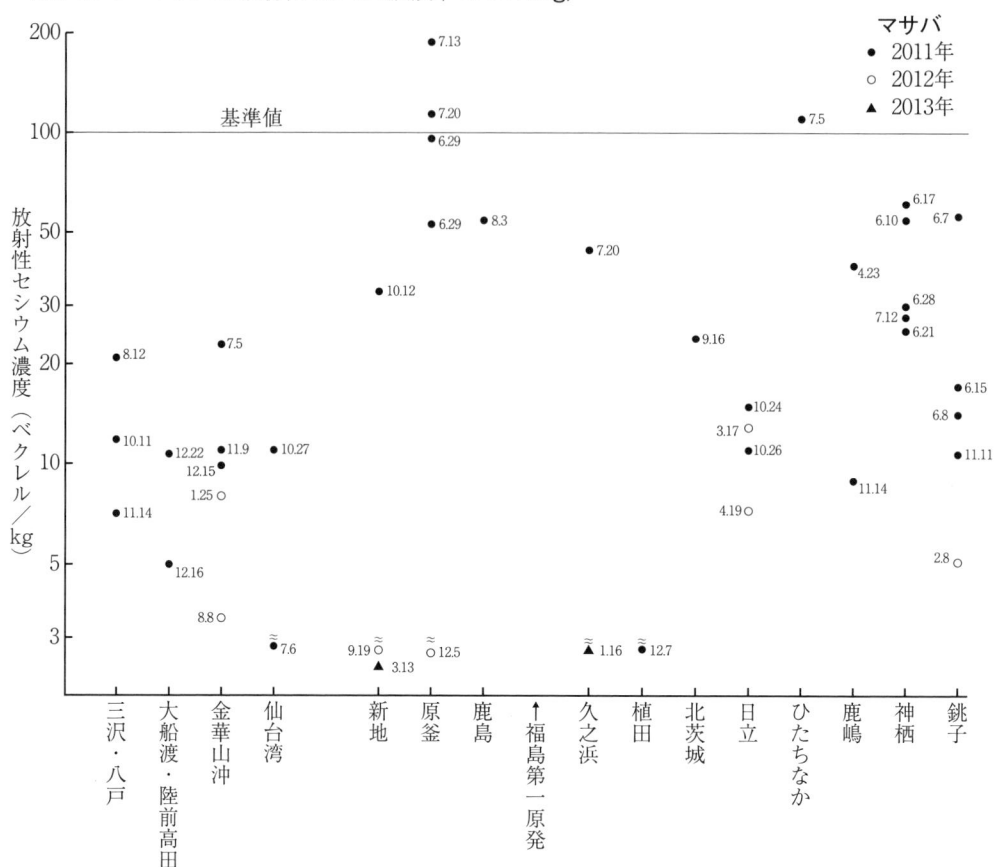

である。楢葉沖で97ベクレルがでるなど原発の近隣で50〜100ベクレルがみられる。三沢沖から釜石沖などの北方でも、大部分は1〜3ベクレル程度のものであるが、15〜30ベクレルというやや高い値も散見され、マサバのように広い範囲で中程度の濃度がみられる。マサバにも言えるが、回遊するので、高濃度域にとどまることが少ないこと、同時に、一定の汚染をした個体が、広域にわたって分布することになった結果と考えられる。

サンマは、11年7月から12月にかけての福島沖から北海道東部沖の計

126　第3章　海の放射能汚染

図3-13-2　スケトウダラの放射性セシウム濃度（ベクレル/kg）

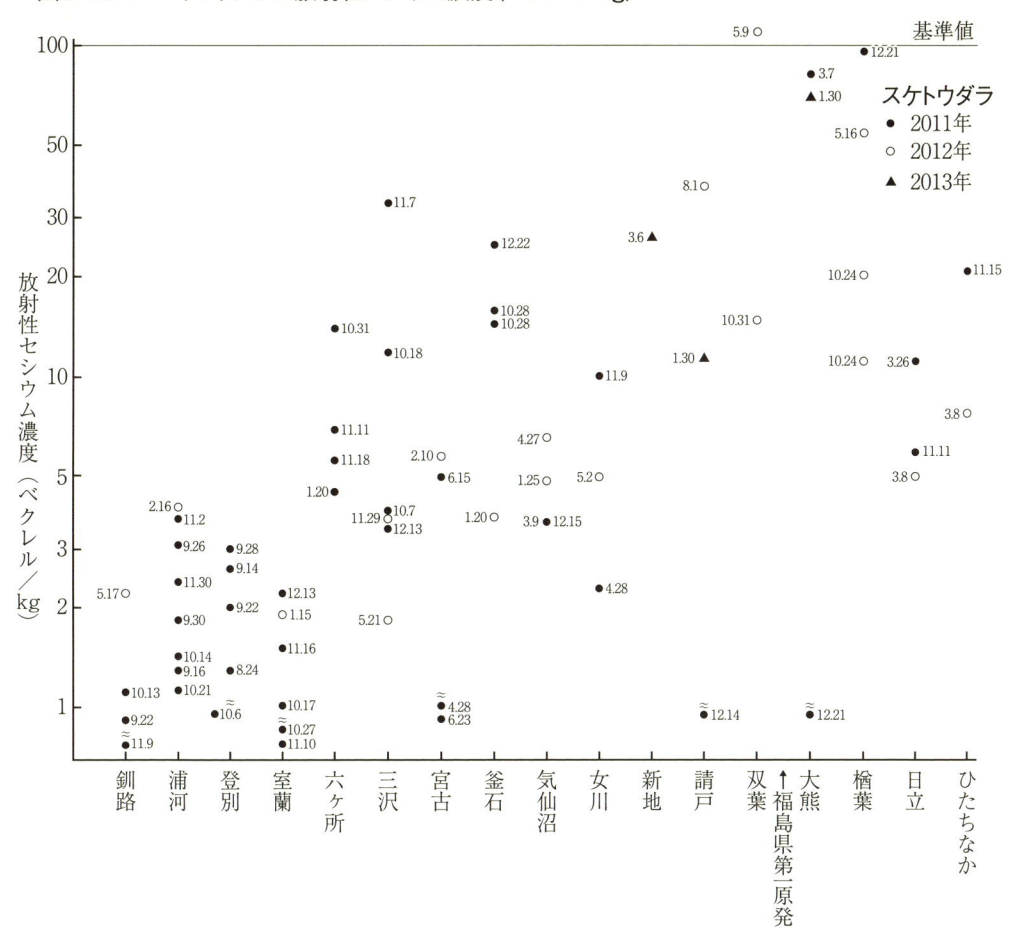

95検体中、79検体が検出限界未満である。16検体からセシウムが検出されたが、11年7～8月の早い時期における北海道南東部の沖合のものが多く、大部分は0.4～4ベクレルである。6ベクレル、12ベクレルの検体が各1例、確認されている。12年9月以降は、103検体すべてで検出限界未満となっている。

　カツオは、北海道から房総沖まで広い範囲で調査され、11年4月7日、房総半島沖での33ベクレルが最高値である。その後、11年8～11月に

かけて、58検体中34検体で3.5〜21ベクレルの範囲で検出された。12年5月以降は、大部分が検出限界未満である。

マグロ類では、小名浜沖から東海村沖にかけての領域で獲れたメジマグロ（クロマグロの幼魚）が15〜41ベクレルで最も高い。ビンナガは、11年中に宮城県沖や房総沖でとれた22検体中、8例が不検出で、検出された中での最高値は10ベクレルで、平均4.3ベクレルであった。12年には69検体で15が検出限界未満であるが、0.4〜3ベクレルの範囲にあり、平均は1.0ベクレルである。わずかな値ではあるが、大部分から検出され続けている。メバチマグロは、11年中は11検体中で最高値が9.9ベクレル、平均4.2ベクレルである。12年においては、94検体中で67が検出限界未満であり、0.5〜3.4ベクレル内にあり、平均は0.4ベクレルである。13年に入っても、検出は続いている。サンマと異なり、値は低いが、2年経過しても検出され続けている点に特徴がある。

シロザケは、11年4月から11月までで、69検体中の65検体は検出限界未満である。検出されたのは、4月19日から6月24日までの4検体の0.5〜7.4ベクレルと、11月2日、いわき市の夏井川での8ベクレルである。その後は、すべて検出限界未満である。

回遊性の魚種については、陸岸、特に福島沖に近い所で生息したり、移動する魚種ほど濃度が高く、マサバ、スケトウダラの順に濃度が高い。その他の魚種では、それほど高濃度ではないが、検出されないものと、10ベクレル前後が検出されるものとが見られる。全体としては放出量が多かった期間が3月から4月上旬までに限定されるせいか、高濃度が見つかる事態には至っていない魚種が多い。サンマなどでは、11年3〜4月、高濃度水が潮境に到達する前に、幼魚は黒潮続流により東方へと移動していたものが多かったとみられる。

5　無脊椎動物（ホッキガイ、キタムラサキウニ、ホヤ、マガキ、タコ類、イボニシ）

海岸動物も、福島県の海岸沿いを中心に汚染が顕著である。
福島県浜通りで漁業として盛んなホッキガイ（図3-14-1）は、水深5〜

10mの砂泥質の海底におり、植物プランクトンを食べ、漁業の対象は2～4年ものが多い。幼生時代の浮遊生活の後、着定した場所から大きく移動することはない。最高値は、11年6月2日、四倉沖で940ベクレルという極めて高い値が出ている。暫定規制値や基準値を超えるのは、原発から南へ30～50kmの四倉沖～沼の内沖の範囲である。北方の原釜沖、新地沖では、南側よりかなり低く40～50ベクレル程度である。鹿嶋沖（茨城県）で10～20ベクレルである。苫小牧沖では5検体とも検出されていない。四倉でのデータから、12年9月には時間の経過とともに濃度はかなり下がっていく。例えば、四倉沖では、11年12月、100ベクレル台まで一桁小さくなり、12年10月には10ベクレル台にまで低下する。貝類は生物学的半減期が短いということかもしれない。

　キタムラサキウニ（図3-14-2）は、11年12月14日、四倉沖で最高値1660ベクレルを記録する。暫定規制値を超えるのは久之浜沖から江名沖にかけてであるが、原発の南側では久之浜沖から北茨城沖までの領域で、すべてのデータが基準値を超えている。原釜沖、及び日立沖から大洗沖間で40ベクレル前後の値が見られる。仙台湾に面する七ヶ浜海岸で5ベクレルある。牡鹿半島より北側の江の島や大須海岸では検出限界未満である。経年的には、11年が高く、12年になると同一地点では濃度はかなり低くなるが、久之浜沖から小名浜沖間では依然として100ベクレルを超えるものが見つかっている。

　その他の海岸近くにいる無脊椎動物（図3-14-3）で暫定規制値を超えるのは、11年5月19日、久之浜のムラサキイガイ650ベクレルのみである。アワビの最高値は、11年6月9日、豊間地先の480ベクレルである。11年5月～8月にかけて原釜～小名浜の間で、アワビ、ムラサキイガイが基準値を超えている。イワガキは勿来～大洗間で40～60ベクレルという値が見られるが、基準値を超えるものはなく、12年には1ベクレル程度までに低くなる。ホヤは、新地、雄勝（宮城県）ともに不検出である。海水を取り込み、植物プランクトンなどを食べている種は、比較的、濃度が低い。北方では、石巻湾でアワビ、マガキが4ベクレル検出されているが、松島湾を含め、アワビ、マガキ、ホタテガイ、ホヤでは検出されていない。

　無脊椎動物についても、原発から小名浜までの南へ約50kmの範囲に基

図3-14-1 ホッキガイの放射性セシウム濃度（ベクレル/kg）

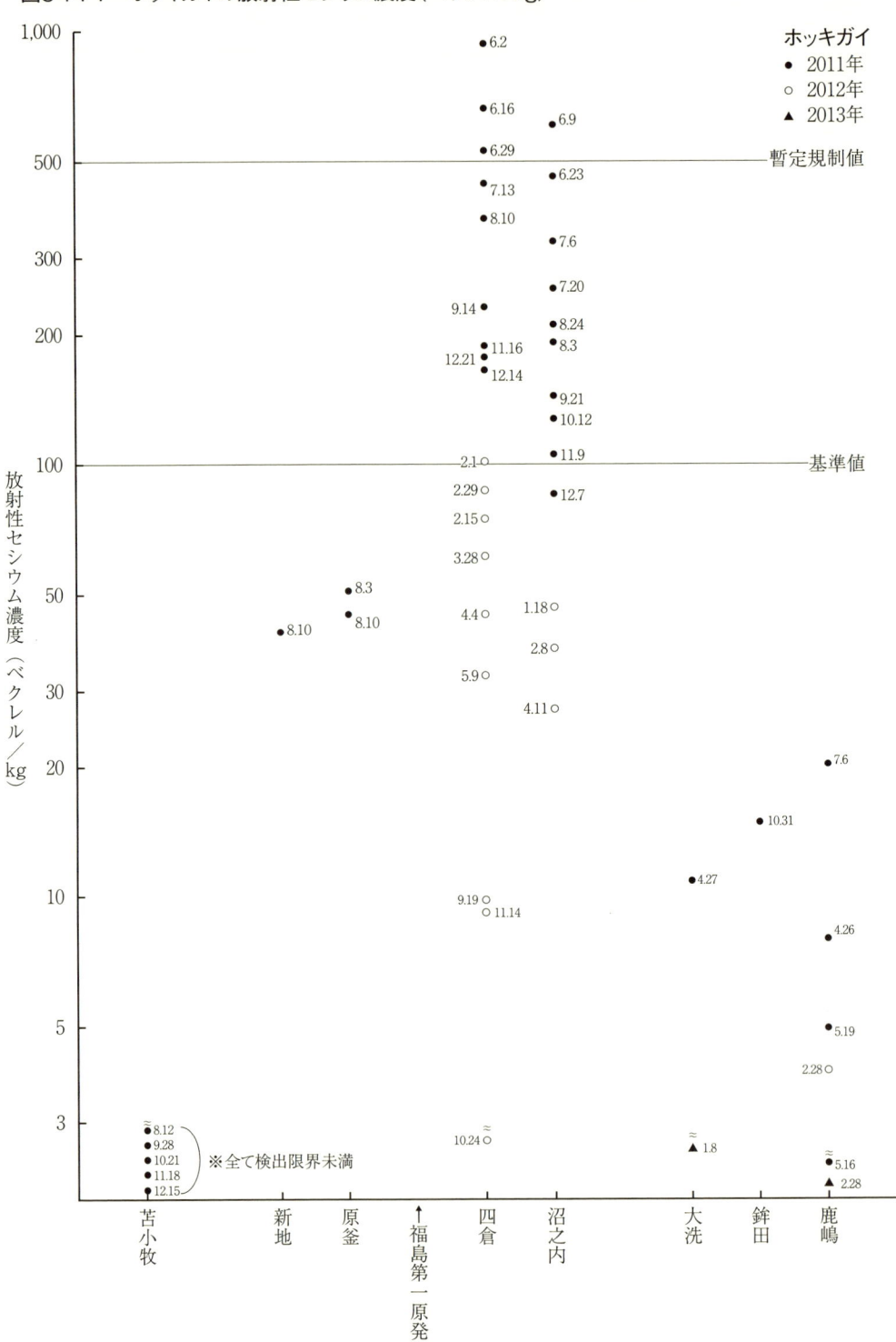

図3-14-2　キタムラサキウニの放射性セシウム濃度（ベクレル/kg）

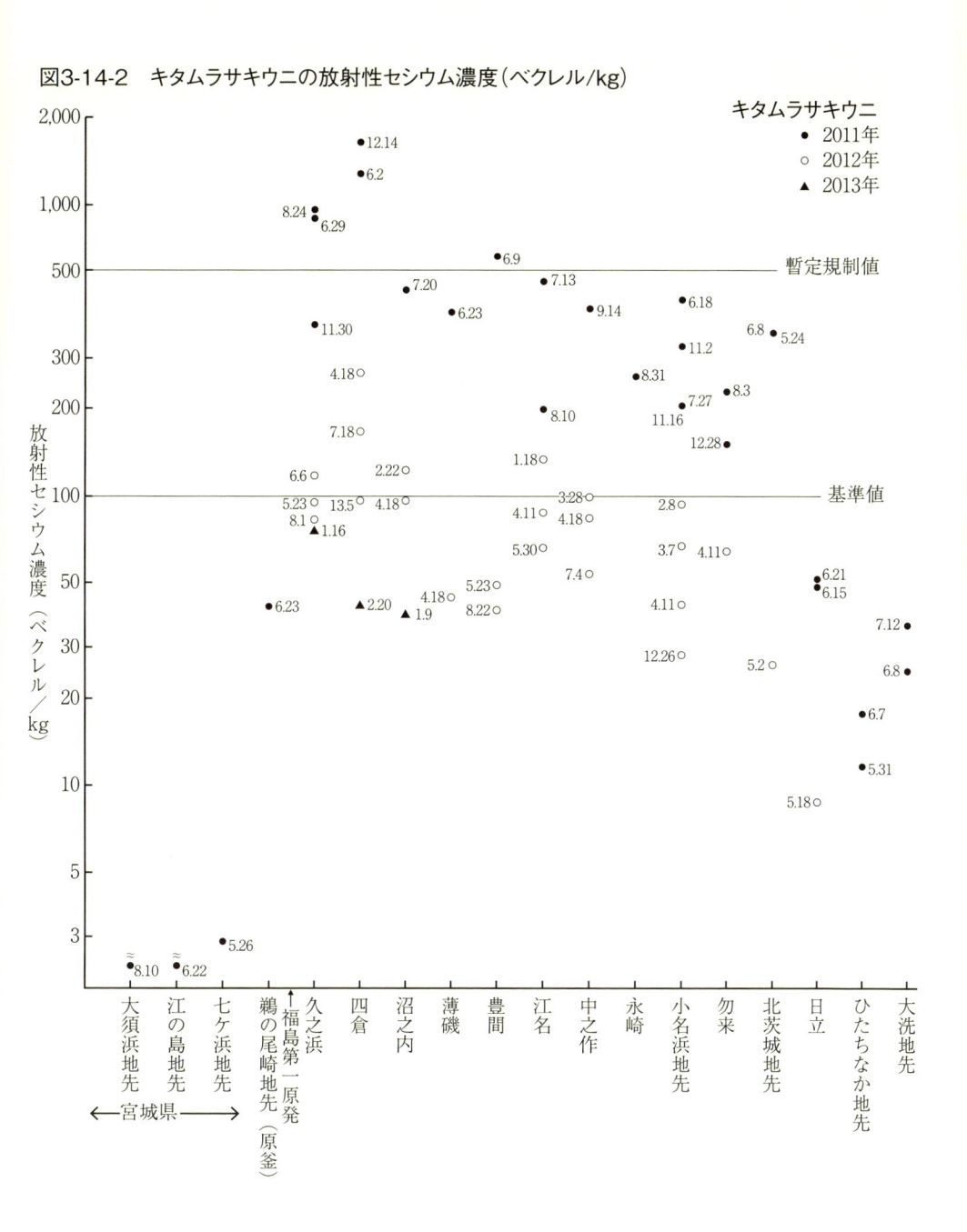

図3-14-3　無脊椎動物の放射性セシウム濃度（ベクレル/kg）

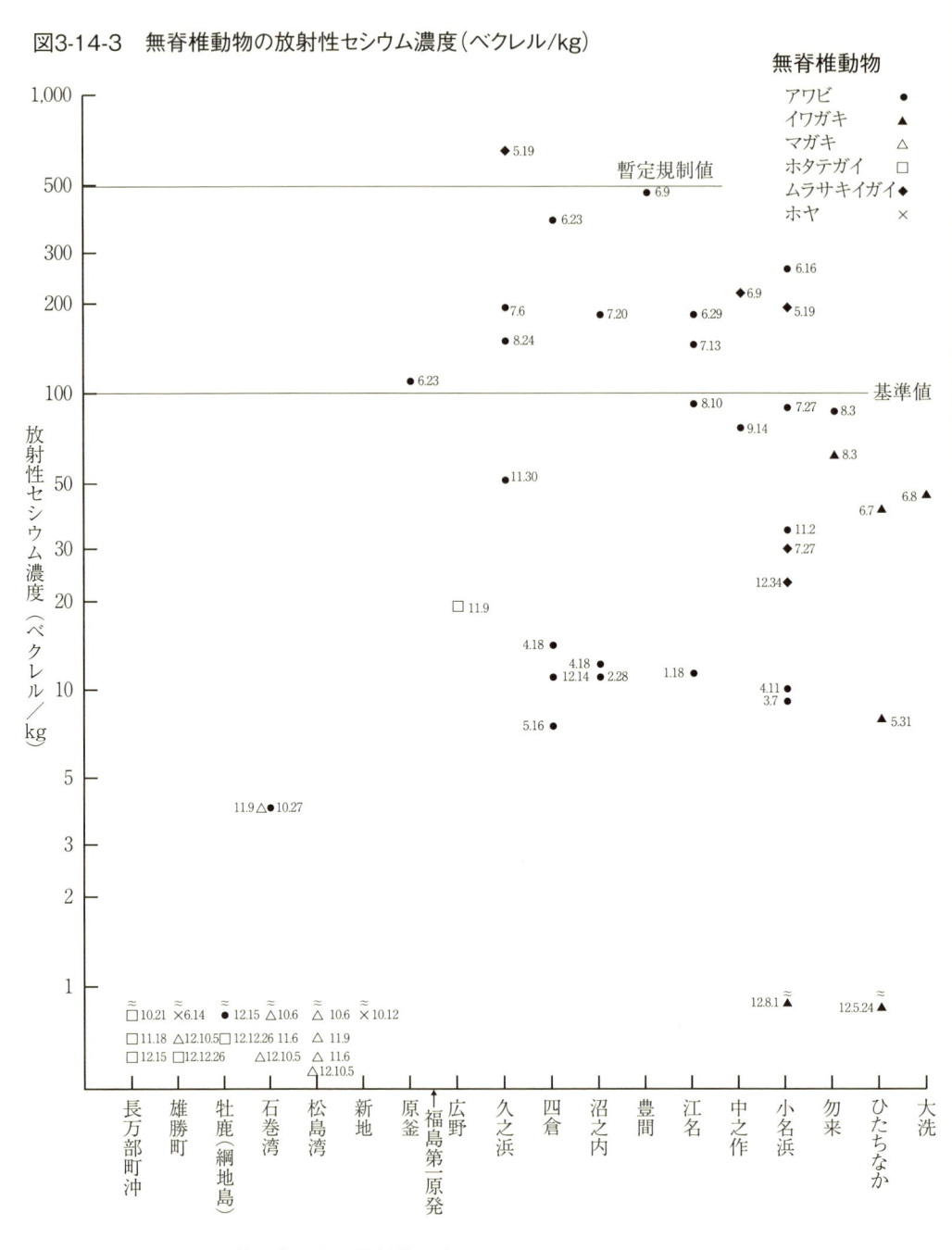

132　第3章　海の放射能汚染

準値を超える高濃度域があり、さらに南北100km強の範囲で、それに次ぐ高い濃度が見られる。江ノ島（宮城県）、女川や気仙沼といった牡鹿半島の北側では、ほとんど検出されない。これは、福島沖には、事故から当分の間、親潮系の海水が張り出し、南下流が支配的であったためで、直接的に高濃度水が牡鹿半島を経て北に移動することはなかったものと推測される。ただし、原町から仙台湾にかけての海岸沿いでは、アサリ、ウニなどに茨城県南部と同レベルの濃度が出ていることには注意を要する。

　タコ類は、沿岸の底層で暮らすため、汚染が懸念されたが、ミズダコの最高値としては、11年5月13日、四倉沖で360ベクレルが確認されている。11年5～7月にかけて、原発から南へ行った第1次的な高濃度域において15～50ベクレル程度の値である。仙台湾を含め北方の宮城県、岩手県沖では17検体すべてが検出限界未満である。9月7日、原釜沖での20ベクレルを最後に、福島県浜通りでもほとんどが検出されなくなり、10月末からは、すべて検出限界未満となった。浜通りの南部では、今も多くの魚種が高濃度のままの中で、タコに関しては、ヤナギダコも含めてほぼ検出されなくなっている。

　また、海岸生態系への影響などについては、まだほとんど調査結果が出てきていない。そうした中で、福島第1原発から南へ30kmの広野までの海岸において、小さな巻貝であるイボニシ（裏表紙写真①）が見つからないという研究結果が、水産学会の2013年度春季大会において国立環境研究所の堀口らによって発表[※10]されていることは、注目に値する。岩手県久慈から銚子までの海岸において、空白区は、ここだけであることから、福島事故に伴う放射能汚染が要因である可能性を含めて、今後のフォローが求められる。

6　海藻類

ワカメ、アラメ、ヒジキについて一つの図（図3-15）に示す。ワカメの

※10　堀口敏宏、吉井　裕、水野　哲、白石寛明、大原利眞：「東日本大震災後の潮間帯における生物相とイボニシの生息状況」、日本水産学会2013年春季大会（2013年3月）。

図3-15　海藻類の放射性セシウム濃度（ベクレル/kg）

海藻類
- ワカメ ●
- アラメ △
- ヒジキ ■
- アカモク ×

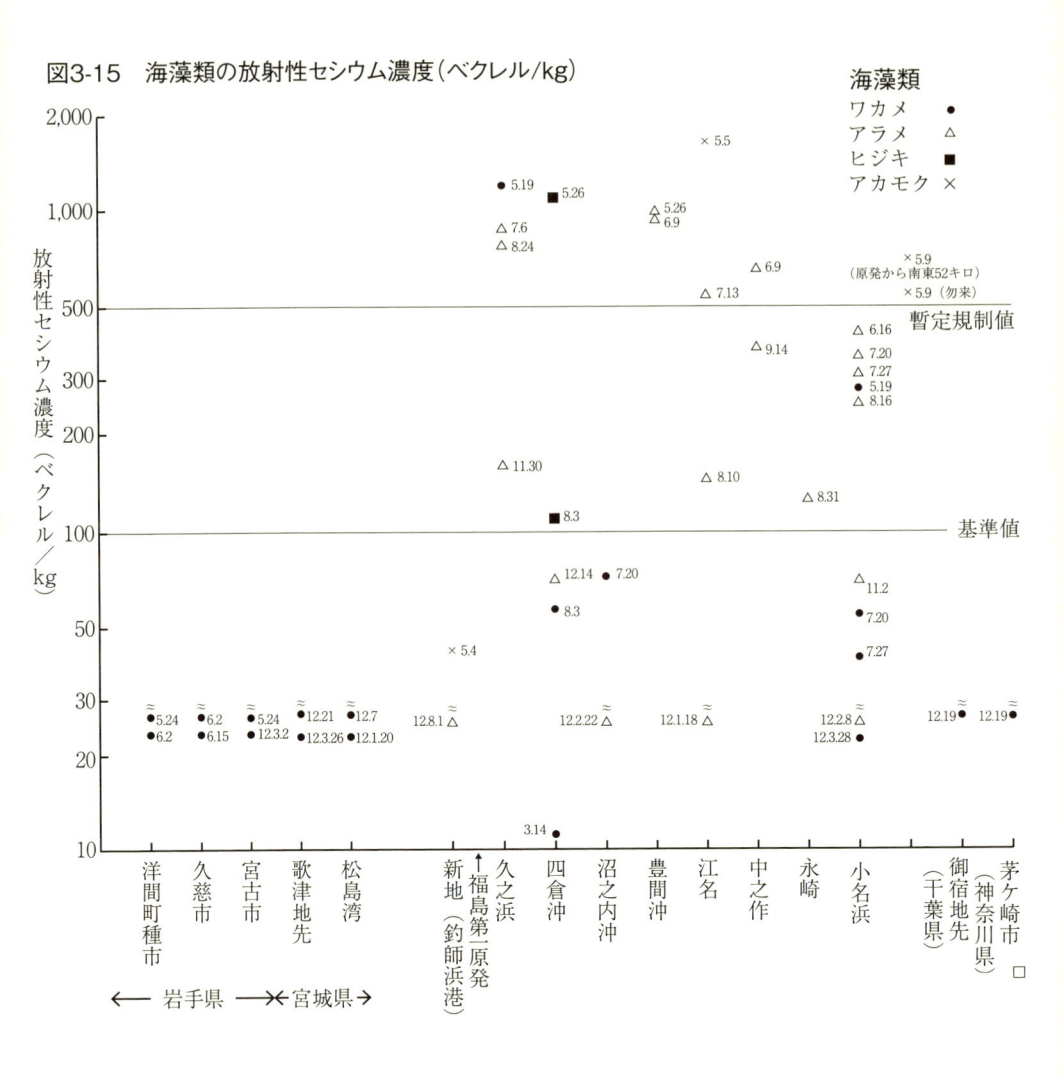

最高値は、11年5月19日、久之浜で1500ベクレルを記録し、四倉から永崎（いわき市）で、5〜6月を中心に暫定規制値を超えており、原発からの距離が離れるにつれて濃度は下がっていく。松島湾や、牡鹿半島以北の三陸沿岸、さらに御宿（千葉県）、茅ケ崎（神奈川県）では、検出されていない。図には、グリーンピースが、11年5月上旬に原発の周辺を中心に海岸線、沖合などで行った独自調査のアカモクに関するデータも併記し

134　第3章　海の放射能汚染

た。全体としては、水産庁のデータと大きな違いはなく、同じような傾向が見られる。データとしては補い合う関係にあるといえる。

4　東京湾と日本海の汚染

1　東京湾と江戸川、荒川における底質と生物の汚染

　文科省、環境省、千葉県が測定したデータを基に作成した12年6月の東京湾における底質の放射性セシウムの水平分布が図3-16である。図の曲線は等値線を示す。10ベクレルの等値線は、北部域のほとんど全域にわたっており、40ベクレルラインでも奥部域の8割方を占めている。ただし100ベクレルよりも高いのは、旧江戸川河口沖から南東へ舌状に広がる領域と、船橋沖の夏に青潮が発生する領域の2カ所である。海上保安庁データによると、09、10年に採取した東京湾内旧江戸川河口沖でのセシウム137濃度は、乾土1キログラム当たり4.0、3.5ベクレルである。これは、太平洋側の沖合での0.7〜1.5ベクレルと比べ、数倍は高い。これには、チェルノブイリ原発事故の影響が残っているのかもしれない。いずれにせよ、10ベクレルより高い汚染は、福島事故に伴うものであると考えて差し支えないであろう。東京湾の奥部域は全域で福島事故の影響を受けており、とりわけ、江戸川と荒川の河口域で高くなっていることがわかる。

　東京湾に流入する河川としては、江戸川、荒川、多摩川などがあるが、湾内での底質の汚染分布をみると、主に江戸川と荒川、ないしは千葉県側の小河川を通じて輸送されていることが推測できる。江戸川は、利根川水系の分流（派川）であるが、関宿分基点で利根川とわかれ、千葉県と埼玉県、東京都の境を南に流れ、市川市（千葉県）付近で本流である江戸川と旧流路である旧江戸川にわかれる。現在の江戸川の最下流部は、放水路として建設され、行徳可動堰（江戸川河口堰）を通り、市川市で東京湾に注ぐ。流路延長59.5km、流域面積は約200km^{2}である。一方、荒川は、奥秩父の甲武信ヶ岳に源を発し、秩父盆地、長瀞渓谷を経て、関東平野に出る。川越市で入間川を併せ、埼玉・東京の都県境を流れ、北区の新岩淵水門で隅田川を分ける。その後再び南流し、江東区と江戸川区の区境で東京湾に注ぐ一級河川で、流路延長173km、流域面積2940km^{2}である。

図3-16　更京湾の海底土における放射性セシウムの水平分布（2012年6月13〜28日）
単位：ベクレル／kg

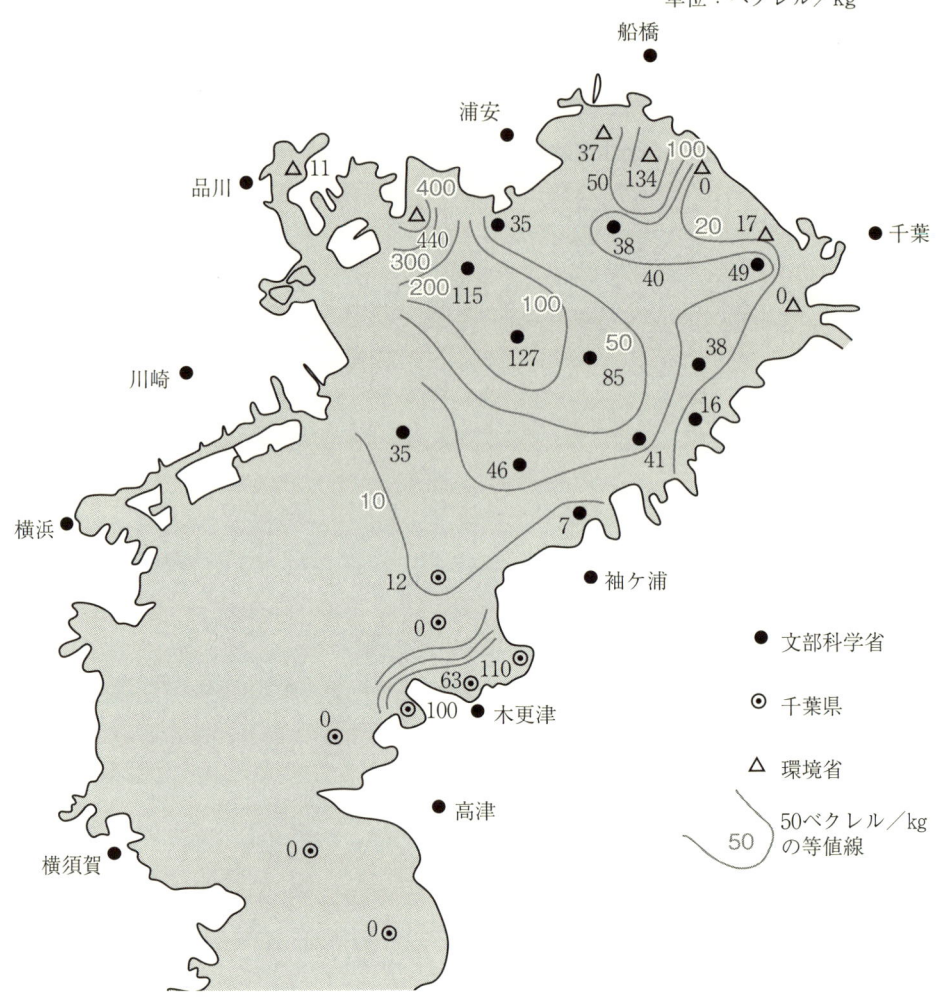

環境省が測定している江戸川、荒川と東京湾の泥における放射性セシウム濃度を図3-17に示す。東京湾へ流入する河川で、最高値は、海老川の八千代橋（船橋市）での11年11月4日、6400ベクレルである。江戸川水系の下流部では、国分川の須和田橋（市川市）で、12年8月6日、最高値5400ベクレルが見られる。さらに海に近い真間川の三戸前橋での、12年

136　第3章　海の放射能汚染

図3-17 江戸川、荒川と東京湾の泥における放射性セシウム濃度（ベクレル/kg）

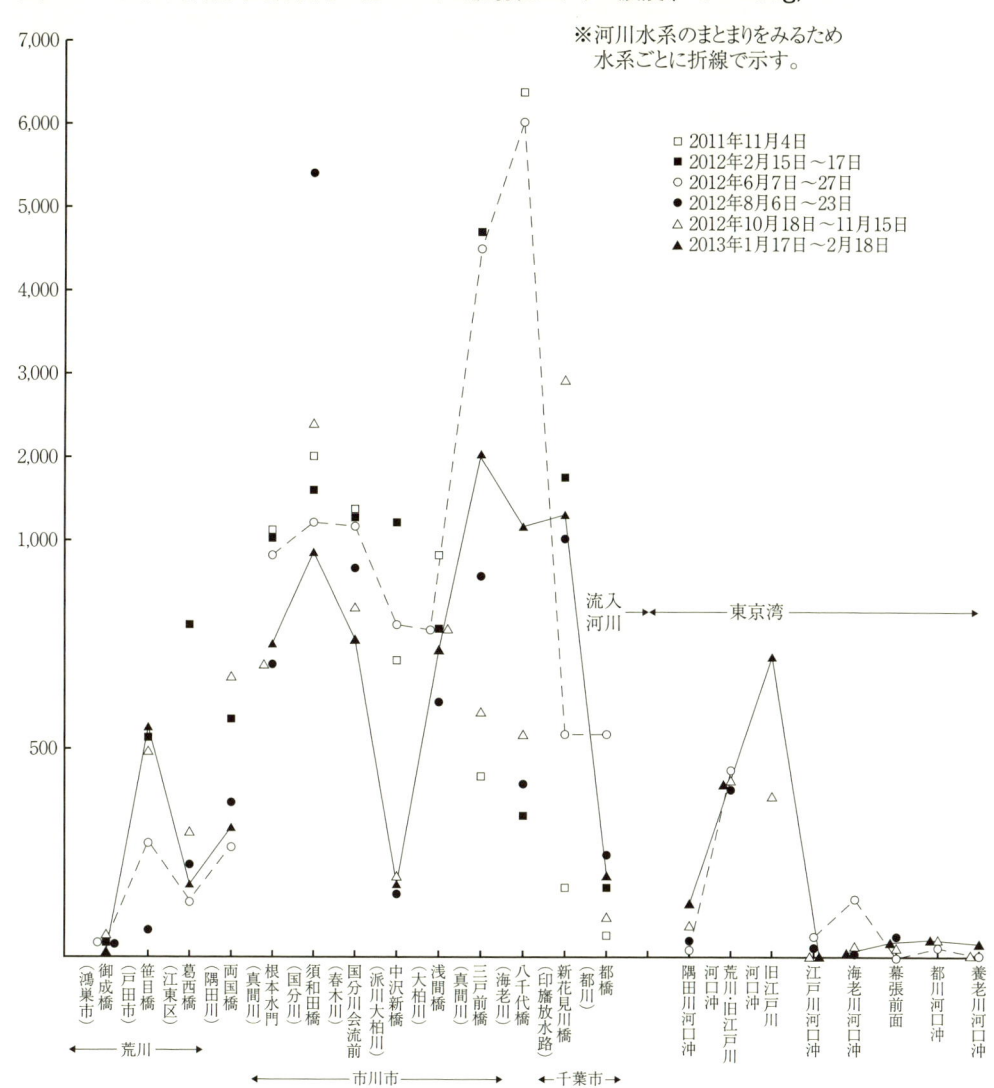

2月16日、4700ベクレルもある。

　荒川は、江戸川と比べて低いが、最高値は、海に近い葛西橋（江東区）で、12年2月17日、800ベクレルである。隅田川の両国橋では250〜650ベクレルの範囲であり、12年11月13日、最高値670ベクレルが見られる。

　こうした結果、東京湾では、旧江戸川河口沖が最も高く、13年2月18日、710ベクレルである。同日、荒川・旧江戸川河口沖には410ベクレルという値も見られる。この地点は、4回ともほぼ同じ値で安定して高い。全般的に江戸川など河川濃度と比べ、海底濃度は一桁近く低い。

　東京湾、及び江戸川河口域については、近畿大山崎秀夫研究室の独自調査がある。11年10月、泥から旧江戸川河口で872ベクレル、荒川河口で846ベクレルという放射性セシウムを検出している。さらに荒川河口において深さ30cmまでの底泥中の放射性セシウムの総蓄積量を測定し、11年8月、1平方メートル当たり1万9400ベクレルであったものが、12年4月、2万9100ベクレル、12年11月には5万5800ベクレルへと増加している[11]。これは、河川の上流域からセシウムが運ばれてきていることを裏付けている。

　これに対して生物の汚染度（図3-18）を見ると、太平洋岸でもそうであるが、東京湾でも最も懸念されるのはスズキである。最高値は、12年7月9日の53ベクレルである。同年12月13日には、34ベクレルというのも出ている。事故直後では、11年5月23日の10ベクレルが最高であるが、むしろ1年強を経過して高いものが見つかっている。そのほか、11年8月4日、千葉沖25ベクレル、同年11月24日、横須賀港地先14ベクレル、同年12月19日、横浜市沖11ベクレル、12年1月23日、船橋沖16ベクレル、同年2月24日、江戸川区葛西沖9ベクレル、同年4月26日、江戸川河口12ベクレル、さらには13年2月28日、27ベクレルなどが相次いでいる。基準値を超えるものはないが、一定の濃度のものが東京湾の一帯で満遍なく分布している。

　その他、10ベクレルを超えるものとしては、11年8月31日、横須賀港地先でアイナメ12ベクレル、同年9月27日、ギンポが横浜市沖で19ベ

※11　『共同通信』、2013年11月13日。

図3-18　東京湾における水産生物の放射性セシウム濃度（ベクレル/kg）

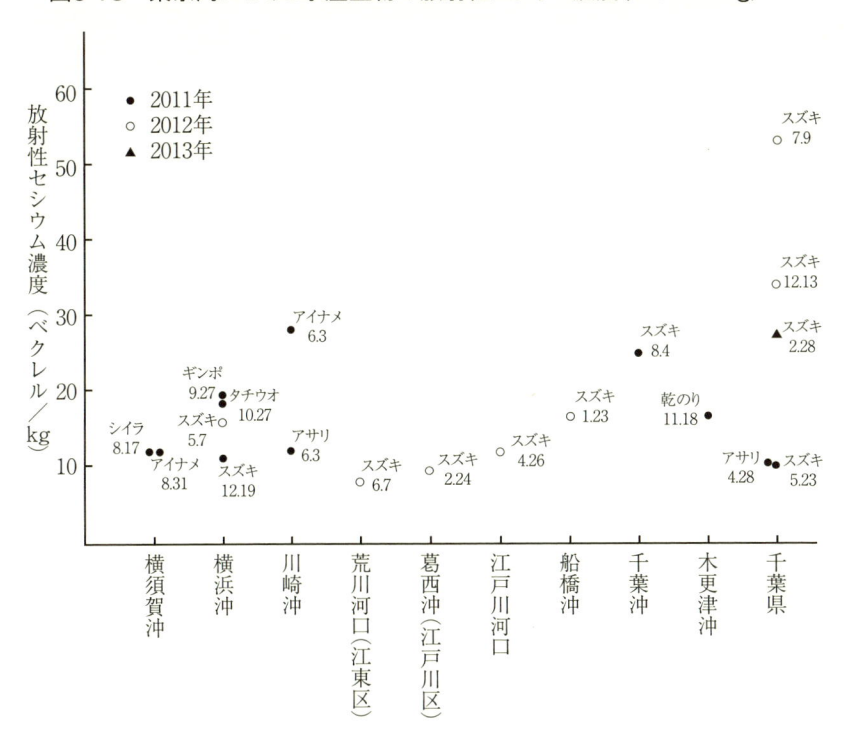

クレル、同年 10 月 27 日、太刀魚が横浜市沖で 19 ベクレル、同年 6 月 3 日、川崎市沖でアイナメ 28 ベクレル、アサリ 12 ベクレル、同年 11 月 18 日、木更津漁場の乾ノリで 17 ベクレルと続く。11 年には、カレイ、ホシザメ、アナゴなど多種にわたり微量ではあるが、検出されるものが継続していた。12 年以降、スズキを除き、検出限界未満が増えてはいる。

　河川の側で最も懸念されるのは、ウナギである。水産庁のデータではないが、先の山崎研究室では、13 年 3 月 9 日から 5 月 4 日にかけて、江戸川河口から約 4km 上流で獲れたウナギ 5 検体を調査し、放射性セシウムが 97 〜 148 ベクレルであること、内 4 検体は、基準値を超えていることを明らかにしている（同じ検体を水産総合研究センターが分析しても、ほぼ同じ結果が出ている）。これを受けて千葉県は、13 年 6 月 7 日、関係漁協にウ

ナギの出荷の自粛を要請している※12。ウナギは、雑食性で、餌を通じた濃縮の結果と考えられる。

その他、荒川では中流の朝霞市、志木市で11年5月26日、アユに85ベクレルが出ている。多摩川では、11年5月26日、アユが稲城市で175ベクレル、同日、あきる野市の秋川で59ベクレルというかなり高い値が出ている。あきる野市の秋川では、12年2月24日にもヤマメに81ベクレルが出ている。このことは、奥多摩に降下した放射能が、多摩川を経由して東京湾に供給されたことも無視できないことを示している。

東京湾の汚染をもたらしている要因は、河川からの流入と事故直後の大気に放出されたものの降下が考えられる。しかし河口付近に高濃度が見られる図3-16から推測すると、直接大気経由で運ばれたものは、そう多くはない。むしろ、柏など千葉、埼玉、茨城県境の丘陵地帯に降下したもの、及び秩父から奥多摩にかけての山岳地帯に降下した放射能が河川を通じて東京湾に流入したものに起因していると考えられる。また当時の海流や水塊構造が、黒潮続流が犬吠埼から東に延びていることからみても、汚染された海水が銚子をこえて南に行くことは考えにくい。

さらに図3-17から、江戸川の底質の濃度は、北部域が高く、海に近い南部側は、まださほど高くなっていない。今後、時間の経過とともに、これが下流へ移動し、ひいては東京湾に入ることも十分考えられる。現時点では、スズキの53ベクレルが最高で、基準値を超えるものは出ていないが、今後の推移を注視する必要があろう。

2　新潟沖の日本海と阿賀野川、信濃川

本章第1、2節で、海水及び底質の汚染は、日本海側には影響してないとの見解を示した。これは、文科省の原発サイト沖合4点でのモニタリング調査データに基づいた推論である。しかし、阿賀野川や信濃川を経由して輸送されたとみられる汚染が河口近傍に分布していることが新潟県などの調査からわかる。まず、近畿大の山崎研究室では、11年8月、信濃川の大河津分水河口付近において、水深15m、20m、30mの底質を調べ、海底面から深さ2〜3cmの泥の濃度が最も高く、約460ベクレルにのぼる

※12　『朝日新聞』2013年6月7日。

と報告している※13。一方、新潟県は、阿賀野川沖で水深20 mから100 mまでの底質の分析をしており、その結果を図3-19に示す。調査は、11年8月から4回行われているが、図示した12年5月（4回目）調査では、水深60 mの泥から1キログラム当たり最大117ベクレルの放射性セシウムを検出した。第1回の時は水深20 mの泥が146ベクレルと最大であったが、これが、沖合に移動したことも考えられる。

　これらの分布は、河川により輸送された放射能が、逐次、海底の微粒子に付着して、堆積していることを示唆する。実際、阿賀野川では、泥、生物に一定の汚染が認められる。

　新潟県の調査※14によると、12年5月30〜31日、阿賀野川の河口に近い10点における底質濃度は、河口に最も近い松浜橋で、放射性セシウム68ベクレルが出ている。生物では、11年7月4日、アユが阿賀町常浪川で49ベクレルを記録する。12年9月6日、阿賀町で、ウグイに35ベクレルも出ている。

　信濃川の支流の一つで、谷川岳西麓に源を発し新潟県の魚沼地方を南から北へ向かって貫流し、長岡市で信濃川と合流する魚野川（うおのがわ）でも、同様の汚染が確認されている。魚野川では、12年5月2日、6月15日、ウグイにそれぞれ46ベクレル、45ベクレルが出ている※15。いずれも基準値を超えるほどまではいかないが、一定の汚染が認められる。これらの現象は、山岳部に降下した放射能が、河川を通じて河口まで運ばれ、河口付近で微粒子に付着し、堆積したことを示唆する。

　日本海の生物では、大部分は検出限界未満であるが、11年7月28日、新潟東港沖で、マダイに21ベクレルという値が出ている。いずれにせよ、阿賀野川や信濃川の上流域の山岳地帯に降下した放射能が、雨水に溶け、河川水に運ばれ、長い距離を海へと輸送されている様子がうかがえる。

※13　『朝日新聞』2012年9月11日。
※14　新潟県（2012年6月7日）：「阿賀野川の河川水底質及び沖合海底土などの放射能測定結果について」。
※15　新潟県（2012年9月6日）：「水産物の放射性物質の検査結果について」。

図 3-19　阿賀野川河口沖における水深 20 m から 100 m までの底質の放射性セシウム濃度（ベクレル/kg）（新潟県）採取 5 月 17 日

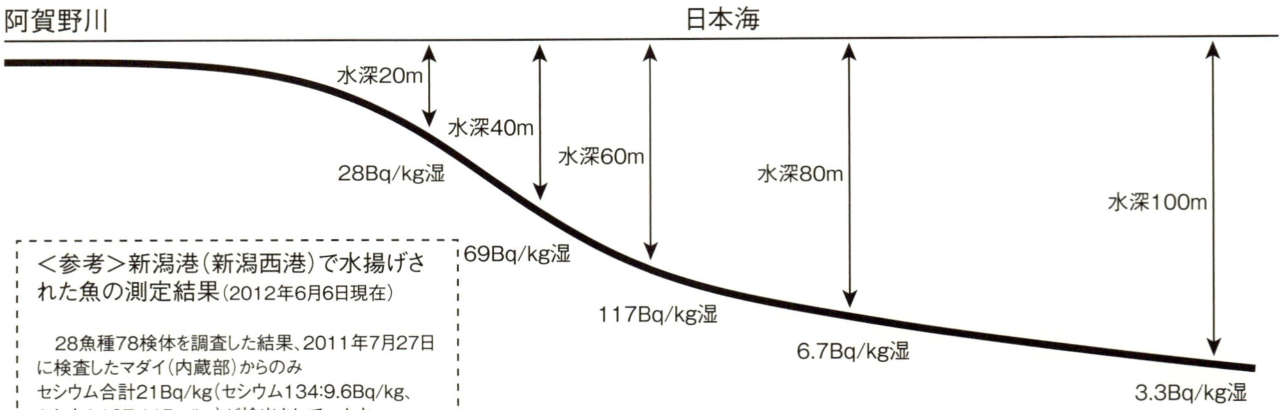

阿賀野川

日本海

水深20m　28Bq/kg湿
水深40m　69Bq/kg湿
水深60m　117Bq/kg湿
水深80m　6.7Bq/kg湿
水深100m　3.3Bq/kg湿

<参考>新潟港（新潟西港）で水揚げされた魚の測定結果（2012年6月6日現在）

28魚種78検体を調査した結果、2011年7月27日に検査したマダイ（内蔵部）からのみセシウム合計21Bq/kg（セシウム134:9.6Bq/kg、セシウム137:11Bq/kg）が検出されています。

単位:Bq/kg湿

採取年月日		H24.5.17			H24.3.1			H23.11.22			H23.8.1〜2		
放射性セシウム		セシウム134	セシウム137	合計	セシウム134	セシウム137	合計	セシウム134	セシウム137	合計	セシウム134	セシウム137	合計
海底土	阿賀野川沖水深20m	10	18	28	15	19	34	64	89	153	72	74	146
	阿賀野川沖水深40m	27	42	69	33	49	82	13	18	31	11	15	26
	阿賀野川沖水深60m	45	72	117	42	60	102	検出されず	検出されず	検出されず	2.8	4.4	7.2
	阿賀野川沖水深80m	1.9	4.8	6.7									
	阿賀野川沖水深100m	検出されず	3.3	3.3									
	東港沖　水深40m	4.4	5.6	10	6.7	8.1	14.8	11	20	31	検出されず	6.1	6.1
	関屋分水沖水深40m	3.2	3.5	6.7	3.4	5.5	8.9	3.2	3.2	6.4	4.8	6.3	11.1

検出限界値Cs-134:3.4Bq/kg湿　Cs-137:3.1Bq/kg湿（平均値）

第4章 河川・湖沼の放射能汚染

河川や湖沼の水質、及び底質については、汚染状況重点調査地域に指定された福島県、岩手県、宮城県、茨城県、栃木県、群馬県、埼玉県、千葉県を対象に、環境省が公共用水域の汚染状況を詳細にモニタリングしている[※1]。生物については、一部しかないが、第3章で用いた水産庁による測定結果[※2]がある。それらの資料をもとに、陸域における水に関わる汚染状況をみていく。

1　淡水魚の放射能汚染

　淡水魚については、水産庁による調査データを使用して、魚種ごとの汚染状況の空間分布と時間変化を追跡する。淡水魚は、浸透圧の関係で、海水魚よりも放射能の高濃度化が懸念され、実際、11年当時、多くの場所で基準値を超えるものが出ていた。そこで河川、湖沼における主要な種につき、海水魚と同様の図を作成した。

　アユは、サケ目・アユ科に分類される川と海を回遊する魚である。春から秋は川に定着するが、川底の石の表面のこけを摂餌し、急激に成長し、自分の餌場を占有するため「なわばり」を作る。10月になると成熟し始め、産卵のために次第に下流へと降下する。下流部に集まったアユは小砂利底の瀬で産卵する。アユの稚魚は10月から5月まで延べ8カ月間も海にいることになる。原発事故があった頃、アユは、海から川に遡上する時期であったと考えられる。ただし、日本では、多くの河川でダムや堰により生活史が断絶されている可能性もある。

　水産庁のアユのデータは5〜9月に集中している。最高値は、上流が飯舘村や浪江町など避難地域に当たる新田川（にいだがわ）で11年6月23日に確認された4400ベクレルである（図4-1-1）。図には、一部、環境省のデータを追加した。新田川の一つ北に位置する真野川でも、同日、3300ベクレルという高値が出ている。両者は、ともに飯舘村に源流がある中河川で、事故直後、高濃度地帯からの放射能が含まれた河川水やこけを食していた結果であ

※1　環境省；「公共用水域における放射性物質モニタリングの測定結果について」
　　　http://www.env.go.jp/jishin/monitoring/results_r-pw.html
※2　水産庁；「水産物の放射性物質調査の結果について」
　　　http://www.jfa.maff.go.jp/j/housyanou/kekka.html

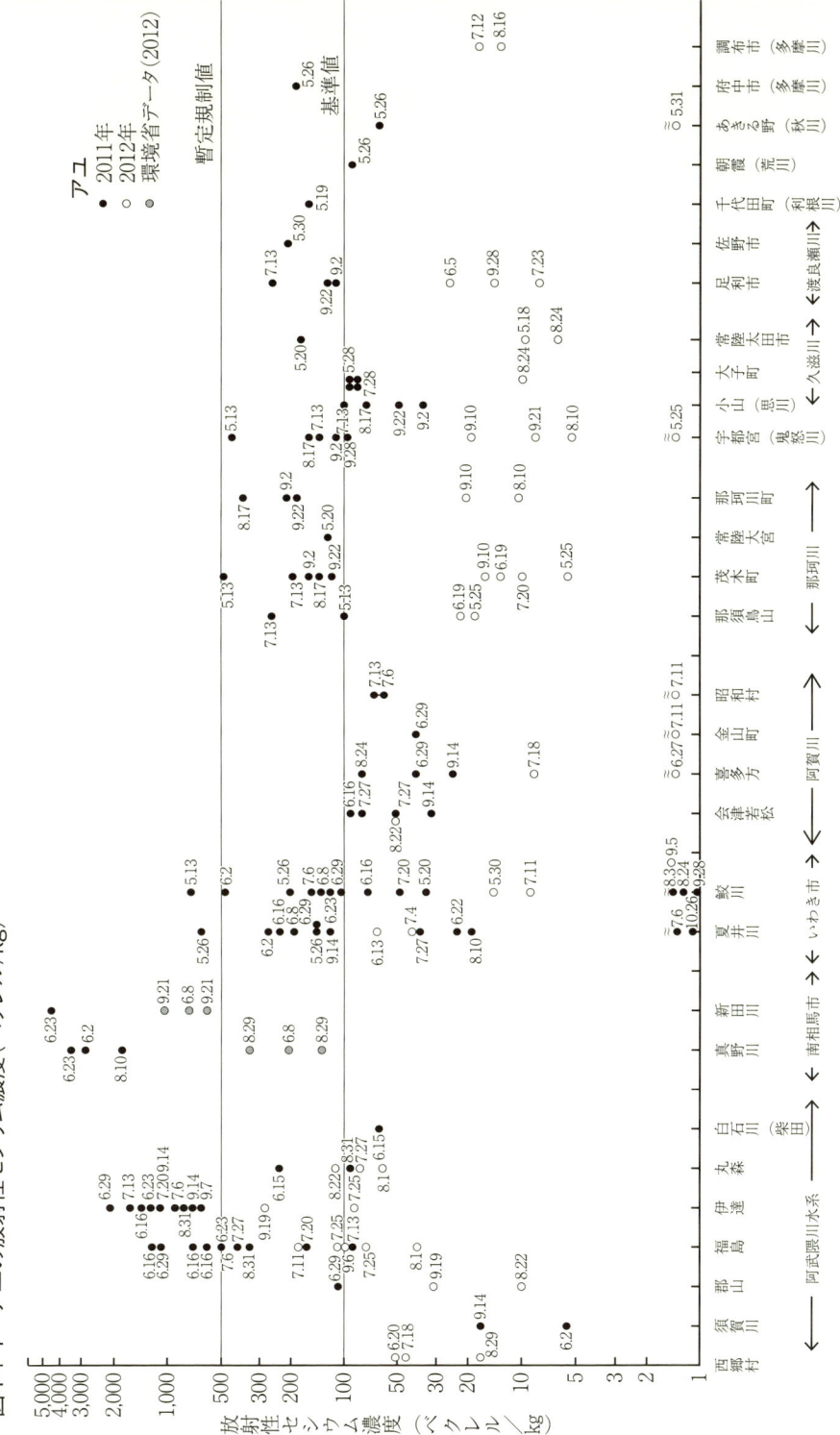

図4-1-1 アユの放射性セシウム濃度（ベクレル/kg）

ろう。次に高いのが、阿武隈川水系の中流に位置する伊達市や福島市で、伊達市では11年6月29日に2080ベクレルという高い値が出ており、暫定規制値500ベクレルを超えるものが多い。いわき市の、鮫川、夏井川でも11年5月に暫定規制値を超えるものが見られるが、徐々に低下し、鮫川では11年8月には検出されなくなる。さらに事故直後から半年間、東日本各地の河川で基準値を超えるアユが出現している。栃木県、群馬県、茨城県、東京都の主要河川である久慈川、那珂川、鬼怒川、渡良瀬川、利根川、多摩川で基準値を超えたものが出ている。12年になると、全体的に濃度が下がり、基準値を超えるものは、新田川、真野川、そして阿武隈川の中流域である伊達市、福島市に一部、残るだけとなる。アユは寿命が短いので、河川水濃度の低下が、そのまま反映されているものと考えられる。

　サクラマスの中で海に行かずに一生を河川で過ごすものをヤマメという。川の上流などの冷水域に生息している。秋期に河川上流域の主に本流の砂礫質の河底に産卵する。そのため、10月から4月頃までは禁漁期となる。ヤマメの最高値は、12年3月28日、新田川で1万8700ベクレルという、とてつもない高濃度が確認されている。これは、いわき沖のコウナゴで1万4400ベクレルという当時の最高値を上回ったとして、各紙が大きく報じた[※3]。次いで真野川上流の飯舘村で、11年6月16日、2100ベクレルが確認された（図4-1-2）。阿武隈川水系では、田村・川俣から福島市までで、12年になり濃度が高くなるところがある。特に川俣町口太川では、12年4月18日、1400ベクレルという高い値が出ている。アユと同様に伊達市、福島市をはじめ、上流域の白河市でも暫定規制値を上回っている。阿武隈川水系では、宮城県側の白石も含め、すべての地点で基準値を超えている。日本海側に流下する阿賀川水系でも、多くの地点で基準値を超えている。岩手県、茨城県、栃木県、群馬県でも基準値を超えるものが出ている。

　東京ではハヤと呼ばれるウグイ（図4-1-3）は、11年6月16日、南相馬市の真野川で、2500ベクレルの最高値が見られ、11年12月27日には、真野川ダムのあるはやま湖で1010ベクレルが出ている。阿武隈川水系の

※3　『福島民報』2012年3月29日。

図4-1-2　ヤマメの放射性セシウム濃度（ベクレル/kg）

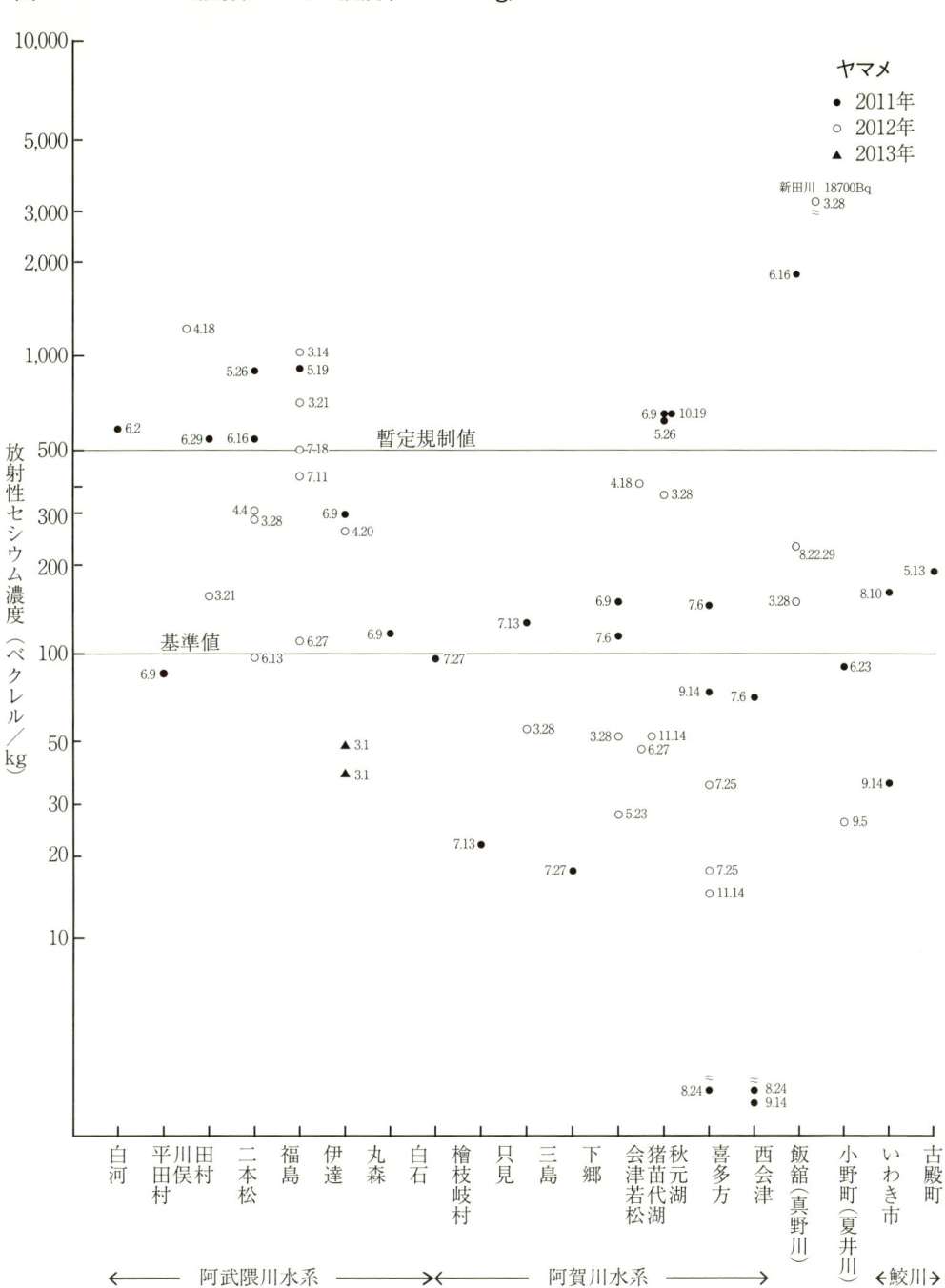

図4-1-3 ウグイの放射性セシウム濃度（ベクレル/kg）

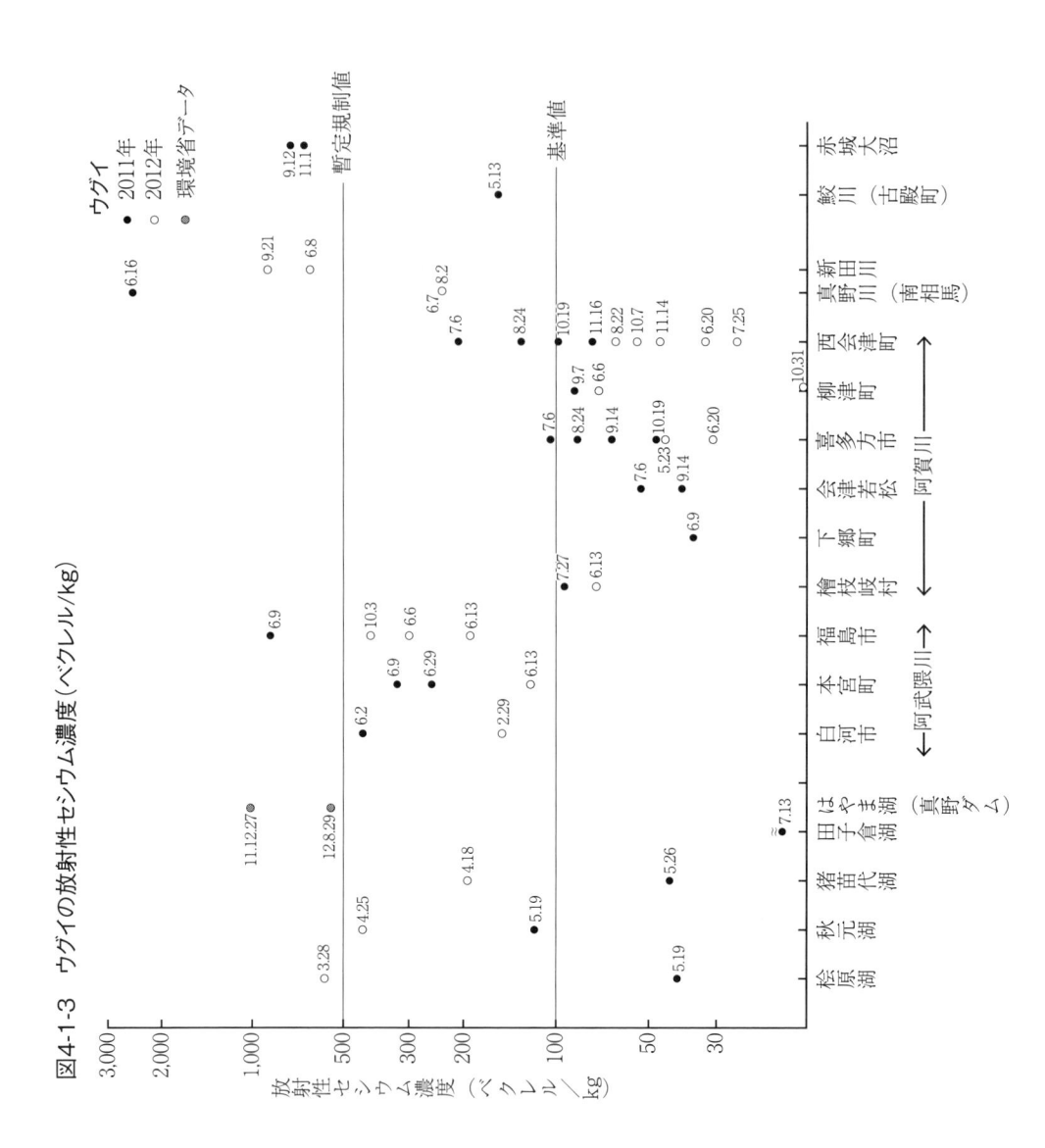

148　第4章　河川・湖沼の放射能汚染

福島市、及び赤城大沼では暫定規制値を超えている。阿武隈川、阿賀川水系などでも基準値をオーバーする地点が多数存在する。12年になると、濃度はやや低下するが、それでも真野川、新田川を初め、阿武隈川の上中流の各地で、基準値を超えたままである。同様に、桧原湖（北塩原村）、秋元湖、猪苗代湖では基準値を超えたまま推移している。他に、岩手県、宮城県、栃木県、群馬県など広い範囲で基準値を超えるものが出ている。

イワナ（図4-1-4）は河川の最上流の冷水域に生息し、肉食性で動物プランクトン、水棲昆虫などを食べる。10～1月頃が産卵期で、寿命は6年程度と長い。12年4月4日、桑折町の産ケ沢川で840ベクレルという最高値がでる。赤城大沼では12年1月30日、768ベクレルと高い。さらに12年5月30日には、福島市の阿武隈川で600ベクレル、川俣町の阿武隈川で560ベクレルが確認された。これらの地点では11年よりも12年の方が共通して高い。この他に暫定規制値を超えるものとしては、宮城県栗原市の三迫川で、12年5月17日、530ベクレルが出ている。さらに基準値を超えるものとして、阿賀川の数点を除き、図示した地点のほとんどが該当している。阿賀川の最も上流部の檜枝岐村でも基準値を超えている。標高の高い山岳地帯を中心に放射能汚染された結果であろう（裏表紙図2-1）。また秋元湖、福島市の阿武隈川、宮城県の名取川、栗原市などは、12年になり濃度が高いものが出現している。これらは、イワナの寿命が長いことが要因と考えられる。他に岩手県、栃木県、群馬県でも基準値を超えるものが出ている。

ワカサギ（図4-1-5）は、主に湖に生息する。肉食性でケンミジンコやヨコエビ、魚卵や稚魚などの動物プランクトンを捕食する。産卵期は冬から春にかけてで、この時期になると大群をなして河川を遡り、水草や枯れ木などに卵を産みつける。寿命は1年で、産卵が終わった親魚は死んでしまう。11年5月13日、桧原湖で870ベクレルの最高値が出ている。ここでは、11年は300～800ベクレルなのが、12年、30～250ベクレル、13年、10～40ベクレルへと順次低くなる。次いで高いのは赤城大沼で11年9月12日、650ベクレルの最高値が出て、12年1月10日にも、591ベクレルと暫定規制値を超えるかなり高い値が出続けている。赤城大沼では、時間が経過しても、濃度が下がらない特徴がある。お盆のような地形により湖

図4-1-4 イワナの放射性セシウム濃度（ベクレル/kg）

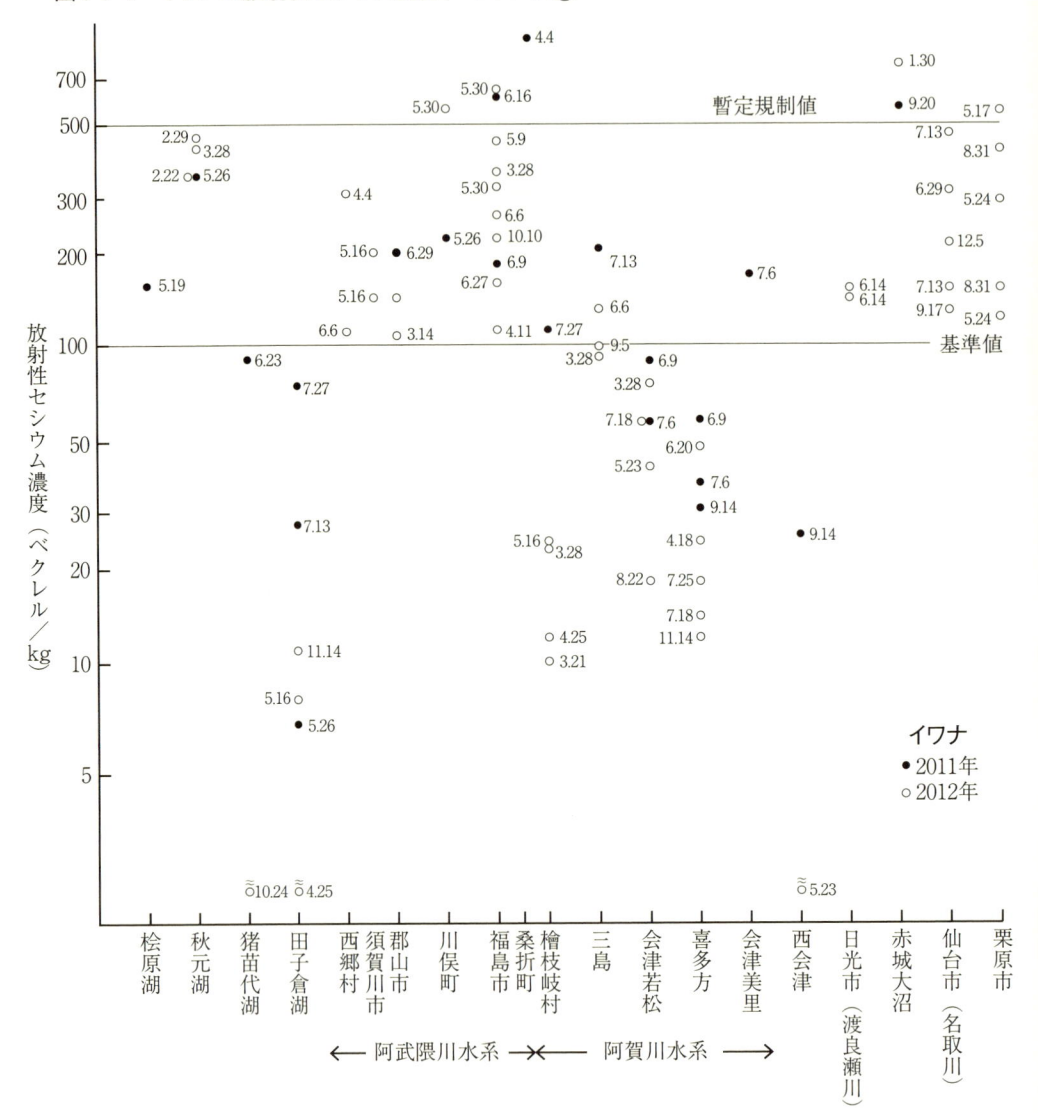

150　第4章　河川・湖沼の放射能汚染

図4-1-5　ワカサギの放射性セシウム濃度（ベクレル/kg）

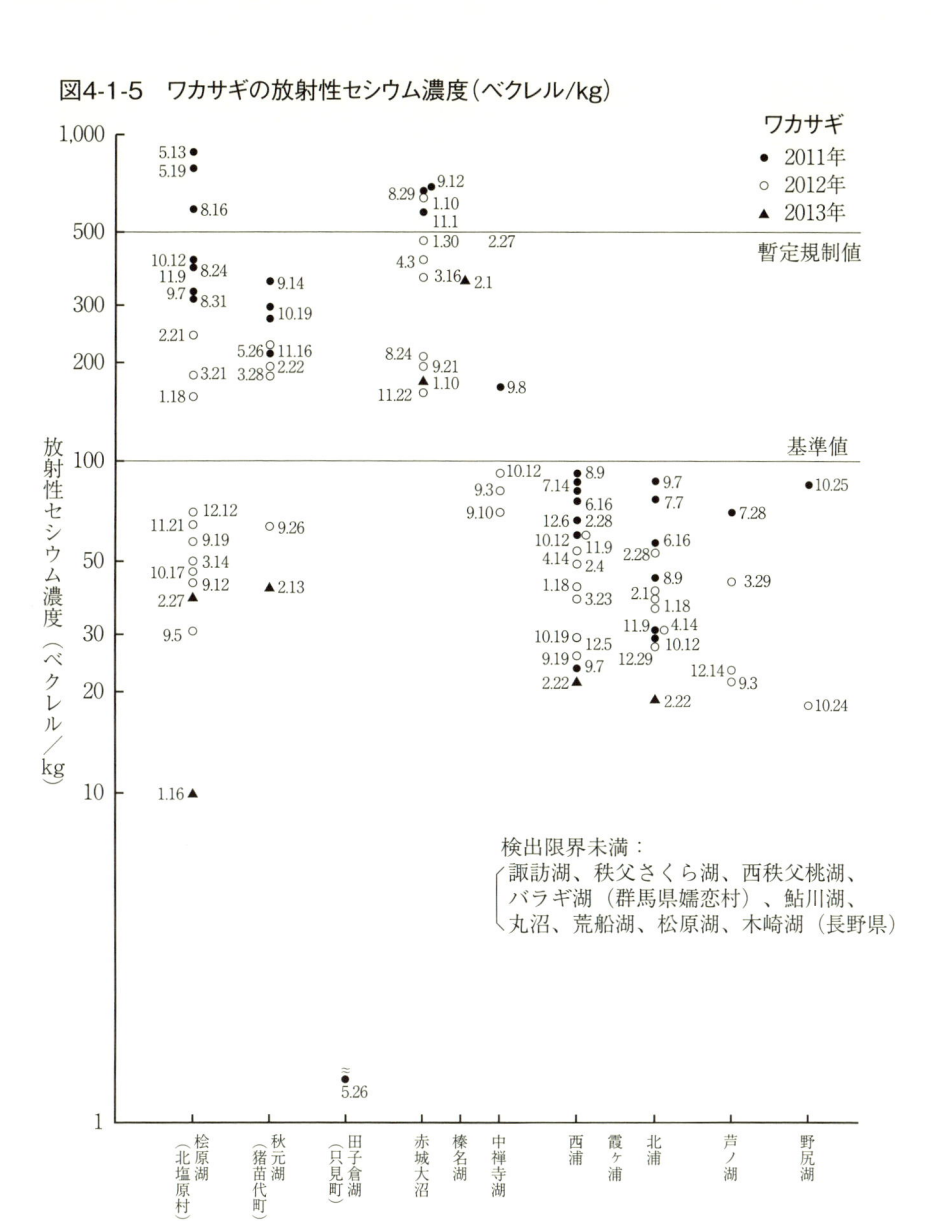

図4-1-6　ヒメマスの放射性セシウム濃度（ベクレル/kg）

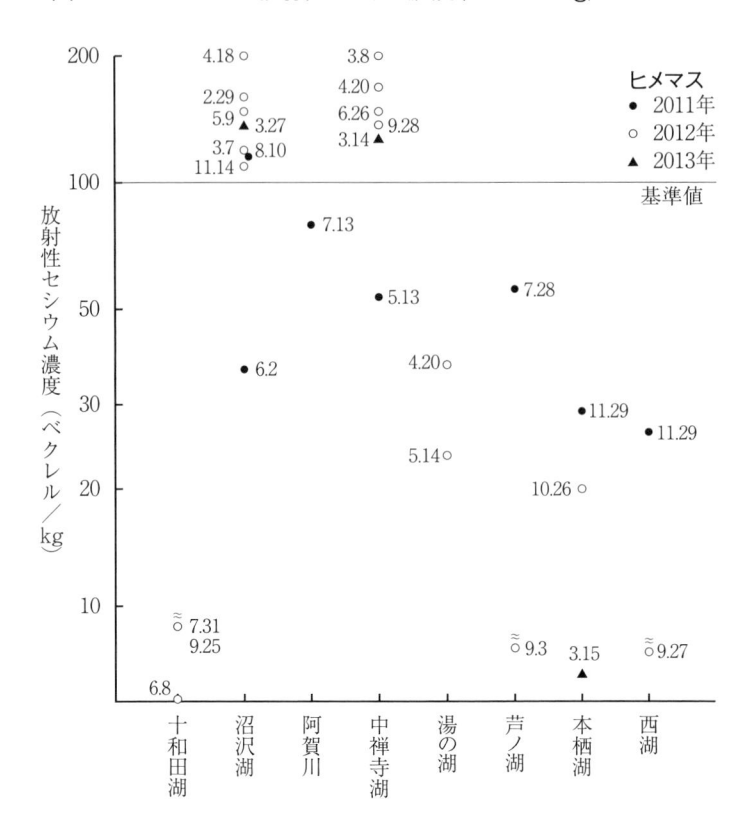

水の交換が悪いためと考えられる[※4]。秋元湖、中禅寺湖（栃木県）、榛名湖も基準値をオーバーしている。また、170km離れた霞ヶ浦や、260km離れた野尻湖でも70〜100ベクレルと相当高い値が見られる。霞ヶ浦では、年を経るにつれて濃度が低下していく様子が見える。

　ヒメマス（図4-1-6）は、貧栄養状態の低温を好むサケ科の淡水魚である。産卵期は9〜11月で、動物プランクトンやワカサギなどを餌とする。日本では十和田湖から始まるが、中禅寺湖、芦ノ湖などに移入されてきた。孵化後3〜4年で成熟する。最高値は、ヤマメ、イワナなどと比べると低いが、12年4月18日、沼沢湖（福島県金山町）で、200ベクレルが出ている。

※4　『東京新聞』、2013年9月21日。

次いで12年3月8日、中禅寺湖で196ベクレルがみられる。ともに、12年に最高値が出ており、基準値を超えた状態が慢性化している。ヒメマスの寿命は長いことから、この状態の長期化が懸念される。阿賀川、芦ノ湖でも、基準値よりは低いが、50～80ベクレルというやや高い値がみられる。福島第1原発から北へ約240キロの十和田湖では、12年6月8日、6ベクレルという値があるが、7月以降は検出限界未満となる。

ギンブナ（図4-1-7）は、マブナとも呼ばれ、池沼や河川の下流など、流れの緩やかなところに生息する。雑食性で、動物プランクトン、付着生物などを食べる。最高値は、12年5月9日、伊達市の阿武隈川での310ベクレルである。次いで、12年4月25日、秋元湖で260ベクレルがみられる。阿賀川水系では、会津坂下（福島県）で、11年11月16日、188ベクレルが出た後、12年5月23日まで基準値を超える状態が継続していた。

原発から190キロは離れている千葉県手賀沼でも、12年6月29日、240ベクレルが出現し、事故から2年後の13年3月15日でも180ベクレルと高濃度が維持されている。霞ヶ浦では、12年6月8日、西浦で190ベクレルの最高値が出ている。北浦は、全体的に西浦よりやや低いレベルで、最高値は12年4月14日の110ベクレルである。ギンブナで見る限り、霞ヶ浦、手賀沼、印旛沼など茨城県から千葉県にかけて原発からは相当離れた湖沼において、基準値を超える状態が続いている。これは、日常的に大気からの供給が続いているというより、柏、松戸などやや高レベルに汚染された陸域（裏表紙、図2-1）から河川や地下水により放射能が輸送され続けていることに起因する。

アメリカナマズ（図4-1-8）は、1971年、食用目的で霞ヶ浦に持ち込まれて定着した。ザリガニや小魚などを食す雑食性である。最大値は、12年6月8日、霞ヶ浦の西浦で320ベクレルが出た。西浦では、同年2月28日から8月17日まで120～320ベクレルの範囲のものが出現しており、ほとんどの検体が基準値を超えている。北浦は、西浦よりやや低く、最高値は12年4月14日の180ベクレルである。同年2月28日から6月27日の間に70～180ベクレルの範囲にあり、その半分が基準値を超えている。西浦の方が北浦より高濃度になる傾向は、ギンブナなど他の魚種にも共通してみられるが、これには、流入河川の水源地の汚染度が反映している。

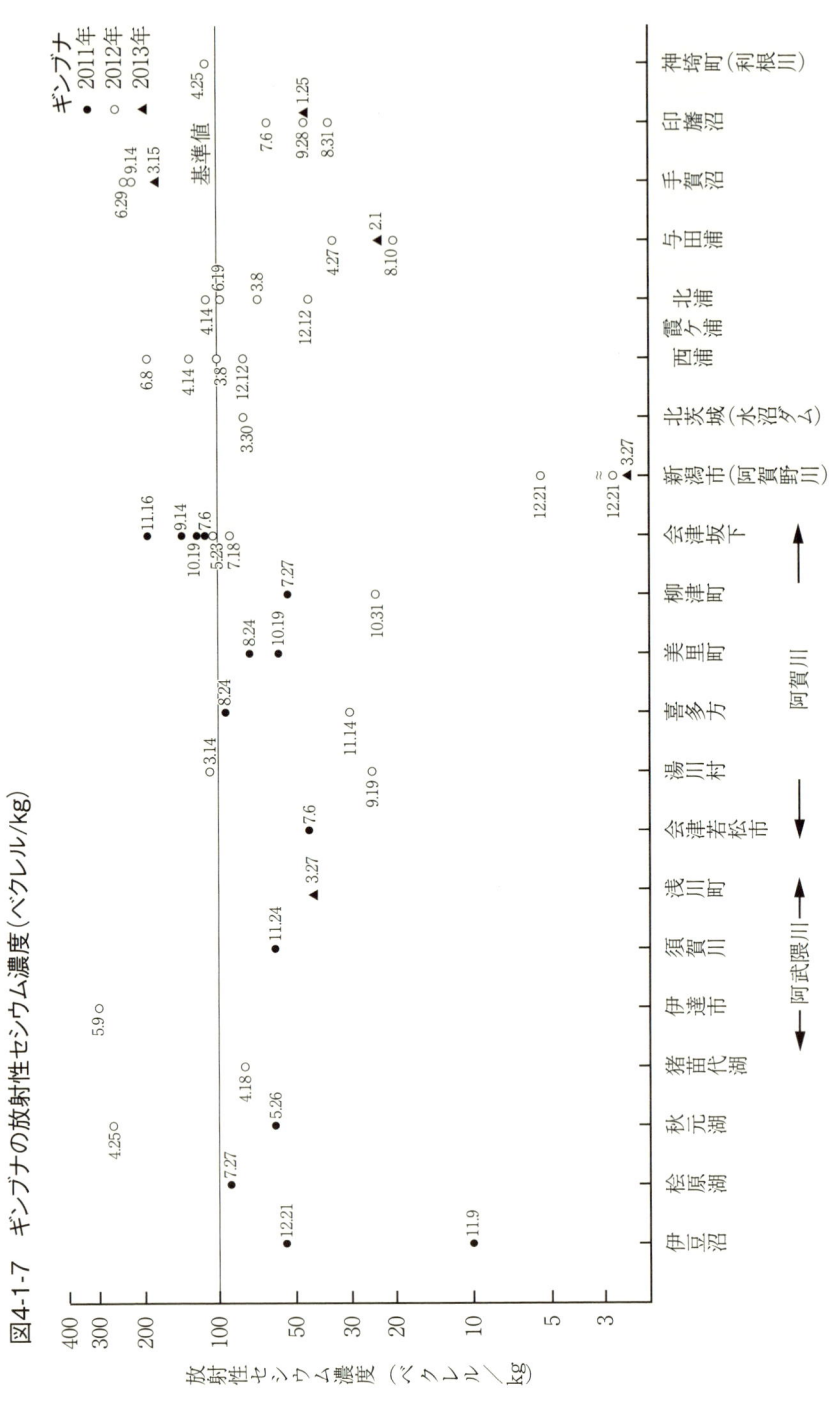

図4-1-7 ギンブナの放射性セシウム濃度（ベクレル/kg）

図4-1-8　アメリカナマズの放射性セシウム濃度（ベクレル/kg）

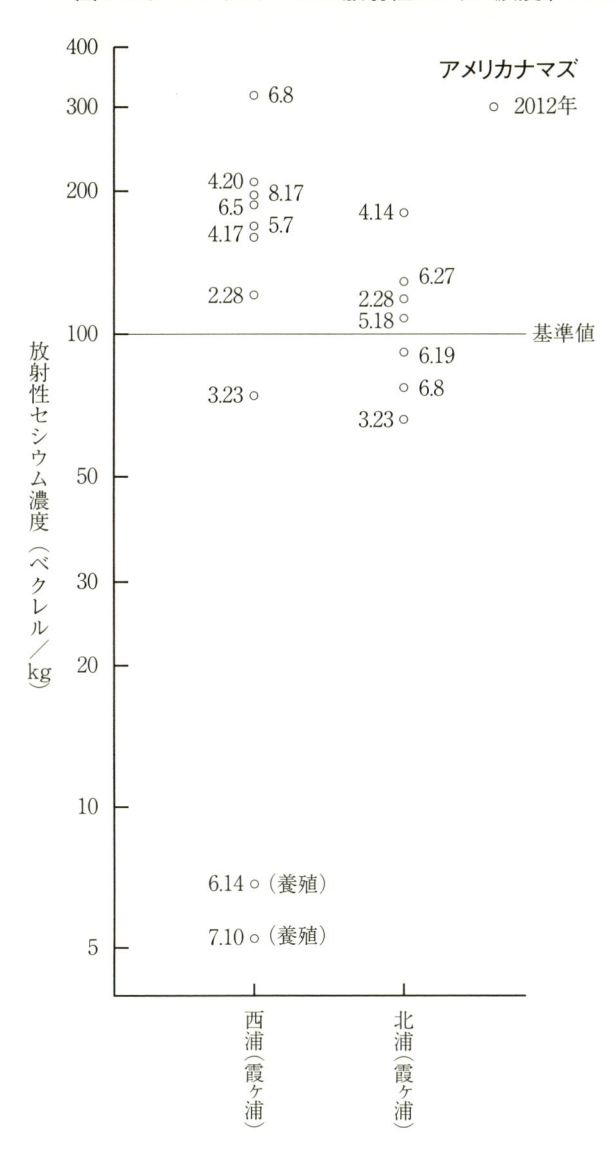

アメリカナマズ ○ 2012年

（縦軸：放射性セシウム濃度（ベクレル/kg）、横軸：西浦（霞ヶ浦）、北浦（霞ヶ浦））

西浦（霞ヶ浦）のデータ：
- 6.8 ○（約310）
- 4.20 ○（約210）
- 6.5 ○、8.17 ○（約190）
- 4.17 ○、5.7 ○（約170）
- 2.28 ○（約130）
- 3.23 ○（約70）
- 6.14 ○（養殖）（約7）
- 7.10 ○（養殖）（約5）

北浦（霞ヶ浦）のデータ：
- 4.14 ○（約180）
- 6.27 ○（約135）
- 2.28 ○、5.18 ○（約115）
- 6.19 ○（約90）
- 6.8 ○（約75）
- 3.23 ○（約65）

基準値：100

図4-1-9 ウナギの放射性セシウム濃度（ベクレル/kg）

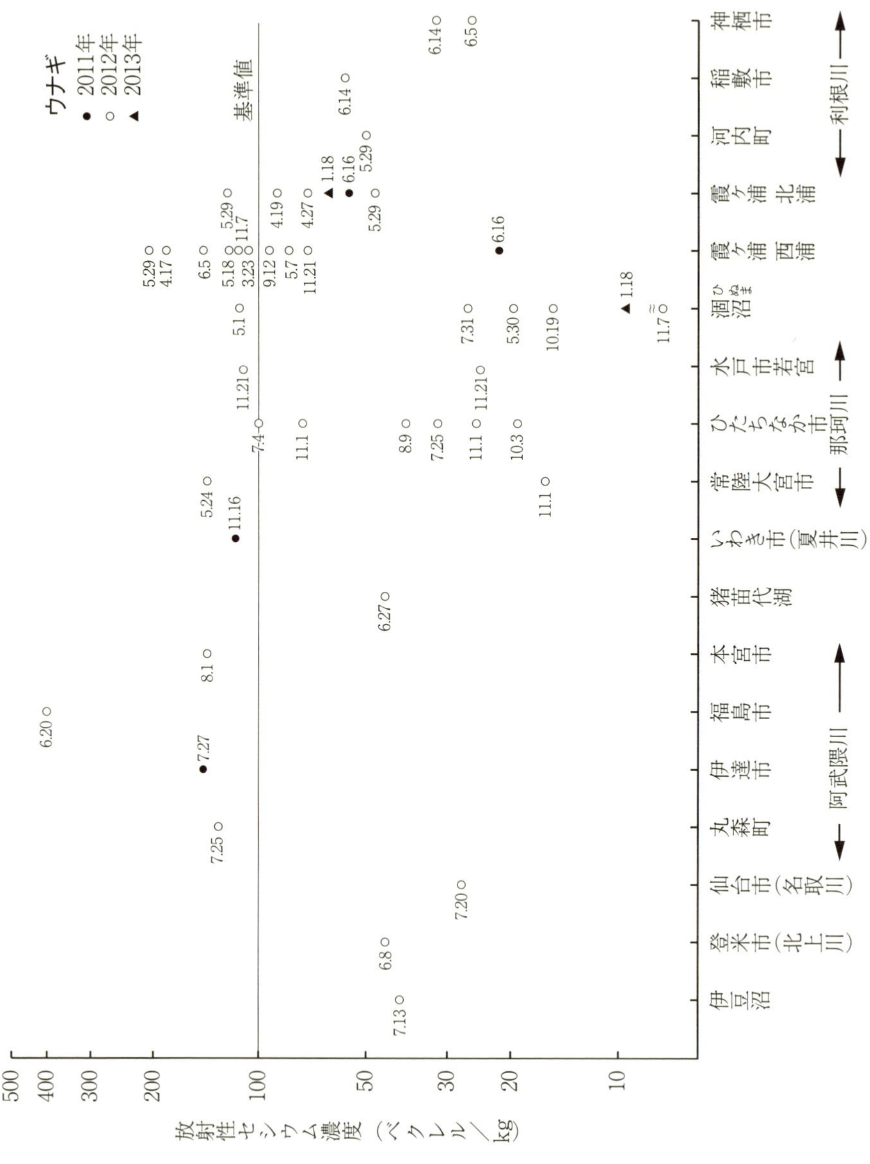

156　第4章　河川・湖沼の放射能汚染

養殖物は、西浦で見られるように5〜7ベクレルとかなり低い。このことから、天然ものの多くが基準値を超えている原因は、餌の汚染度に依存していることがうかがえる。

　ウナギ（図4-1-9）は、食用で親しまれているが、陸と海を行き来する生活史の全貌がわかっているわけではない。最高値は、12年6月20日、福島市の阿武隈川での390ベクレルである。同水系では、中下流の本宮町〜伊達市、丸森町で基準値を超えている。夏井川（いわき市）、那珂川でも基準値を超えている。さらに霞ヶ浦、涸沼でも12年には基準値を超えるものが多数みられる。霞ヶ浦では、西浦の方が北浦より相対的に濃度が高い傾向は、ウナギにもみられる。利根川や、登米市の北上川、伊豆沼でも、基準値よりは低いが、30〜50ベクレルのものがみられる。水産庁のデータではないが、江戸川では148ベクレルという値が出て（第3章4-1）、東京湾の汚染とも関連して問題になっている。

　このように淡水魚は、広範囲にわたり高濃度であることに注意を要する。アユ、ヤマメ、ウグイでは、特に福島県の新田川、真野川という上流が避難区域に当たり、南相馬市に流れる河川が最も高く、最高値は、ヤマメは1万8000ベクレル、アユは4000ベクレルを超えている。阿武隈川水系では、伊達市、福島市の順に濃度が高く、陸上濃度の高い地域の周辺ではアユ、ヤマメ、ウグイ、イワナの濃度も高い。阿賀川水系では、喜多方市や西会津町などでヤマメ、ウグイが基準値を超えるものがみられるが、全体としては、阿武隈川水系と比べると低濃度である。いわき市の中河川は、初期においては、かなり高濃度であったが、11年8月頃から低下傾向にあり、流域に当たる山間部の汚染が比較的低いことと、河川が短いことが要因と考えられる。11年には秋川渓谷、多摩川（東京都）の下流でもアユからセシウムが検出されている。ワカサギは、桧原湖、秋元湖、赤城大沼でセシウムの暫定規制値500ベクレルを超えているものがかなりある。中禅寺湖なども相当、高濃度である。

　これらは、第2章の図2-1、及び図2-2（ともに裏表紙）で示した文科省の航空機測定による放射性セシウムの表面沈着量の分布図と河川・湖沼の位置を比べることで、相当程度、理解できる。福島県側の山間部を経て、栃木県、群馬県、埼玉県、東京都の山間部に沿って放射能雲が南下してい

る。また、霞ヶ浦のワカサギ、ウナギなどのやや高い濃度は、柏など茨城県南西部から千葉県にかけての県境に存在する濃度の高い地域との関係で説明できる。これらは、山に落ちた放射能が、一定の時間をかけて雨水に溶解し、河川に入り、それをプランクトンが取り込み、さらに魚がプランクトンを食べるという過程を通じて形成されていると考えられる。

2　福島県の河川、湖沼における放射能汚染

　河川や湖では、水そのものの汚染は、事故直後を除きほとんど検出されない場合が多い。この一つの理由は、検出限界を1リットル当たり1ベクレルまでとする測定方法を変えないためである。この問題は、海洋環境放射能調査検討会（第2回）[※5]で指摘されたが、環境省は、「他の有害物質でもそうだが、水利用のための環境水としてのモニタリングであり、一定の基準値の10分の1を広い範囲で把握する」のが主な目的なので、多くの検体を調査する関係もあり変更の予定はないとの姿勢を崩さず、そのままになっている。これでは、水そのもののモニタリングとして、ほとんど意味をなしていない。それがわかっていて、あえて同じ方法を続けているあり方は、税金の無駄遣いそのものである。海域のモニタリングでは、事故から半年以降は、1立方メートル当たり1ベクレルを検出限界とする測定方法に切り替えている。それにならって変更すべきであろう。

　山林や田畑に降下した放射能は、雨水に溶け水とともに移動、ないしは微粒子に付着しながら河川水によって輸送されていく。その一部は、河川の底に落ちつつ、下流に輸送されていく。その結果、河川や湖の底質に高濃度の放射能が蓄積する。その分布状況を見ていくことで、河川や湖沼の汚染状況を把握できる。ここでは、環境省が行っている公共用水域における放射性物質モニタリングの測定結果を用いて河川及び湖沼における底質について、水産生物に関しては主に水産庁の測定結果により検討する。

　まず汚染が最も深刻な福島県における河川、湖沼の底質及び生物の放射

※5　文部科学省：「平成23年度 海洋環境放射能総合評価事業 海洋放射能調査結果」第2回検討会議事録（12年8月3日）。
　　http://www.mext.go.jp/b_menu/shingi/chousa/gijyutu/019/gijiroku/1325210.htm

性セシウム濃度につき検討する。福島県は、大きく浜通り、中通り、会津地域の3つに区分できるので、地域ごとに見ていく。

1 浜通りにおける河川・湖沼の底質、生物汚染

① 底質汚染

浜通り地方には阿武隈山地に源を発する中小の河川がある。これらの河川では、上流をせき止めて作った人工湖とダムがセットになっている場合が多い。浜通りの海岸線沿いに河川ごとに北から順に底質の放射性セシウム濃度を図4-2-1、セシウム137濃度を図4-2-2に示す。陸上での放射能の沈着量が、原発から西北西に向けて約50km範囲内に最も高レベルの汚染地域ができ、避難地域として住民が住めない領域ができている（裏表紙、図2-2）。これを念頭に入れると、原発から北方へ向けた浜通りの河川が、最も高濃度の汚染を受けている可能性が高い。特に上流が高濃度汚染された飯舘村や浪江町にある河川系が高くなるはずである。

最大値は、請戸川の上流にある大柿ダムで、12年3月4日、事故からほぼ1年後、放射性セシウム26万ベクレル（この時、セシウム137は15万ベクレル。以下、（ ）内はセシウム137の値）という、とてつもない濃度が検出されている。ダムの下流の室原橋は9万2000ベクレル（5万4000ベクレル）である。さらに河口に近い請戸橋（裏表紙写真③）では4万1000ベクレル（2万4000ベクレル）である。次いで、同日、富岡川の滝川ダムで11万ベクレル（6万4000ベクレル）、河口の小浜橋で9400ベクレル（5500ベクレル）が出ている。

以上において、セシウム137の放射性セシウムに対する比率はほぼ安定して0.59である。事故から1年半たつことで、半減期2年のセシウム134が減りつつある分だけ、セシウム137の比率が増え、6：4程度になっている。今後、2年、4年と経過するにつれて、基本的にセシウム137が主要なものとなっていくはずである。

全体としては、請戸川を頂点に、北方向では緩やかに、南方向では急激に濃度は低下していく。北方には、請戸川より1桁低いが、汚染の著しい3つの河川がある。太田川水系では、上流の横川ダム（裏表紙写真⑤）で、12年11月7日、放射性セシウムが5万3000ベクレルある。河川に入る

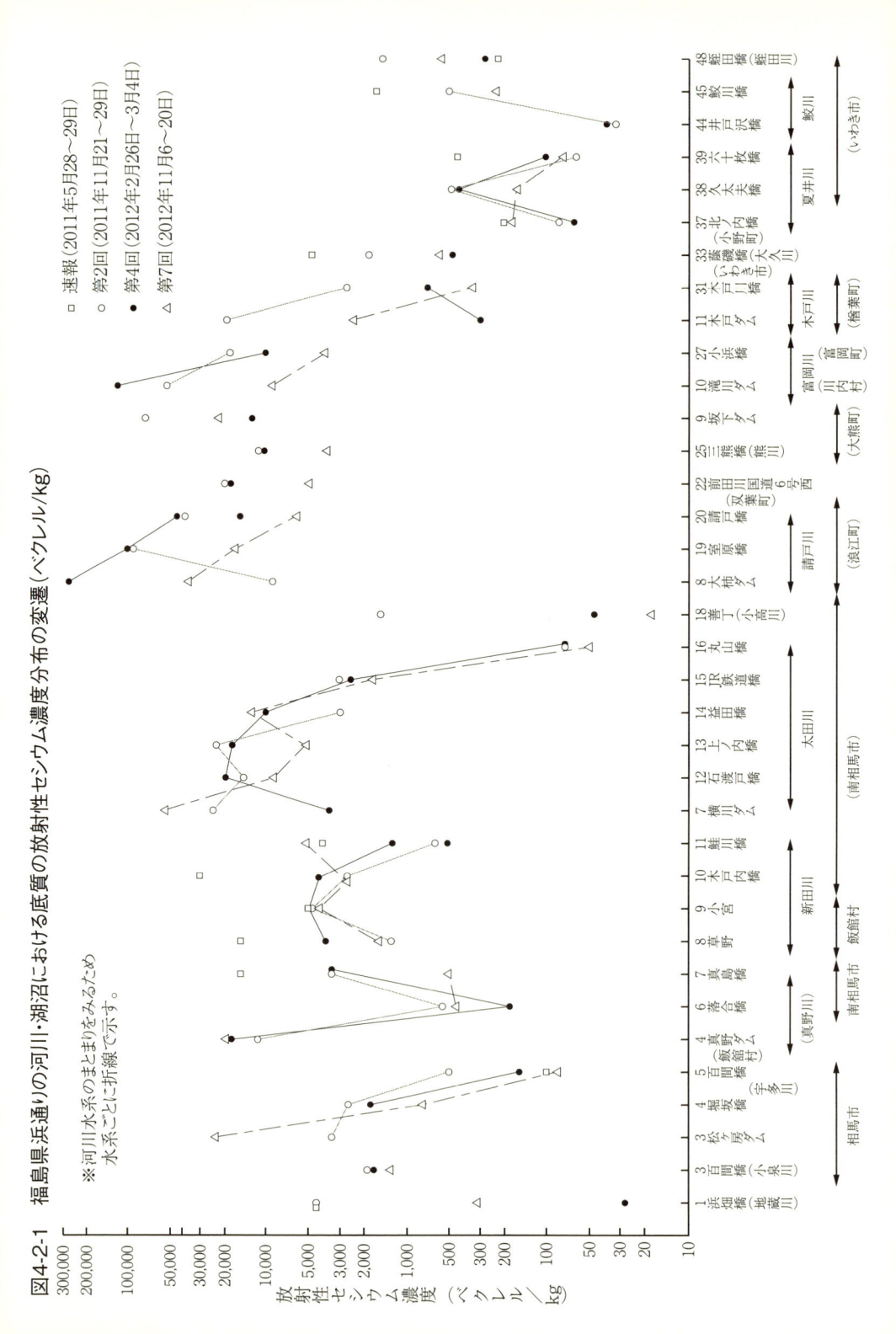

図4-2-1 福島県浜通りの河川・湖沼における底質の放射性セシウム濃度分布の変遷（ベクレル/kg）

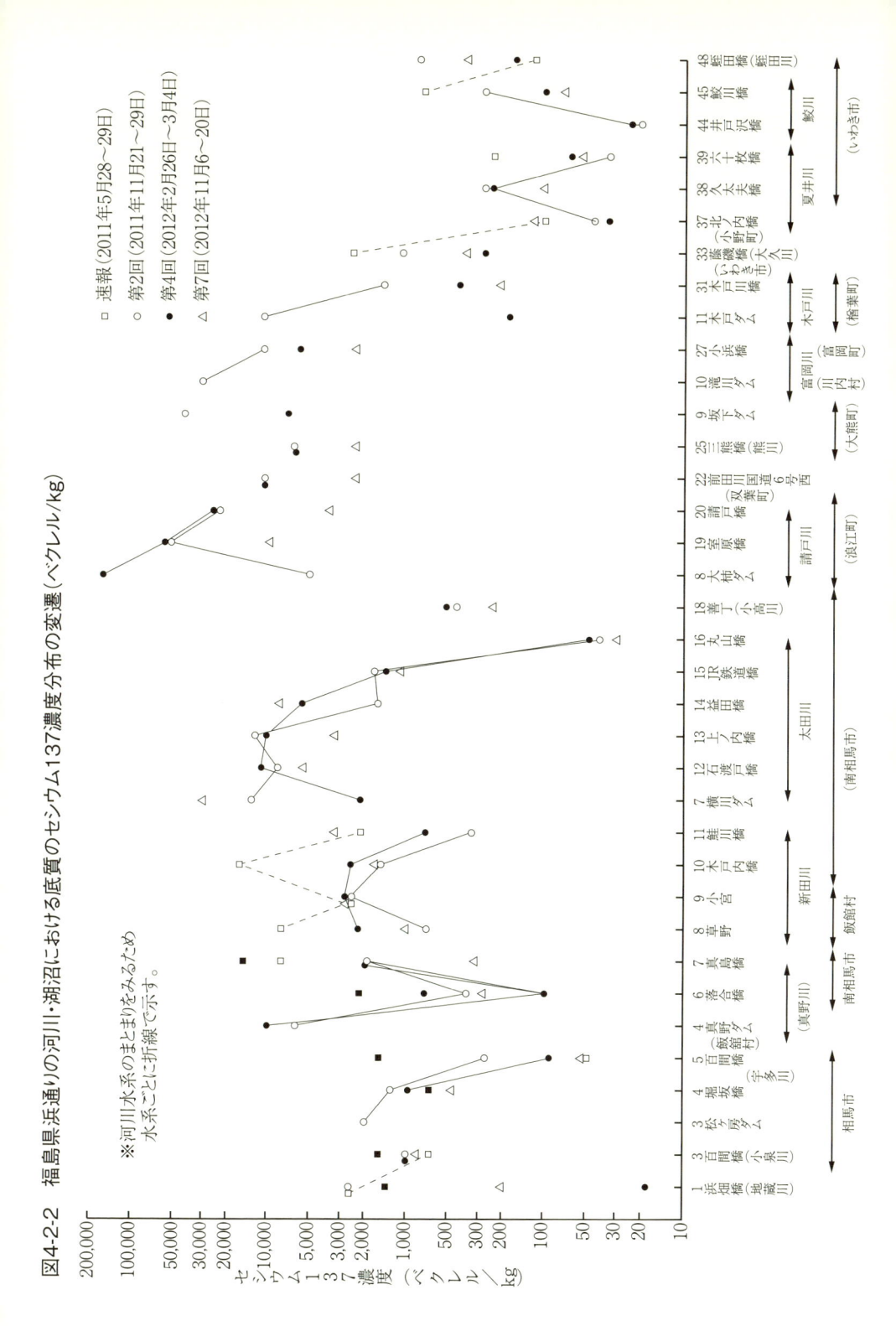

図4-2-2 福島県浜通りの河川・湖沼における底質のセシウム137濃度分布の変遷（ベクレル/kg）

と下流に行くほど低くなる。益田橋で、1万2500ベクレルが出ているが、JR鉄道橋は1750ベクレルと急激に低くなる。河口の丸山橋では48ベクレルである。

　新田川は、11年5月が高く、木戸内橋で3万ベクレル（1万6000ベクレル）あり、河口の鮭川橋で4000ベクレルと低くなる。その後、11年11月には、急激に下がり、最高は小宮での4400ベクレルである。以後、12年11月まで、似たような分布が続く。

　真野川は、最上流のはやま湖にある真野ダムが高く、12年10月16日、1万9000ベクレルで、毎回同レベルにある。河口の真島橋では、12年2月までは3400ベクレルあるが、12年11月になると500ベクレルとかなり低下している。

　宇多川（相馬市）は、松が房ダムが最も高く、12年11月6日には2万3400ベクレルである。河川に入ると、急激に低くなり、河口の百間橋では100～500ベクレルの範囲になる。

　請戸川から南方では、木戸川（楢葉町）の木戸ダムで、11年11月21日、1万7600ベクレルの最高値が出るが、その後は低くなる。河川に入り木戸川橋では、300～2000ベクレル内にある。いわき市の夏井川では、最高値が11年11月の440ベクレルで、全体として60～440ベクレルの範囲内にある。

　以上みてきた河川、湖沼の濃度は、陸上の放射能汚染分布に規定されているはずである。図2-1、図2-2（裏表紙）では、地表面への放射性セシウム沈着量分布の最も汚染された地域について、100万ベクレル以上を赤色、その周辺の30万ベクレルの等値線を黄色にしてある。また図2-2には、浜通り地方の主な中小河川、及び阿武隈川を含めて示してある。高濃度地帯が浪江町から飯舘村を中心に構成されていることがわかるが、この図と、河川、湖沼底質のセシウム濃度は、極めてよく対応している。

② 生物汚染

　浜通りの河川、特に原発から北方へ行った河川やダムにおける底質汚染が著しいことを見たが、生物のデータは必ずしも多くない。その中で、最も高レベルの汚染は飯舘村に水源がある新田川と真野川に出現している。

まず、新田川は、データが少ないが、12年3月28日、ヤマメで1万8700ベクレルという途方もない濃度が出たことは先に示した。アユでは、11年6月23日、4400ベクレルが出ている。しかし、12年4月以降のデータがないので、この高いレベルが、どのように推移しているかは不明である。

　次いで高いのが真野川である。まず、水産庁のデータにより見ておく。11年6月には、軒並み1000ベクレルを超える高い値が出ている。アユは、3300ベクレル（6月23日）、2900ベクレル（6月2日）と続き、ヤマメも2100ベクレル（6月16日）、ウグイは2500ベクレル（6月16日）である。さらにモクズガニも1930ベクレル（6月23日）と高い。これは、1年後の12年3月には、モクズガニ320ベクレル、ヤマメ150ベクレルとかなり低くなる。ゲンゴロウブナは、202ベクレルである。しかし、下がったとはいえ、ほとんどが基準値を超えている。

　真野川に関しては、環境省が、河川での魚類及び水生昆虫も含めた生物や粗粒状有機物（CPOM）[※6]などに関する調査[※7]を行っている。図4-3-1（11年12月）、図4-3-2（12年6月）にその結果を示す。図で、白抜きが放射性セシウムで、黒塗りがセシウム137である。

　まず11年12月の調査では、はやま湖で全般的に底質中のセシウムが高く、1万ベクレル前後である。同湖の魚類では、ウグイが最も高く1010ベクレル、次いでオオクチバス790ベクレル、カワヨシノボリ660ベクレル、ニジマス197ベクレルである。ヤマメは基準値以下である。ヨシノボリは、ハゼの一種で、体長は5〜10cm前後。水生昆虫や魚卵などを食べる。水生昆虫は520ベクレル、CPOMは800ベクレルと高い。ウグイなどの魚類は、水生昆虫を食していると思われるが、その割には低い。

　一方、河川側では、はやま湖よりやや高く、水生昆虫670ベクレル、CPOMは1140ベクレルである。魚類では、シマヨシノボリが2600ベクレルと高く、オイカワ600ベクレル、ゲンゴロウブナ500ベクレル、そし

※6　CPOM=Coarse Particulate Organic Matterの略。落葉等の大きな有機物をさす。
※7　環境省：「東日本大震災の被災地における放射性物質関連の環境モニタリング調査：公共用水域；水生生物」。例えば、平成23年度版は、以下。
　　http://www.env.go.jp/jishin/monitoring/result_ao120702.pdf

図4-3-1　真野川水系における底質・水生生物等の放射性セシウム濃度
　　　　①2011年12月26-27日

2011年12月26、27日
○ 底質
□ 粗粒状有機物（CPOM）
◇ 水生昆虫
△ 魚類

※白抜き：放射性セシウム
　黒塗り：セシウム137

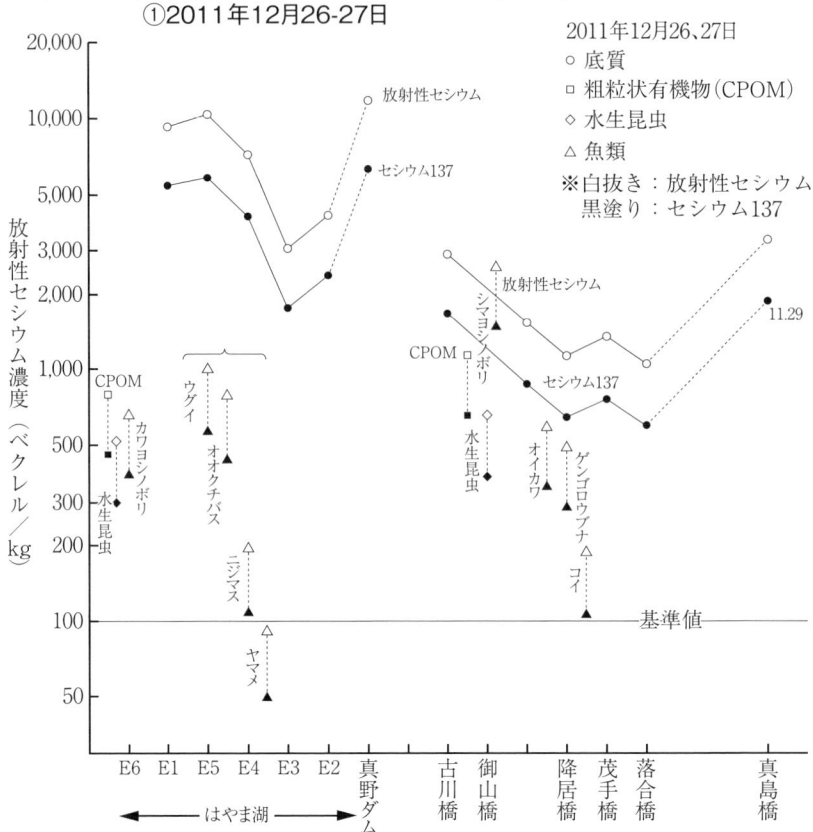

てコイが190ベクレルである。オイカワは、コイ科の淡水魚で、川の中流域から下流域や湖に生息する。どれも基準値を超えてはいるが、シマヨシノボリを除き、水生昆虫を食しているとすれば、濃縮という過程はあまり大きな要素ではないようにも見える。

　同じ場所での12年6月の調査では、はやま湖の底質濃度は、半年の間に2万～5万ベクレルへと2～5倍に増加している。水生昆虫は、510ベクレルで、前回とほとんど変わらない。これに対しCPOMは3200ベクレルとかなり高く、前回の4倍近い。この結果、コクチバスが4400ベクレル、ナマズ3000ベクレル、ギンブナ1250、そしてニジマスが280ベクレルと

図4-3-2　真野川水系における底質・水生生物等の放射性セシウム濃度
　　　　②2012年6月5-7日

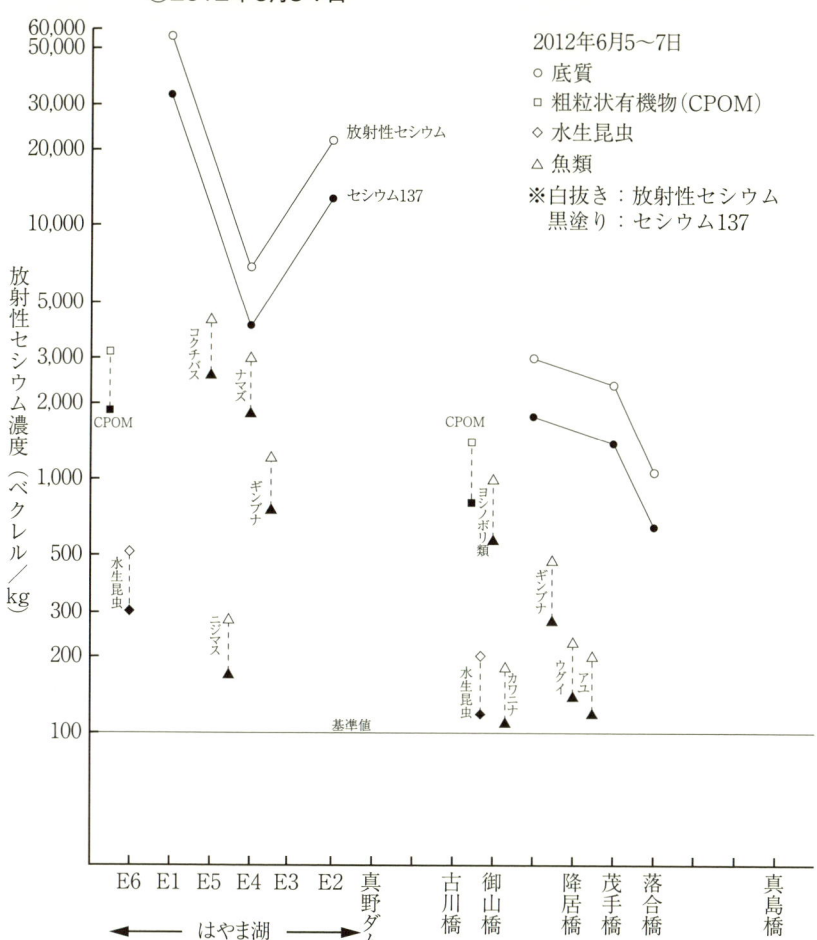

　半年前と比べ約3倍である。生物の3倍増は、CPOMの増加が関与しているように見える。

　一方、河川側では底質の変化は少ない。水生昆虫は200ベクレルと低い。CPOMは、1410ベクレルである。こうした中で、ヨシノボリが970ベクレル、ギンブナ470ベクレル、そのほか、ウグイ、アユが200ベクレルを超えている。

165

南相馬市の太田川では、ヤマメ2070ベクレルという1検体があるだけである。ダムの底質の濃度が最も高かった請戸川や富岡川での魚のデータがあれば、さらに驚くような結果が出ている可能性もあるが、その検体は取られていない。

　南部のいわき市の代表的な河川に夏井川と鮫川があるが、その生物データは、原発の北側の河川と比べると、かなり低い。いわき市でも北に位置する夏井川では、アユは、11年5月26日、最高値620ベクレルが出る。5〜7月の9検体は、22〜620ベクレルの範囲にある。内7検体は基準値を超えており、これは9月まで続く。12年6〜7月には40〜60ベクレル台へと低下する。ヤマメは、34〜160ベクレルの範囲内で、やはり、12年7月には、7〜50ベクレルへと低下している。11年11月には114ベクレルと基準値を超えるウナギも見つかっている。

　いわき市南端の鮫川も、事故直後の11年5月13日、アユで、最高値720ベクレルが出ている。7月いっぱいまでに10検体あるが、48〜720ベクレル内にある。8月3日以降は、検出限界以下が続き、急激に低下する。しかし、12年5〜7月では、9〜14ベクレルが検出され、ゼロにはなっていない。

　浜通りの河川には、秋にサケが遡上することが知られている。水産庁調査には、宇多川、真野川、新田川、夏井川、鮫川でシロザケのデータがある。例えば、宇多川では、11年10月19日から11月30日まで7回行われ、筋肉、精巣、卵巣が測定されたが、どれも検出限界未満である。他の河川でも同様の調査が行われ、唯一、夏井川で、11年11月2日、筋肉から8ベクレルが出た以外は、すべての検体で検出されていない。12年も同様の調査が行われている。これらのサケは、事故当時は、既に福島から海に出た後であったであろうから、放射能が出なくても当然である。懸念されるのは、むしろ、11年に浜通りの河川で孵化し、川を下って海に出た世代のサケが帰還してくるとき、どのような影響を受けているかである。今後のフォローが求められる。

2　阿武隈川水系における底質、生物汚染

　福島県において最大規模で、かつ福島事故とも関係が深い河川に阿武隈

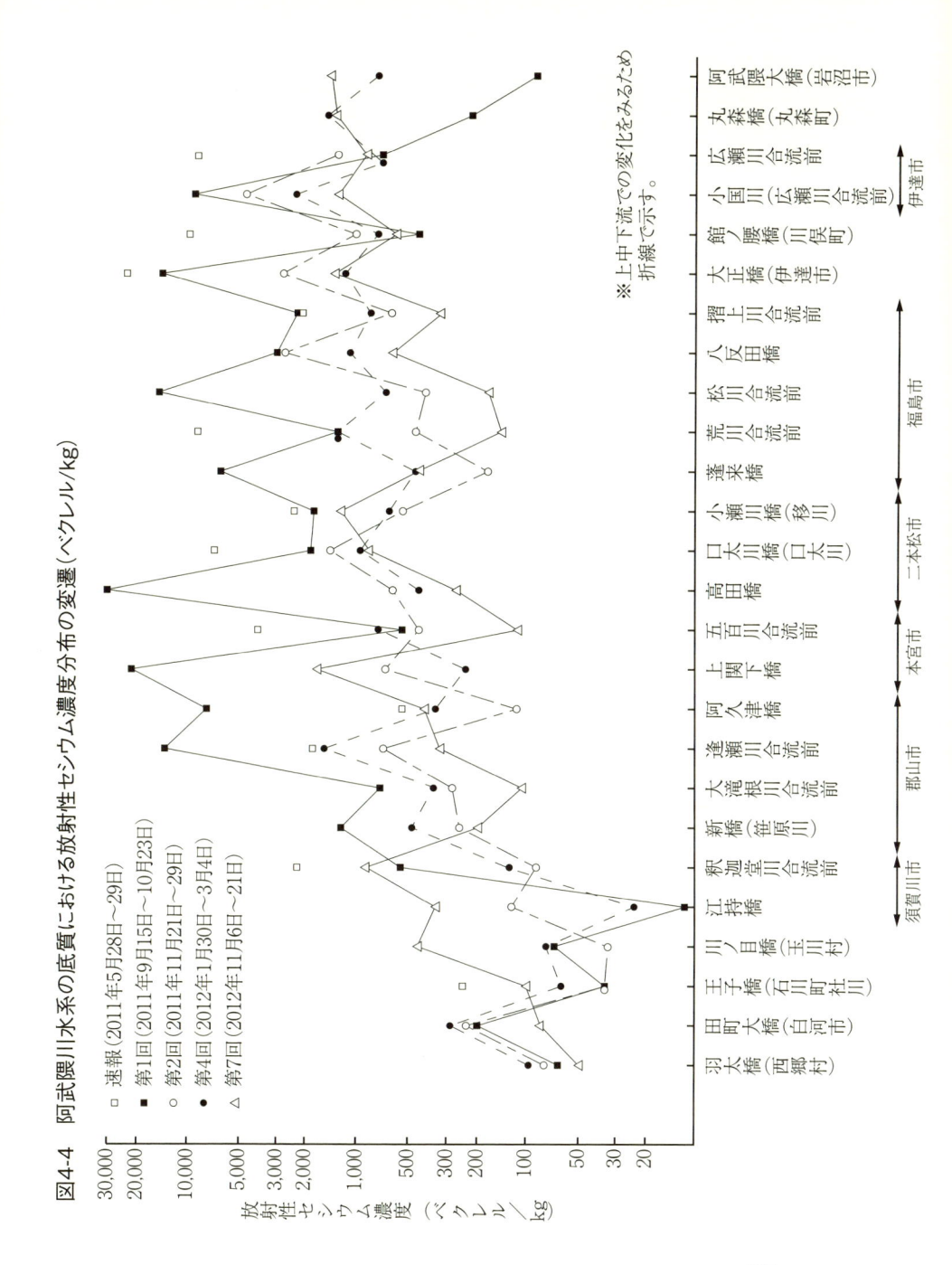

図4-4 阿武隈川水系の底質における放射性セシウム濃度分布の変遷（ベクレル/kg）

川がある。阿武隈川は、福島県西郷村の旭岳に源を発し、いくつもの支川を合流しながら、中通りを北上し、伊達市の狭窄部を経て宮城県に入り、岩沼で太平洋にそそぐ。総延長239km、流域面積5400km^{2}の一級河川である。途中、郡山市、二本松市、福島市などの福島県の主要都市、及び宮城県白石市、角田市を通過する。図4-4は、阿武隈川水系の底質における放射性セシウム濃度分布の変遷である。

　11年5月、事故から2カ月後には、須賀川市から伊達市までの阿武隈川中流域で、2000ベクレル以上の状態が広がっていた。最高値は、伊達市大正橋（裏表紙写真⑥）で、2万3000ベクレルあり、それを頂点に上流へ行くにつれて、徐々に低くなっていた。福島市荒川合流点、8800ベクレル、二本松市口太川橋、7100ベクレル、郡山市逢瀬川合流前、1790ベクレルという具合である。11年9月中旬（第1回）になると、逢瀬川から伊達市の小国川までの広い範囲で、1万ベクレルを超える高濃度がまんべんなく出現する。最高値は、二本松市高田橋の3万ベクレルである。上流は低いままであることから、浪江、飯舘村を中心とした汚染地域から雨で溶けだし、河川に入った放射能が中流域に流入してきた結果とみられる。

　さらに11月（第2回）になると全体的に高濃度域は急激に低くなり、西郷村から伊達市まで、下流に行くにつれ、なめらかに濃度が高くなる形が見えてきている。この間に高濃度をもたらした物質群は、河川によって下流へと輸送されたことがうかがえる。12年2月、11月と全体的なパターンは、安定してきている。12年11月（第7回）では、最上流の西郷村で約50ベクレル、逢瀬川合流前330ベクレル、口太川橋920ベクレル、伊達市大正橋1280ベクレルとなっている。

　特徴的な変化は、下流の丸森町から阿武隈大橋にかけて、11年9月には100〜200ベクレルと低かったのが、12年2月から1470ベクレルへと高くなり、その後も同じ状態が続いていることである。とりわけ阿武隈大橋では、11年10月、91ベクレルなのが、12年1月、760ベクレル、そして12年11月には1410ベクレルへと増加している。これは海にとっては、困ったことであるが、中流域から下流域への放射能の輸送が進んだものと推測される。

阿武隈川水系の中でも、多くの種で汚染されている生物が見られるのは伊達市である。アユでは、11年6月29日、最高値2080ベクレルが出る。これは、太田川の値にほぼ匹敵する。6月〜7月、7検体で840〜2080ベクレル内にあり、平均1360ベクレルと高い。8月〜9月の4検体は650〜1120ベクレル内にあり、平均840ベクレルである。6カ月近くたつことで、かなり下がっている。12年6〜9月には、3検体で、90〜280ベクレル内にあり、平均180ベクレルである。1年半で7分の1に低下している。ヤマメは、11年5月に990ベクレルと高いが、12年3月28日には、さらに2070ベクレルと極めて高い値が出た。これは、新田川で1万8700ベクレルが出た時期と一致する。1年たって最高値が出たのである。その他にも、イワナ360ベクレルが12年3月14日、さらにウグイ350ベクレル、ギンブナ310ベクレル、コイ280ベクレルが12年5月9日に出ている。どれも、1年以上を経過して、基準値を大幅に超えている。

　次いで高いのは福島市である。11年5〜6月にかけ、アユ1200ベクレル（6月16日）、ヤマメ990ベクレル（5月26日）、ウグイ880ベクレル（6月9日）、イワナ590ベクレル（6月16日）と、それぞれ最高値が出る。アユは、8月末までの10検体が89〜1200ベクレル内にある。12年のデータは少ないが、3〜4月にヤマメ320ベクレル、イワナ350ベクレルが出ており、まだまだ高い。福島市の北にある桑折町の阿武隈川でも12年4月4日、イワナ840ベクレル、ヤマメ810ベクレルとかなり高い値がみられる。

　その下流に当たる宮城県丸森町でも、11年6月、ヤマメ305ベクレル（6月9日）、アユ227ベクレル（6月15日）とかなりの高濃度が出ている。事故から1年になっても事情は変わらず、12年4月20日にはウグイで410ベクレル、4月27日、ヤマメで170ベクレルと基準値を超えている。

　福島市より上流の郡山市でも、11年6月、アユ159ベクレル、イワナ196ベクレルと基準値を超えるものが出ている。この地域では、コイ、モツゴ、ドジョウ等の養殖が盛んである。そのモツゴから11年12月14日、119ベクレルという基準値を超えるものが、コイでも12年1月11日、77ベクレルがでている。さらに12年には、6月20日、養殖のドジョウから240ベクレル、コイで58ベクレルが出ている。養殖は餌の汚染はないと考えられるので、普通、天然ものが汚染されていても、養殖は検出されな

図4-5-1　阿武隈川水系における底質・水生生物等の放射性セシウム濃度
　　　　①2011年12月27日～12年2月8日

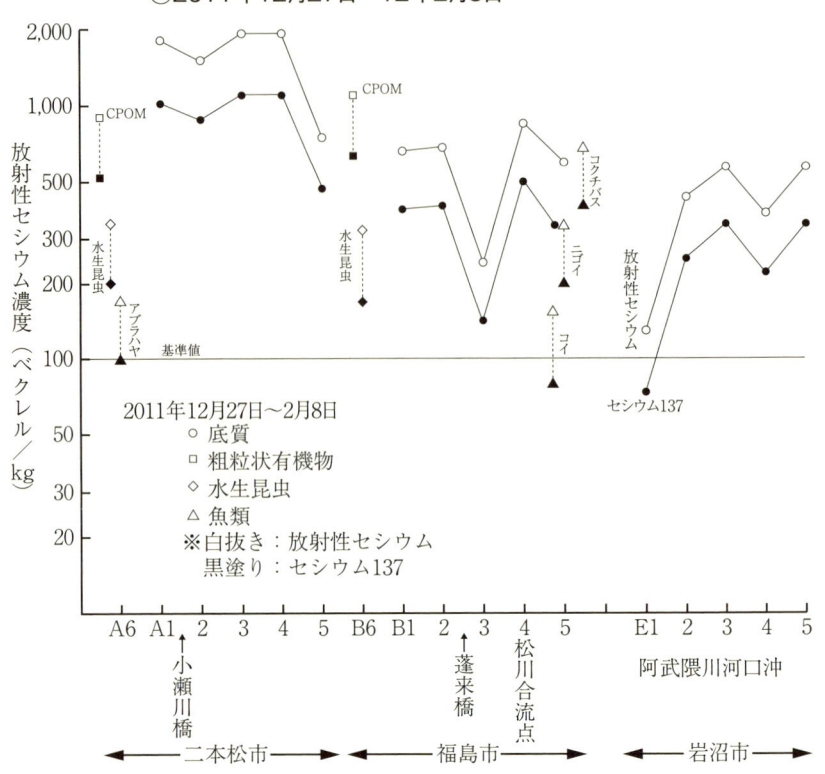

い場合が多いのであるが、極めて異例である。水や場そのものの汚染が憂慮される。

　さらに上流の白河市では、11年6月、ヤマメ620ベクレル、ウグイ430ベクレルと相当に高い。ウグイでは、12年2月にも、147ベクレルと基準値を超えるものがみられる。また西郷村でも、12年4～5月、イワナ300ベクレル、ウグイ160ベクレルル、12年6～8月、イワナ、ウグイで基準値を上回るものが出ている。アユは17～50ベクレルと比較的低い。

　阿武隈川水系では、環境省が、中流域（二本松市、福島市）での魚類及び水生昆虫も含めた生物や粗粒状有機物（CPOM）などに関する調査[※8]を

───────
※8　※7と同じ。

170　第4章　河川・湖沼の放射能汚染

図4-5-2　阿武隈川水系における底質・水生生物等の放射性セシウム濃度
　　　　②2012年6月4日〜7月11日

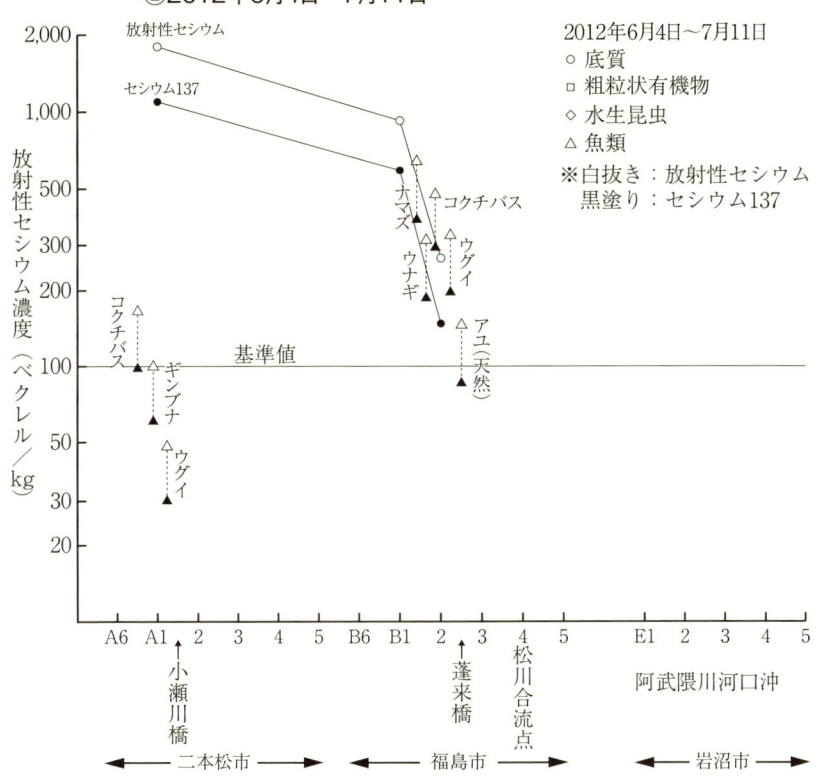

2012年6月4日〜7月11日
○ 底質
□ 粗粒状有機物
◇ 水生昆虫
△ 魚類

※白抜き：放射性セシウム
　黒塗り：セシウム137

行っている。図 4-5-1（11 年 12 月）、図 4-5-2（12 年 6 月）にその結果を示す。図で、白抜きが放射性セシウムで、黒塗りがセシウム 137 である。

　11 年 12 月の調査では、底質中のセシウムは、二本松で約 2000 ベクレル前後なのに対し、福島市側では 600 ベクレルしかない。水生昆虫は 330 ベクレル、粗流状有機物は 1120 ベクレルと高い。魚類では、コクチバス 680 ベクレル、次いで、ニゴイ 350 ベクレル、コイ、155 ベクレルである。二本松では、アブラハヤが 171 ベクレルある。魚類は、どれも基準値を超えてはいるが、水生昆虫を食していると思われる割には低い。

　12 年 6 月になっても底質濃度は 11 年 12 月とあまり変わらない（図 4-5-2）。魚類は、二本松では、コクチバス 167 ベクレル、ギンブナ 102 ベクレ

ル、ウグイ 50 ベクレルで、11 年より、かなり低い。福島市側では、ナマズ 650 ベクレル、コクチバス 490 ベクレル、ウグイ 340、ウナギ 320 ベクレル、アユ 147 ベクレルと依然として高い状態が続いている。

3 阿賀野川水系における底質、生物汚染

　福島県のもう一つの代表的な河川が、阿賀野川水系である。阿賀野川は、南会津町の荒海川を源流とし、会津地方で阿賀川、新潟県に入ると阿賀野川と名を変え、新潟市松浜町付近で日本海に注ぐ。全長は 210km、流域面積が 7710km^2 の日本有数の河川である。図4-6は、阿賀野川水系の底質における放射性セシウム濃度分布の変遷である。

　図では、左から源流域で、会津若松を経由して、喜多方市の新郷ダムで、奥只見から北流してきた只見川と合流し、新潟へと向かう各地点の濃度を示している。浜通り、中通りと比べると比較的汚染は少ないが、それでも会津若松市、湯川村などに山間部の汚染に起因する水系の汚染がみられる。

　最高値は、旧湯川の粟ノ宮橋で、11 年 11 月 17 日、2 万 5000 ベクレルを記録する。これは、時間の経過とともに急激に低下し、12 年 5 月、2010 ベクレル、12 年 11 月には 207 ベクレルになる。次いで、会津若松市を流れる湯川では、阿賀野川に合流する前に高濃度がみられる。特に新湯川橋で、11 年 9 月、8700 ベクレルと最高値を記録する。これも、11 年 11 月、3000 ベクレル、12 年 5 月、640 ベクレルを経て、12 年 11 月には 410 ベクレルと、かなり下がる。降水に伴う河川水の増量により、下流へと移動しているものと考えられる。

　その他の地点では、1000 ベクレルを超えることはほとんどない。特に、阿賀川の最上流に位置する南会津市の田嶋橋や大川橋では、一貫して検出されていない。また、只見川上流の西谷橋などでも、検出限界未満の状態が続いている。

　生物で基準値を超えるものは、猪苗代町、会津坂下町、三島町など、中流域にみられる。上流の南会津町の阿賀川では、最高値は 11 年 6 月 29 日、ウグイ 72 ベクレル、アユ 70 ベクレルである。イワナの養殖が行われているが、12 年 4 月から 13 年 3 月までに養殖イワナは、13 検体すべてで検出

図4-6 阿賀野川水系の底質における放射性セシウム濃度分布の変遷(ベクレル/kg)

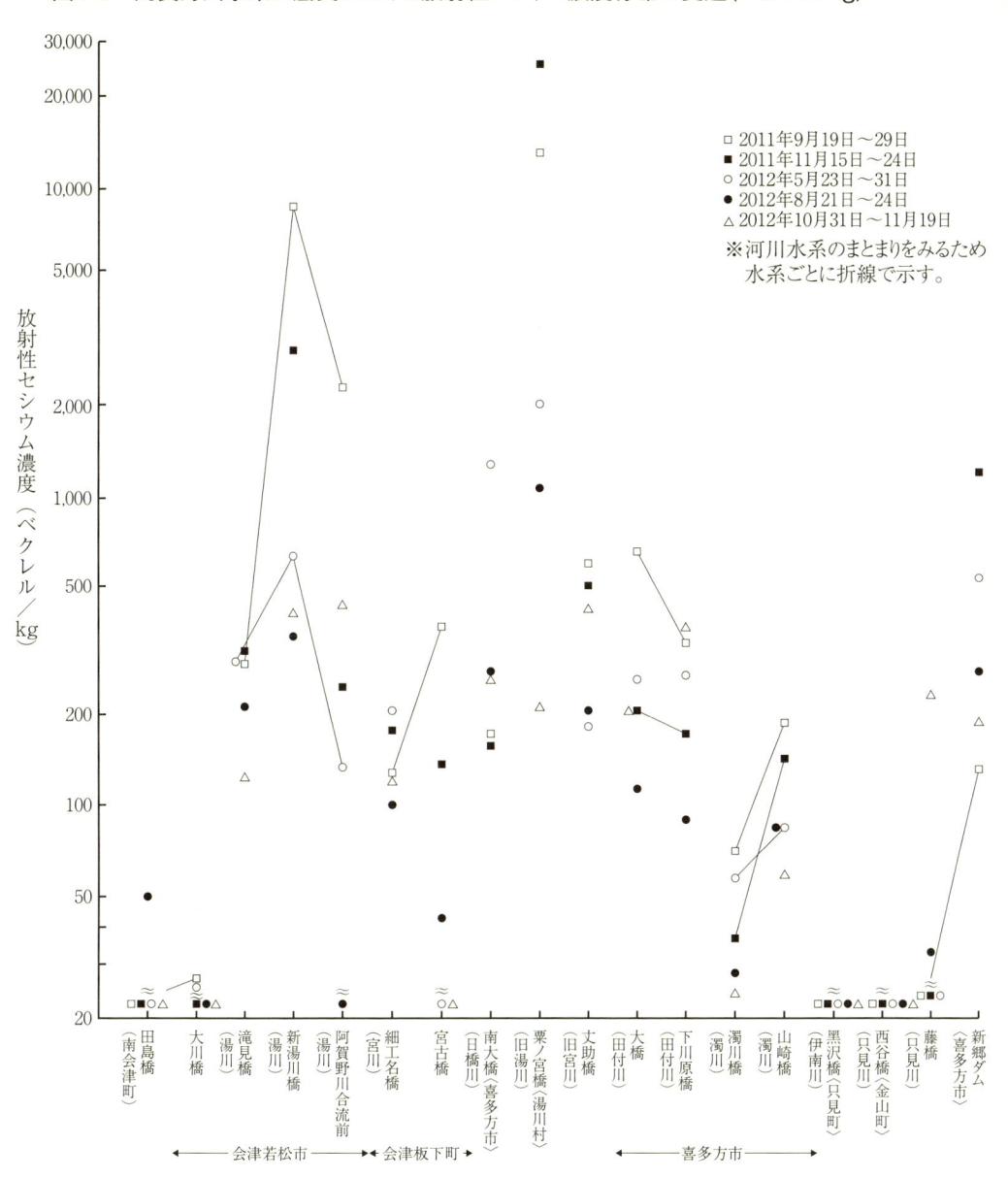

限界未満である。天然のイワナは、12年3月、9～13ベクレルが検出された。低いとはいえ、餌の違いが影響している。それでも全体に値は低く、12年には20ベクレルを超えるものは出ていない。

会津若松市の阿賀川では、11年6月、ヤマメ150ベクレルが見られるが、12年3月には40～50ベクレルに低下する。アユの最高値は、11年6月16日の90ベクレルである。

会津美里町では、ヤマメ169ベクレル（11年6月9日）、イワナ168ベクレル（11年7月6日）と基準値を超えるものが出ている。さらに会津坂下町でも、ギンブナが高く、最高値は11年11月16日、188ベクレルである。12年8月22日にも120ベクレルと高く、基準値を超えたままである。コイは、11年9月には155ベクレルあったが、12年8月には56ベクレルと3分の1程度に下がっている。

猪苗代町では、12年4月4日、長瀬川のヤマメに250ベクレルと高い値が出ているが、同年10月には39ベクレルに下がる。さらに下流の喜多方市の阿賀川では、11年7月6日、ウグイで最高値103ベクレルがみられる。その後、徐々に低下し、12月21日には30ベクレルとなるが、このレベルは、12年8月まで続く。

県の南西部に源流を持つ只見川では、只見町で、イワナは11年6～7月、6～27ベクレルの範囲にあり、養殖のイワナはすべて検出限界未満である。ヤマメも、同時期、22ベクレルである。ワカサギ、コイは検出限界未満である。

三島町の阿賀川では、11年7月13日、イワナ200ベクレル、ヤマメ128ベクレルと最高値が出ている。翌12年6月6日、イワナは130ベクレルと高いままである。

新潟県境に近い西会津町では、11年8月までにウグイが210ベクレル（7月6日）を最高に、3検体平均で159ベクレルと高いものがみられる。これも12年6～11月には、平均39ベクレルへと低下する。11年8月24日には、ニゴイで110ベクレルが出る。

4　福島県の湖沼における底質、生物汚染（桧原湖、秋元湖、猪苗代湖など）

浜通りの湖沼については、河川を取り上げた時に合わせて扱ったので、

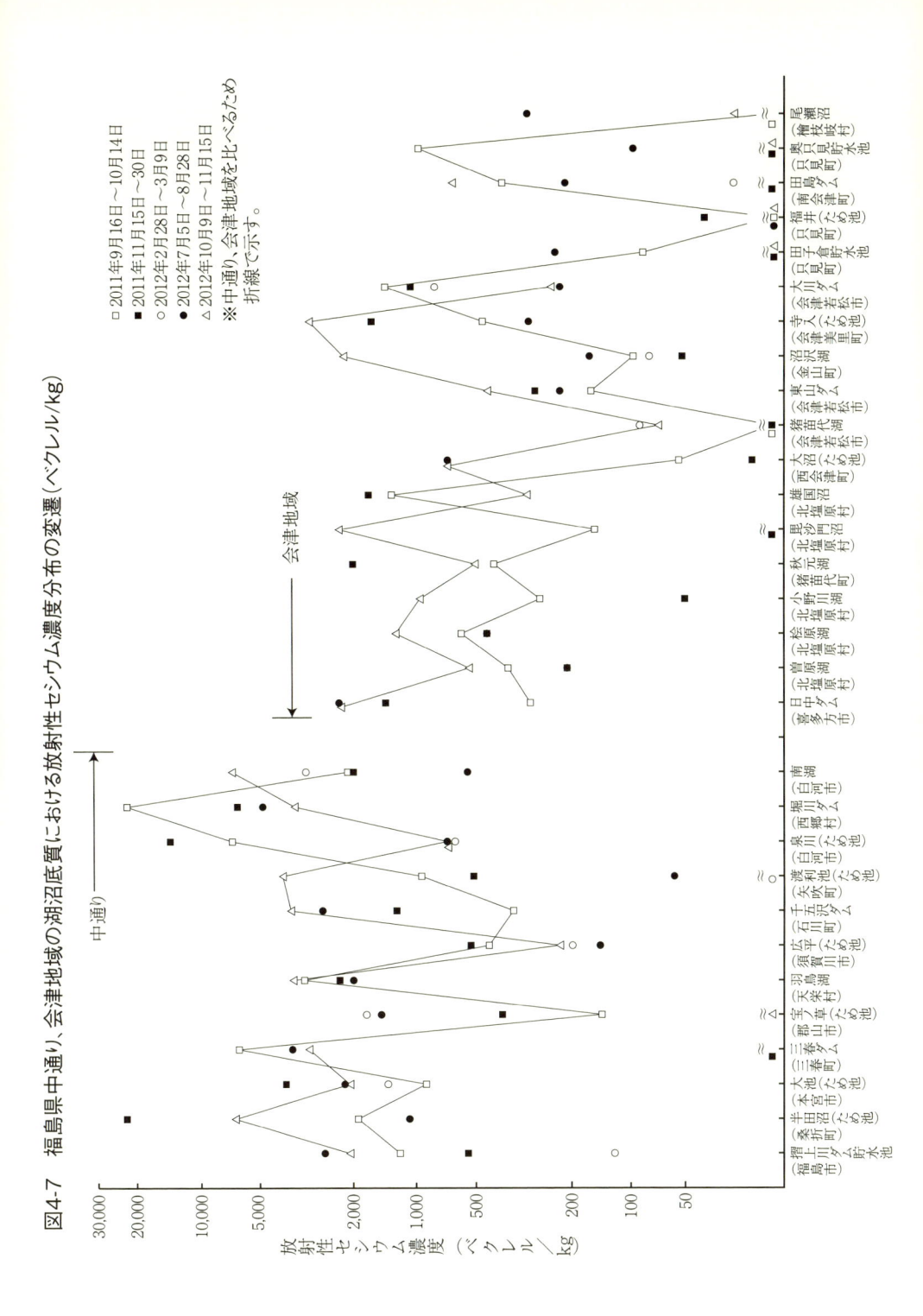

図4-7 福島県中通り、会津地域の湖沼底質における放射性セシウム濃度分布の変遷（ベクレル/kg）

ここでは中通りと会津地域の湖沼を取り上げる。図4-7に中通りと会津地域の湖沼の底質における放射性セシウム濃度の分布を示す。全般的に見れば、中通りの方が会津地域よりも高い。汚染源との距離や、高濃度汚染した浪江町、飯舘村の周囲との距離からも当然の結果であろう。

中通りでは、北部と南部に2つのピークがある。北部では、桑折町の半田沼というため池で、11年11月16日、2万1900ベクレルという高い値が出ている。その後、やや下がるが、12年10月でも6800ベクレルとかなり高い。もう一つのピークは、福島県南部の白河市や西郷村にみられる。最高値は、11年9月30日、西郷村の堀川ダムでの2万2000ベクレルである。近くの泉川（ため池）でも11年11月、1万4000ベクレルが出ている。また南湖では、事故から1年半を超える時期に、最高値7200ベクレルを記録する。

これに対し、会津地域では、中通りの5から10分の1程度にとどまる。事故から半年後の11年9月での最高値は、大川ダム（会津若松市）の1450ベクレル、次いで雄国沼（北塩原村）1330ベクレルで、中通りの最高値と比べ一桁小さい。時がたつにつれ、むしろ上昇気味で、12年10月には、測定点の半分以上で、最高値が出ている。例えば、会津美里町の寺入（ため池）では、4100ベクレルと高い。事故から1年半以上を経過して、その地点での最高値が出るということは、その間、周辺の山間部からの輸送が継続し、湖底に蓄積されていることをうかがわせる。景勝地として知られる尾瀬沼では、12年7月、初めて320ベクレルという値が計測されている。

水産生物では会津地域の湖沼に関するデータがあるので、個々に見ていこう。

桧原湖（北塩原村）；11年5月13日、ワカサギが870ベクレルの最高値を示し、11年を通して14検体の平均は459ベクレルと高いままである。12年は、10検体で最高値は244ベクレル、平均115ベクレルとなり、前年の4分に1になる。13年2月には40ベクレルとなり、事故直後と比べ、10分の1以下である。ウグイは12年3月28日に570ベクレル、イワナは11年5月19日、159ベクレルという高い値が出ている。

小野川湖（北塩原村）：ワカサギが主であるが、11年11月2日、最高値

390ベクレルが出て、7検体で平均256ベクレルとかなり高い。これは、12年2月8日、214ベクレル、13年1月、76ベクレルと順次低下していく。他には、ウチダザリガニに11年6月2日、290ベクレルという値もある。

秋元湖（北塩原村、猪苗代町）；最高値はヤマメで11年10月19日、670ベクレルであるが、12年3月には360ベクレルとなる。半減したとはいえ、依然として高い。ワカサギは、11年10月に最高値290ベクレルが出る。12年3月までの7検体は、すべて基準値を超えており、平均233ベクレルもある。13年2月には、41ベクレルとかなり下がる。イワナは、12年2月29日、最高値450ベクレルが出ている。12年2〜3月にも3検体あるが、平均403ベクレルと依然として高い。その他、12年4月25日、ウグイ420ベクレル、ギンブナ260ベクレル、コイ190ベクレルも出ている。多種にわたり、基準値を超える状態が長期化している。

猪苗代湖：11年7月27日、ヤマメが170ベクレル、イワナ75ベクレルが出ている。その後の様子は不明である。

沼沢湖（金山町）；ヒメマスに基準値を超えるものが頻出している。11年8月、121ベクレルが出る。12年2〜4月になると最高値170ベクレルを含め、3検体で平均149ベクレルと返って高くなる。その他に、濃度としては、さほど高くはないが、ウグイ75ベクレル、イワナ66ベクレルという値がみられる。

図4-7で見ると底質濃度は、700〜1000ベクレル程度であるにもかかわらず、桧原湖、秋元湖では、ワカサギを中心に、ヤマメ、イワナなど500ベクレルを超えるものが多数出現した。時間の経過とともに、多くは4分の1程度に減少している。それでも、基準を超えてしまうものが出続けていることに変わりはない。

3　福島県を除く河川の底質、生物汚染

福島県を除いた各県の河川について、北から順に汚染状況をみていく。

1　北上川水系、及び気仙川・大川

岩手県の汚染は、大きく2つの地域に存在する。第1は、北上川水系の

中流域に当たる奥州市から一関市であり、もう一つは宮城県気仙沼につながる釜石市、陸前高田市に係る領域である。

北上川は、その源を岩手県岩手町御堂に発し、北上高地や奥羽山脈から発する猿ヶ石川、和賀川など多くの支川を合わせて岩手県を南に流れ、一関市下流の狭窄部を経て宮城県に入る。その後、登米市柳津で旧北上川に分派し、本川は新川開削部を経て追波湾に注ぐ。旧北上川は宮城県栗原市栗駒山に発する迫川を合わせて平野部を南流し石巻湾に注いでいる。総延長249km、流域面積1万150km^{2}の東北地方随一の一級河川である。

図4-8に北上川水系、及び気仙沼周辺の河川底質の放射性セシウム濃度の分布を示す。北上川で汚染が問題になり始めるのは、中流域の奥州市藤崎あたりから南である。同市衣川橋で11年12月23日、570ベクレルある。一関市で合流する砂鉄川の観音橋では、1年半を経過した12年12月4日に1040ベクレルが出ている。さらに宮城県側に入り、下流に行くほど高くなる。最高値は、11年10月10日、迫川の山吉田橋（登米市）で1730ベクレルがでている。大崎市の轟橋でも1560ベクレルある。

一方、岩手、宮城県境の海辺に近い気仙沼周辺には、かなり高い地域がある。11年10月4日、面瀬川の尾崎橋（気仙沼市）で2200ベクレルがでた。この後は、全体的に低下し、400～700ベクレルで変動するが、13年1月29日、670ベクレルと再び高くなる。11年10月の調査では、他の地点でも各地点の最高値が出ており、大川でも700～1000ベクレルが見られる。例えば、岩手、宮城の県境で11年12月22日、990ベクレルと高い。

これらの汚染は、図2-1（裏表紙）の表面沈着量の分布で、宮城県北西の栗原市、岩手県一関市から、さらに気仙沼市にかけ1平方メートル当たり3～6万キロベクレルの汚染域が存在することに起因する。

生物の汚染について、まず北上川水系を北から順に見てみる。花巻市の猿ケ石水系で12年6月11日、ウグイに100ベクレルが出ている。ウグイは、北上市の和賀川では、12年6月8日の61ベクレルが最も高い。その南の金ヶ崎町では、12年3月19日、148ベクレルが、さらに奥州市では、12年4月27日、ウグイに180ベクレルが出ている。この年、奥州市では

図4-8 北上川水系等の底質における放射性セシウム濃度分布の変遷（ベクレル/kg）

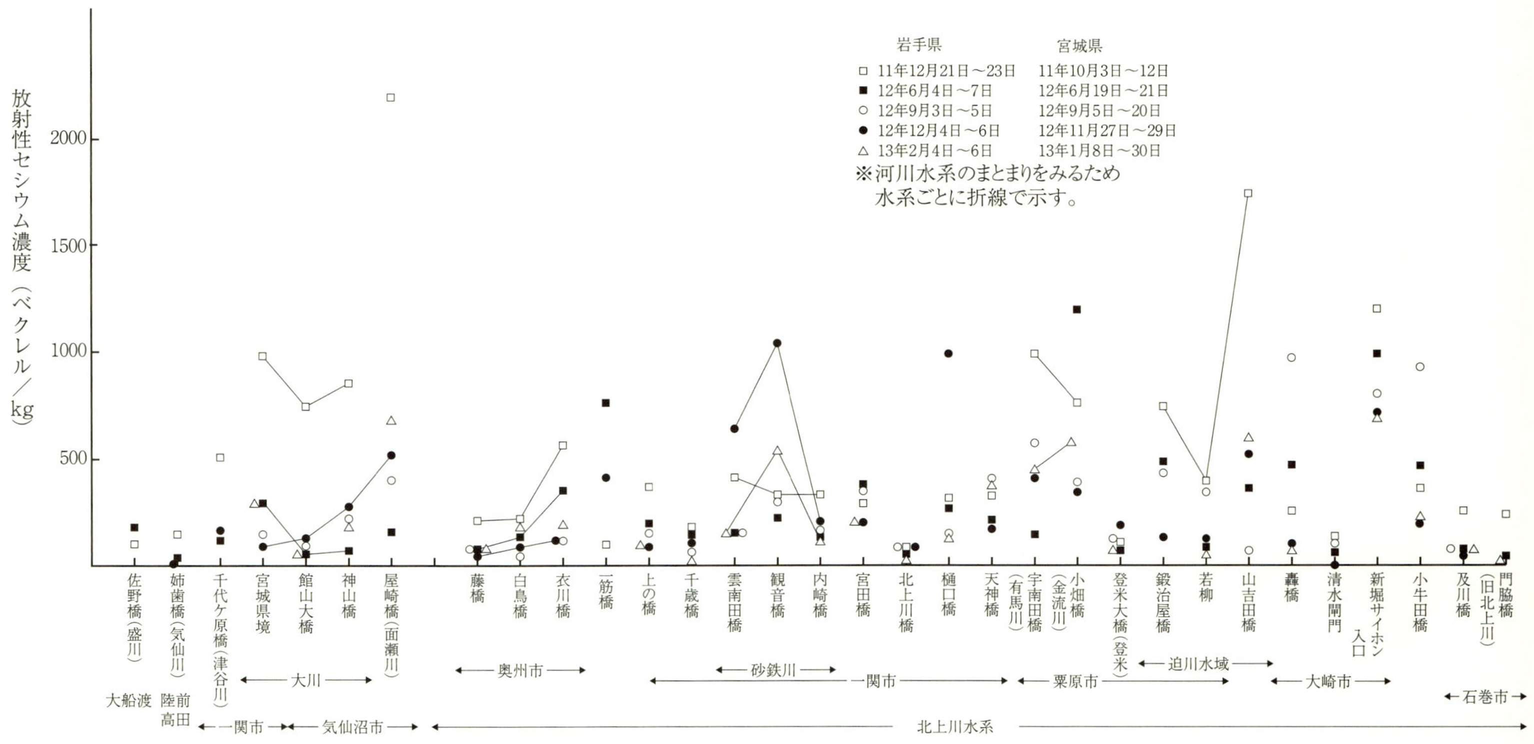

ウグイが8検体あるが、平均60ベクレルで、基準値を超える2つを除くと、他はかなり低い。また12年3月27日、ヤマメに178ベクレルもみられる。
　岩手県の生物汚染で最も高いのは、県境に位置する一関市である。特に北東側から北上川に合流する砂鉄川で高い。12年2月27日、ウグイが240ベクレルで、6月8日には最高値310ベクレルが出現する。イワナも似た傾向で、12年6月8日に最高値200ベクレルとなる。ヤマメは、12年2月27日、113ベクレルであるが、4月に40ベクレル台へと下がり、10月には検出限界未満となる。
　宮城県に入ると栗原市が高い。11年9月14日にはイワナ5ベクレルであったが、12年になり急増する。5月17日、三迫川支流で北上川水系で最も高い530ベクレルが出る。8月31日にも410ベクレルと続く。ウグイは、12年6月7日、170ベクレルである。アユは、同時期、比較的低く、38〜68ベクレルの範囲にある。栗駒山系などへの放射能の降下が、1年強の時間をかけて、徐々に中流域に影響し、生物の高濃度汚染をもたらしていることがうかがえる。
　その南の大崎市も似た傾向がみられ、イワナは12年4〜7月にかけて200ベクレルを超えるものが複数出ており、最高値は7月11日の230ベクレルである。ウグイでは、12年5月24日、最高値270ベクレルがみられる。
　平地に入り登米市では　アユに代わるが、検出限界未満を含めて15ベクレル以下である。栗原市と登米市の境界に位置する伊豆沼では、11年12月、オオクチバス66ベクレル、12年6月、ウナギ44ベクレルなど、やや低めである。これより下流の北上川に関するデータはない。
　第2の汚染地域が釜石から気仙沼にかけてみられる。中心は気仙川（岩手県）と大川（宮城県）である。気仙川では、上流の住田町において12年3月27日、ウグイに151ベクレルが出る。同日にはヤマメも99ベクレルであるが、6月に61ベクレル、11月に検出限界未満と順次、下がる。河口に近い陸前高田市では、ウグイで、12年6月11日、190ベクレル、13年1月23日にも110ベクレルが出ている。事故から2年を経過しても、基準値を超える状態が継続している。
　釜石市では、小河川で12年3月19日、イワナ96ベクレル、ウグイ90

ベクレル、さらに12年6月25日、ヤマメ92ベクレルと、どれも基準値すれすれの値が出ている。

宮城県気仙沼市の大川では、11年5月17日、ウグイが110ベクレルを記録する。アユは19〜41ベクレル、ヤマメも6〜26ベクレルと、あまり高くはない。

これらは、事故直後に、福島原発から太平洋に北東方向に運ばれ、女川原発の測定機に検知され、気仙沼あたりから内陸に向かって輸送され、栗駒山系や北上山地に降下した放射能群による汚染と考えられる（図2-1裏表紙）。

2　宮城県内の河川

宮城県内には、北部の北上川、南部の阿武隈川という大きな一級河川に挟まれる形で、中小規模の河川がある。北から順に、砂押川、七北田川、名取川、白石川、及び阿武隈川河口域における底質の放射性セシウム濃度を示したのが図4-9である。

宮城県内での最高値は、11年10月14日、七北田川の高砂橋（仙台市）での1万1100ベクレルであるが、12年6月には600ベクレルまで低くなる。七北田川は、仙台市北西部の奥羽山脈に源を発し東流し、仙台平野に達して仙台湾に注ぐ二級河川である。

次いで、名取川水系の増田川の小山橋（名取市）で、11年10月26日、5200ベクレルが出ている。名取川は、仙台市太白区西部の奥羽山脈神室岳（標高1356m）に源を発し、仙台市及び名取市を流れ、広瀬川を合わせ仙台湾に注ぐ一級河川である。ここも、12年6月以降は200ベクレル前後にまで低下する。その下流の毘沙門橋では、11年10月、1140ベクレルなのが、時間の経過とともに徐々に高くなり、12年9月25日には3700ベクレルと最高値となる。この経過は、中流域から、徐々に放射能が下流域に移動していることを示唆する。

七北田川の北方の砂押川では、11年10月14日、念仏橋（多賀城市）で2900ベクレルが出ている。近くの貞山運河（旧砂押川）でも12年9月21日、2200ベクレルが出て、かなり高い。

南部の阿武隈川の支流である白石川では、上流の砂押橋で、11年10月

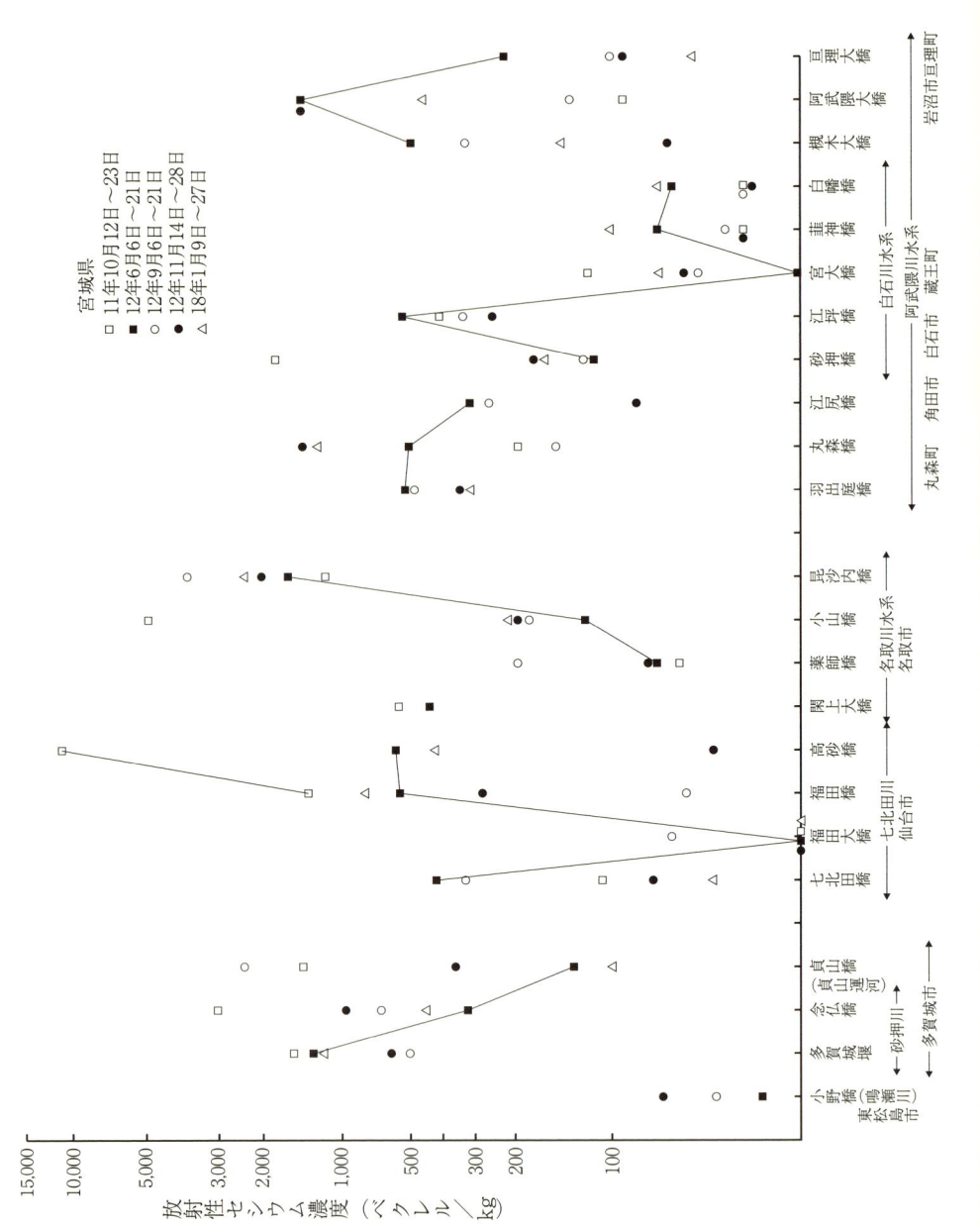

図4-9 宮城県内河川の底質における放射性セシウム濃度分布の変遷(ベクレル/kg)

182　第4章　河川・湖沼の放射能汚染

24日、この地点の最高値1730ベクレルが出る。その後、低くなるが、白石川全体としては、上流が高く、阿武隈川との合流地点付近では100ベクレル以下となる。

　宮城県内の阿武隈川では、丸森橋160〜1400ベクレル、河口付近の阿武隈大橋で、90〜1400ベクレルと変動している。

　生物の汚染を見ると、仙台市太白区を流れる名取川で、かなり高い値が見られる。イワナは、ほとんどが基準値を超え、最高値は12年7月13日の460ベクレルである。12年4月〜5月の11検体の内、10検体は基準値を超え、平均205ベクレルである。他には、ウグイ59ベクレル、ヤマメ51ベクレル、アユ5〜20ベクレルである。事故から1年以上が経過する中で、徐々に影響が出てきているようにも見える。

　白石川上流の蔵王町では、12年3月、イワナ、56〜69ベクレルであったが、5月に120ベクレル、7月に130ベクレルが出現する。さらに13年3月1日にはヤマメに190ベクレルとこれまでの最高値が出る。事故から2年を経過して、なお濃度が上昇している。下流の白石市では、11年6月9日、アユで114ベクレルが出ているが、その後はデータがなく不明である。

3　久慈川と多賀水系

　茨城県に入り、北から河川を見ると、まず北茨城市から日立市までの多賀水系がある。多賀川という河川があるわけではないが、阿武隈山地の南部に位置する多賀山地を水源とするいくつかの中小河川（里根川、花園川、大北川など）を総称して多賀水系という。源流が阿武隈山地の南部にあることから、やや高い濃度が認められる。

　その南にあるのが久慈川である。久慈川は、源を茨城県、福島県、栃木県との県境に位置する八溝山（標高1022m）に発し、山間部を北東へ流れて、福島県東白川郡棚倉町に至り、これより南流し、茨城県那珂郡山方町に至って向きを東に変え、山田川、里川などの支流を合わせ、日立市と東海村の間で太平洋に注いでいる。総延長527km（幹川124km、支川403km）、流域面積は約1490km^{2}である。

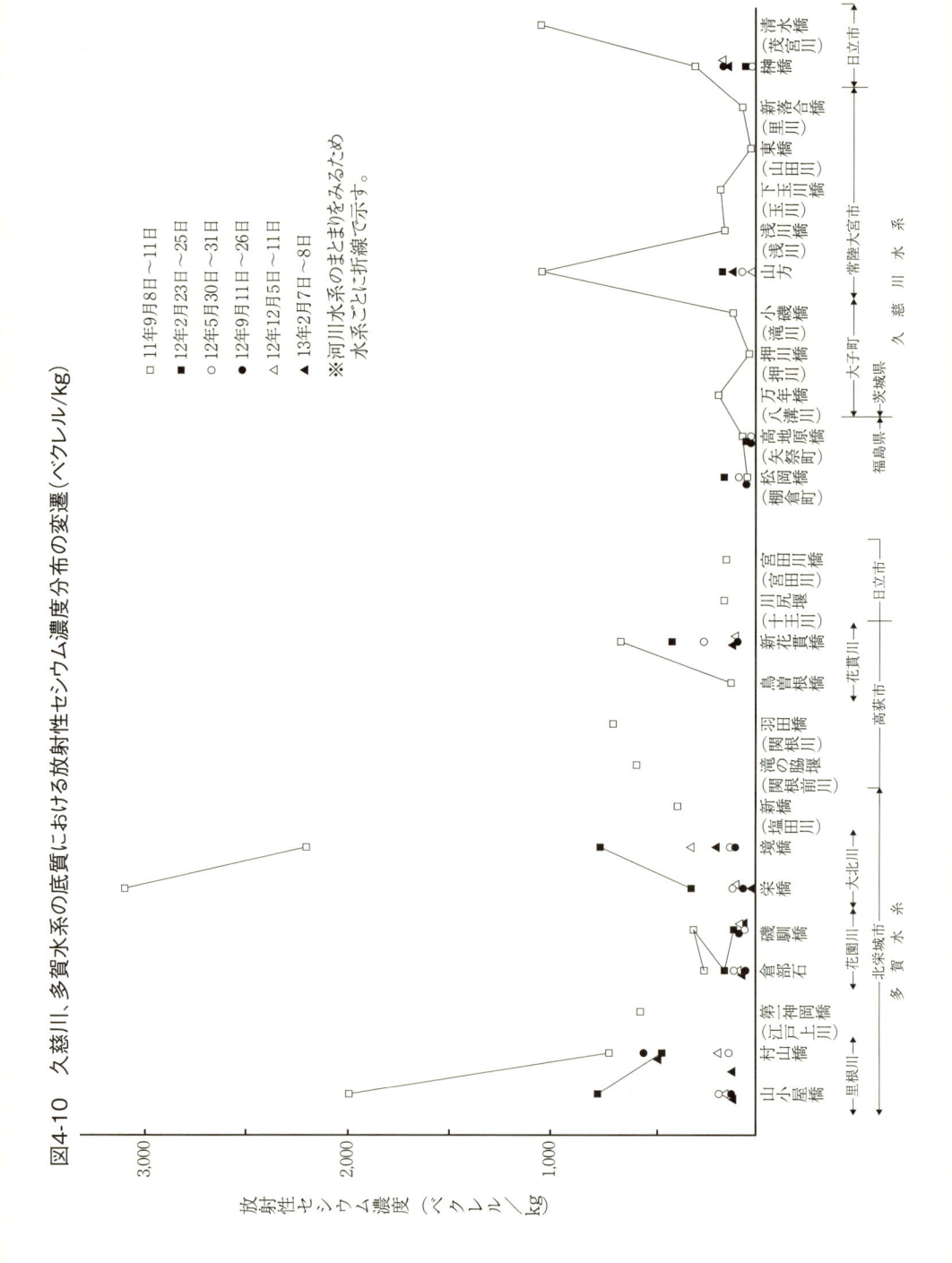

図4-10 久慈川、多賀水系の底質における放射性セシウム濃度分布の変遷（ベクレル/kg）

図4-10に両水系における底質の放射性セシウム濃度を示す。大北川の栄橋（高萩市）で、11年9月9日、3100ベクレル、境橋で2200ベクレルが出ている。次いで、里根川の山小屋橋（北茨城市）で、11年9月8日、2000ベクレルが見られる。その他は、すべて800ベクレル以下で、南へ行くにつれて徐々に低くなる。全体的に11年9月が最も高く、時間の経過とともに低くなる。例えば、大北川での2000～3000ベクレルは、12年2月には300～700ベクレルへと、急激に低下する。
　久慈川水系では、11年9月11日、中流域の山方（常陸大宮市）、河口付近の清水橋で、ともに1040ベクレルが出ている。これらは、12年2月には大きく低下し、全般的に200ベクレル以下となる。両者に共通するこの傾向は、事故直後に放出され、山間部から平地へと運ばれてきた放射能の多くが、1年内に海へと運ばれていたものと考えられる。

　生物の汚染について見ると、多賀水系では、北茨城市の花園川の水沼ダム上流でイワナ、ヤマメ、アユに高濃度のものが出ている。早くに影響が出るのはアユで、11年6月1日、230ベクレルが見られる。その後、12年5月～7月には10～29ベクレル内へとかなり下がる。これに対し、イワナは、12年3月26日、さらに4月6日に、ともに330ベクレルという高い値が出ている。ヤマメも12年4月6日、最高値240ベクレルが出る。
　久慈川水系は、多賀水系よりもやや低い。上流の塙町（福島県）では、11年5月13日、ウグイに85ベクレルという値が出る。茨城県に入り、大子町では、アユが11年5～7月にかけて83～90ベクレル内にある。ウグイは、12年3月、50ベクレルである。常陸大宮市では、11年5月28日、アユで73ベクレルが出ている。そうした中で、最下流の常陸太田市で、11年5月20日、アユの174ベクレルが出ている。基準値を超えるのは、これだけであるが、河川全体を通じて、やや高い濃度が見られるものの、基準値を超える程には汚染されていない。上流の福島県南部が比較的、高い汚染地域からはずれているためと考えられる（図2-1、裏表紙）。

4　那珂川と涸沼川水系

　那珂川は、栃木県北部の那須町の那須岳山麓を源とし栃木県東辺部を南

に流れ、茨城県を南東に流れてひたちなか市と大洗町の境界部で太平洋に注ぐ、延長150km、流域面積 3270km² の一級河川である。魚類が豊富で、江戸時代にはサケが遡上する河川として知られ、初夏にはアユを捕獲する多数の観光やなが設置される。

　涸沼川(ひぬまがわ)は、笠間市（水戸市の西隣り）の国見山に源を発し、涸沼に流入する那珂川水系の支流である。涸沼流出後は北東に流れを転じ、水戸市と大洗町の境を流れながら河口付近で那珂川に合流する。涸沼は、茨城町、鉾田市、大洗町の境に位置し、潮汐によって海水が沼の中まで流入し、海水と淡水が混じる汽水湖である。このため豊富な魚類が生息し、シジミ漁も盛んである。

　図4-11に那珂川、涸沼川水系の底質における放射性セシウム濃度を示す。那珂川は、下流に向けて濃度が高くなっていく。最高値は下国井（水戸市）で、11年9月12日、5500ベクレルを記録する。ここでは、その後、12年2月には100〜250ベクレルへ急激に下がる。次いで、11年9月11日、河口に近い勝田橋で、同10月3日、柳沢橋で、それぞれ4400ベクレルという高い値が出る。その後は、両者とも時間の経過とともに低下していく。柳沢橋では事故から2年後の13年2月7日、890ベクレルである。

　栃木県側で高いのは田中橋で、11年10月10日、1440ベクレルである。さらに上流では、高雄股橋（那須町）で、11年10月23日、650ベクレルが見られる。同地点では、その後は低下して、200ベクレル前後で推移する。ただ、これらのピークは、どれも11年9月の調査時のもので、その後は、河口域の勝田橋付近を除き、すべての領域で低くなり、50〜200ベクレルの範囲で変動している。そうした中で、柳沢橋だけは13年2月でも850ベクレルという高値が残っている。

　涸沼川は、全般的にさほど高くない。最高値は、11年10月3日、涸沼橋で630ベクレルで、ここでは、事故から2年後の13年2月7日においても560ベクレルという値が保持されている。

　生物汚染では、那珂川の上流である那須塩原市で、12年2月24日、ヤマメに基準値を超える203ベクレルが出る。同日、那珂川の支流である箒(ほうき)川(がわ)でも156ベクレルのヤマメが出ている。これらは徐々に低下し、13年2

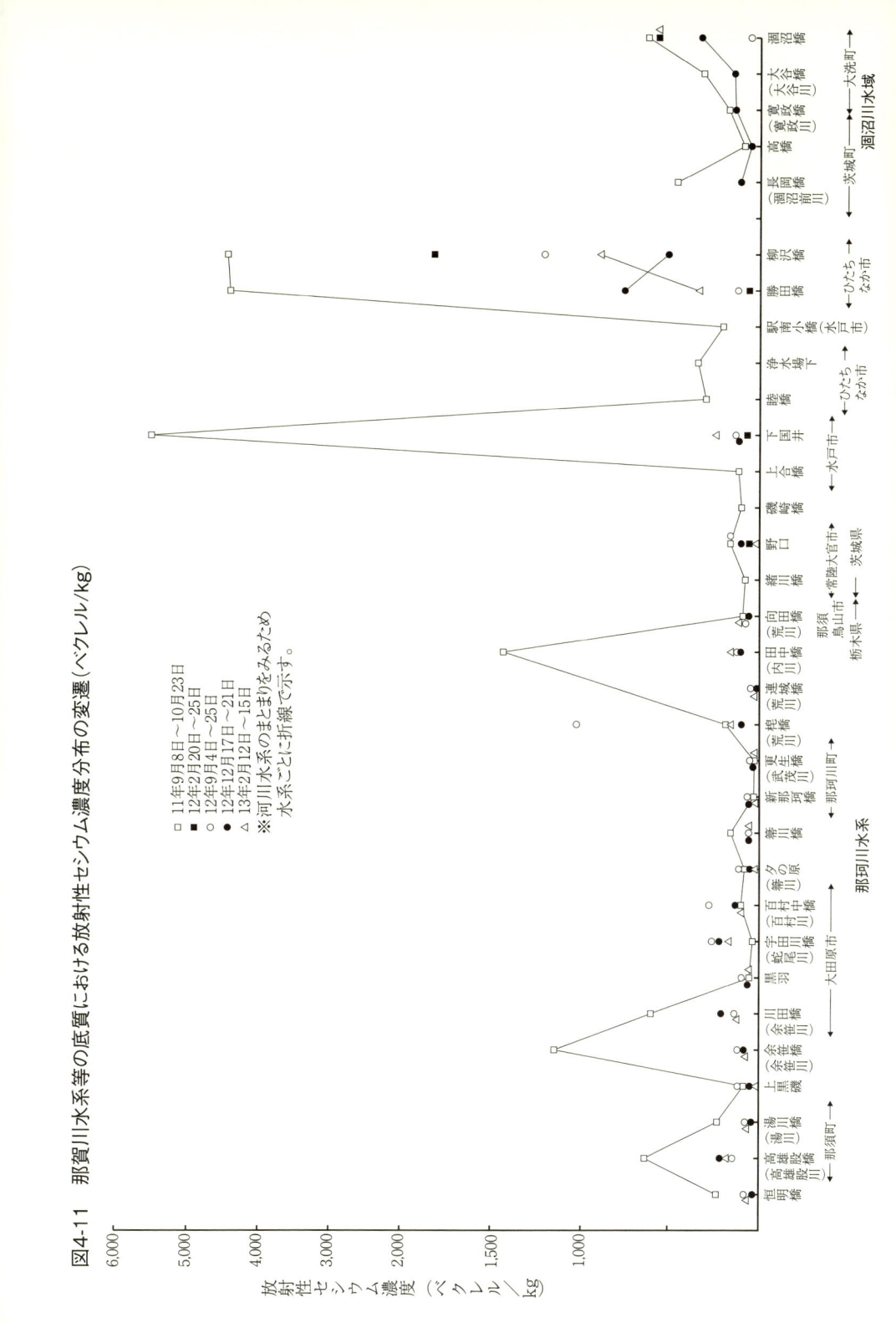

図4-11 那賀川水系等の底質における放射性セシウム濃度分布の変遷（ベクレル/kg）

～3月には検出限界未満になる。ウグイも、12年5月8日には、100ベクレルが出ているが、13年3月には23ベクレルとなる。その下流の大田原市では、12年4～6月にかけ、ウグイに120ベクレルが3回も出ており、多くが基準値を超えている。図2-1（裏表紙）の沈着量分布をみても、太田原市周辺は6万ベクレル/m²以上の放射能が降下しているところである。それでも、12年10～12月にかけ、17検体が18～57ベクレルの範囲内へと低下する。この傾向はアユにもみられる。

　那珂川町では11年8月17日、アユの最高値360ベクレルが出る。9月になり、やや低下するが、それでも201、193ベクレルと高い。12年5月になると、アユは、ほとんどが検出限界未満となる。ウグイは、最高値が12年5月の71ベクレルで、基準値を超えるものはない。那須烏山町でも状況は似ている。11年7月13には、アユで240ベクレルという高い値が出ている。ウグイでみると、12年2月、83ベクレルであるが、13年3月には14ベクレルへと下がる。

　茨城県に入り、常陸大宮市では、12年5月24日、ウナギで140ベクレルが出る。ウナギは、河口近くのひたちなか市で12年7～10月にかけて24～31ベクレルである。

　那珂川の上流は、山間部にかなりの放射能が降下した地域のため、事故から半年間くらいは、アユ、ヤマメ、ウグイなどに基準値を超えるものが出現していた。しかし、12年になり、さらには13年になるにつれ、濃度は早い速度で低下している。

　涸沼川では、ヤマトシジミの最高値が11年4月7日の68ベクレルである。事故から1カ月たたない段階で、シジミからこれだけの濃度が出ていたということは、笠間市など周辺の山間部に降下した放射能（裏表紙、図2-1）に汚染されたプランクトンを餌として摂取していたと考えられる。涸沼では、12年5月1日、ウナギから100ベクレルが検出された。

5　鬼怒川と小貝川

　鬼怒川(きぬがわ)は、栃木県日光市の鬼怒沼に源を発し、宇都宮市東部、真岡市西部を経て茨城県に入り、筑西市、下妻市、常総市、守谷市を流れ、守谷市と千葉県柏市、野田市の境界部で利根川と合流する一級河川である。総延

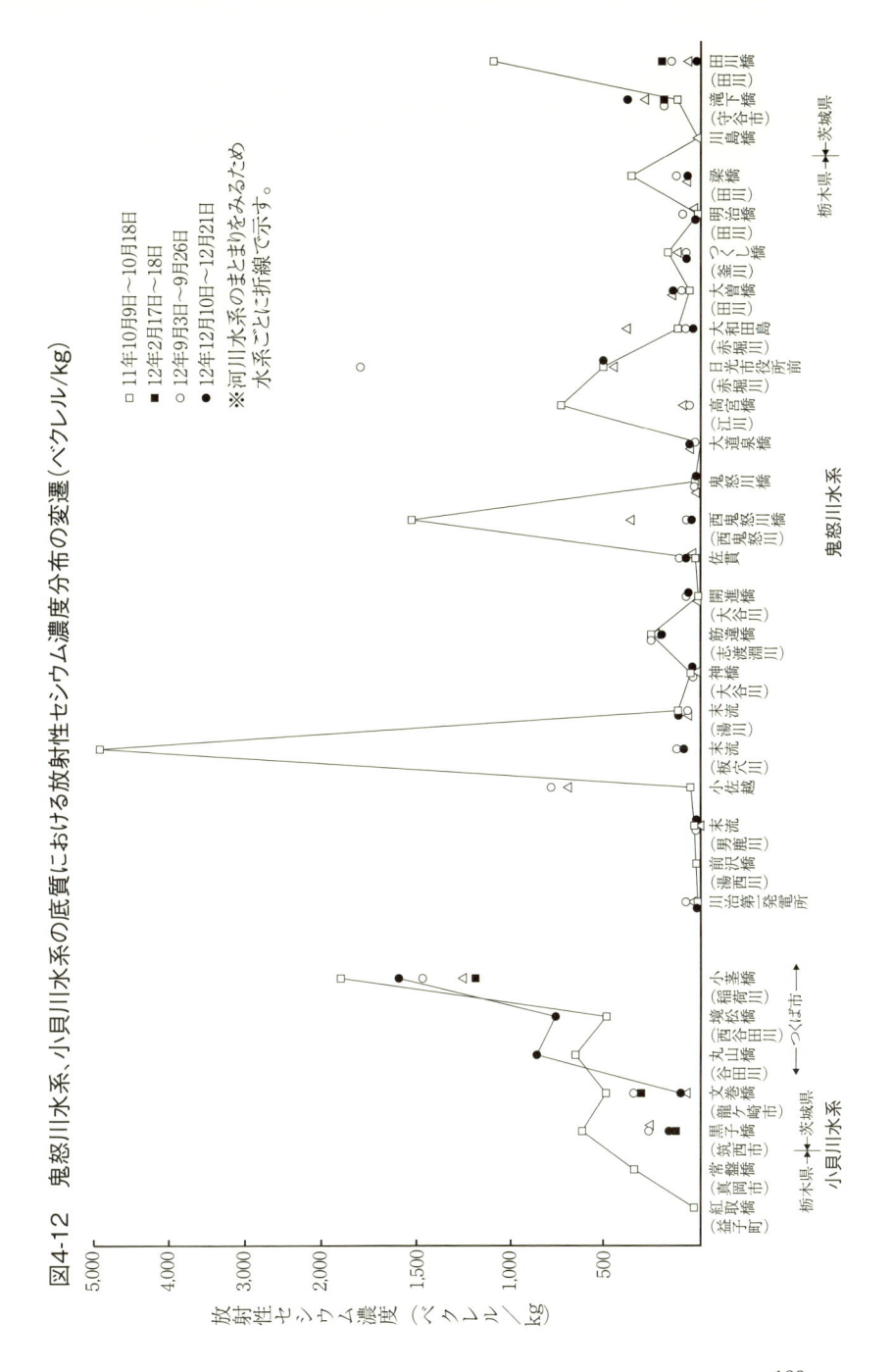

図4-12 鬼怒川水系、小貝川水系の底質における放射性セシウム濃度分布の変遷（ベクレル/kg）

長 176.7km、流域面積 1760.6km² で、利根川の支流の中では最も長い。

小貝川は、那須烏山市の小貝ヶ池に源を発し、関東平野を北から南へと流れ、取手市と我孫子市の境界で利根川へ合流する。全長111.8kmで、利根川の支流中で第2位の長さがある。

図4-12に鬼怒川、小貝川の底質における放射性セシウム濃度を示す。鬼怒川の最高値は、板穴川の末流で、11年10月9日、4900ベクレルが出る。12年9月には、100ベクレル台まで減少し、そのまま推移する。同時期、西鬼怒川橋では1520ベクレルが出ている。12年9月3日、支流である赤堀川の日光市役所で、1780ベクレルが出る。茨城県側では、田川橋（筑西市）で、11年10月8日、1080ベクレルという高い値が出ている。これらのピークは11年内のもので、それを除くと100ベクレル前後のところが大部分である。

小貝川では、栃木県益子町の紅取橋で42ベクレルと低いが、下流に行くにつれて徐々に高くなる。最高値は、利根川の合流点に近い稲荷川の小茎橋で、11年10月6日、1900ベクレルが出ている。ここでは、13年2月においても1240ベクレルと高いまま推移している。

鬼怒川水系の生物の最高値は、12年3月28日、ヤマメに、日光市の鬼怒川で396ベクレルが出る。それでも、同日、上流の男鹿川、大谷川では、同じヤマメから検出限界未満という例もあり、個体によるばらつきがある。男鹿川では、12年3月に224、116ベクレルなどかなり高いものが断続的に出現している。しかし、13年3月14日になると、ほとんど検出限界未満となる。ニジマス、ワカサギは、ヤマメより低く、かつ時間の経過とともに低下している。

宇都宮市の鬼怒川では、事故直後の11年5月13日、アユで420ベクレルという高い値が出ている。同年9月2日には112ベクレルと下がり、12年5月以降になると多くは検出限界未満となる。ウグイでは、12年4月25日、72ベクレルが最高値で、6月には20ベクレルにまで下がる。全体として鬼怒川は、ヤマメ、アユ、ウグイで11年9月までの半年間、基準値を超えるものが出ていたが、1年後には、多くの種で大幅に低下している。小貝川に関する生物データは見られない。

6　渡良瀬川、吾妻川と烏川

　群馬県を中心に利根川上流域の支流として、渡良瀬川、吾妻川、烏川をとりあげる。渡良瀬川は、群馬県、栃木県、茨城県、埼玉県の4県にまたがる利根川の支流である。群馬と栃木の県境にある皇海山(すかいさん)に源を発し、みどり市、桐生市、足利市を通り、栃木市藤岡町で渡良瀬遊水地をとおり、茨城県古河市で利根川に合流する。桐生川や巴波川(うずまがわ)、思川(おもいがわ)など23の支川を合わせると、長さは107.6km、流域面積は2621km^{2}となる。吾妻川(あがつまがわ)は、群馬県吾妻郡嬬恋村の長野県との境界に位置する鳥居峠に源を発する。吾妻郡内を東に流れ、渋川市で利根川に合流する。烏川は、高崎市倉渕町の鼻曲山に源を発し、おおむね南東に流れる。高崎市を経て群馬・埼玉の県境を成し利根川に合流する。

　図4-13に渡良瀬川、吾妻川、烏川の底質における放射性セシウム濃度を示した。この中の最高値は、思川水系の小藪川の小藪橋（鹿沼市）で、11年10月15日に出た940ベクレルである。同地点では、その後、70ベクレルにまで低くなる。

　渡良瀬川では、上流の沢入発電所取水堰で50ベクレル前後で推移するが、下流に行くにつれて徐々に高くなる。最高値は、11年10月14日、三杉川末流（佐野市）で540ベクレルである。しかし、11年10月を除くと、その後は、ほとんどが100ベクレルを前後する程度である。事故直後の放射能の沈着が半年間ほどは継続していたとみられるが、放射能の多くは、河川により下流に輸送され、ゼロにはならないが、かなり低くなったままの状態が保持されている。

　利根川に対して、西側から流入するのが吾妻川、烏川水系である。この水系での最高値は、烏川の岩倉橋（高崎市）で、12年9月12日、720ベクレルである。次いで、吾妻川の吾妻橋（渋川市）で、12年8月29日、610ベクレルが見られる。この2つを除くと、全体的には200ベクレル以下である。

　生物の汚染をたどると、渡良瀬川支流の思川水系では、鹿沼市の大芦川で、ウグイに、12年4月25日、最高値142ベクレルが出ている。ウグイは、

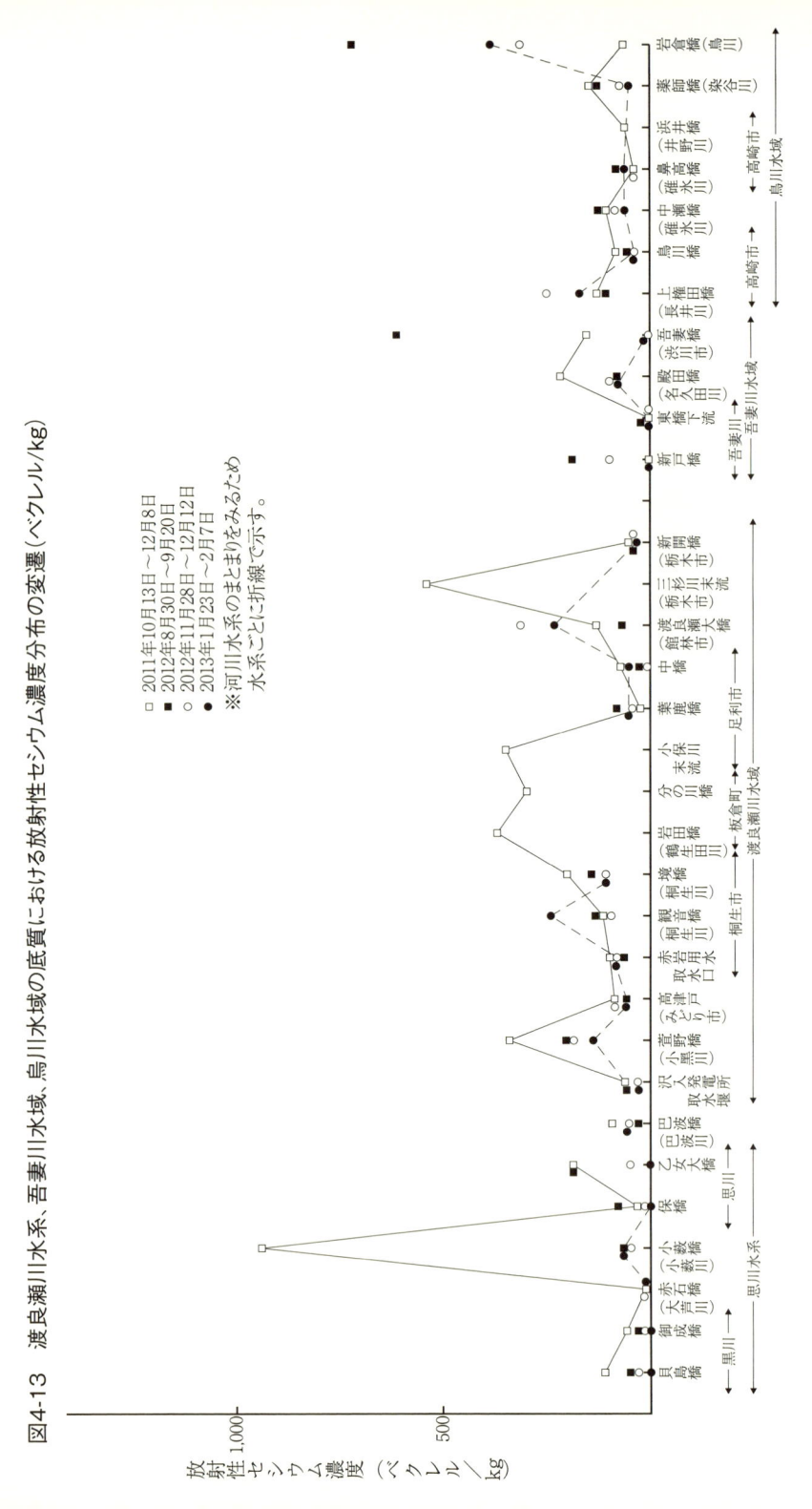

図4-13 渡良瀬川水系、吾妻川水域、烏川水域の底質における放射性セシウム濃度分布の変遷（ベクレル/kg）

同年3月28日にも103ベクレルが出るが、それ以外は、基準値より低い。ヤマメも、同様に同市の永野川で、12年9月3日、最高値140ベクレルが出る。3月8日には、134ベクレルも出ている。基準値を超えるのは、この2例だけで、他は検出限界未満から50ベクレルの間にある。

渡良瀬川水系での最高値は、上流のみどり市（群馬県）の小中川における、12年3月21日、ヤマメの490ベクレルである。ただし、12年4月以降は、検出限界未満となる。栃木県佐野市の渡良瀬川では11年5月30日、アユに200ベクレルという高い値が出ている。しかし、その他のデータがなく、全体像は不明である。

吾妻川水系では、かなり高い値が出ている。支流の沼尾川（渋川市）で、12年2月27日、ヤマメで336ベクレルの最高値が出る。4月20日には260ベクレル、6月15日、150ベクレルと順次、低下する。ただし大部分の検体は検出限界未満である。また東吾妻町の温川では、12年3月16日、イワナで147ベクレル、ヤマメで131ベクレルの同河川では共に最高値が出る。イワナは13年3月29日には26ベクレルへ、ヤマメも12〜17ベクレルへと下がる。

烏川水系では、イワナが12年2月27日、高崎市の烏川で最高値166ベクレルを記録する。同日、ヤマメは、46ベクレルである。12年4月以降は、大幅に下がり、値が出ても10ベクレル未満である。

7　利根川と江戸川

利根川は、三国山脈の一角にある大水上山（標高1840m、群馬県みなかみ町）を水源として関東地方を南東へ流れ、銚子市の北側で太平洋に注ぐ一級河川である。総延長は約322km（日本第2位）、流域面積は約1万6840km^2（日本第1位）であり、日本を代表する河川の一つである。「坂東太郎」の異名を持ち、首都圏の水源としても重要な役割を有している。利根川の派川である江戸川を含め、利根川の底質における放射性セシウム濃度を示したのが、図4-14である。上流を構成する群馬県内では、利根大堰を含めて、50〜300ベクレルの間で変動し、あまり高い値はない。茨城県に入る栗橋で、急に高い値が出始め、佐原（千葉県）あたりまで、上昇していく。上流から順に最大値を並べてみると、栗橋1440ベクレル（11年9

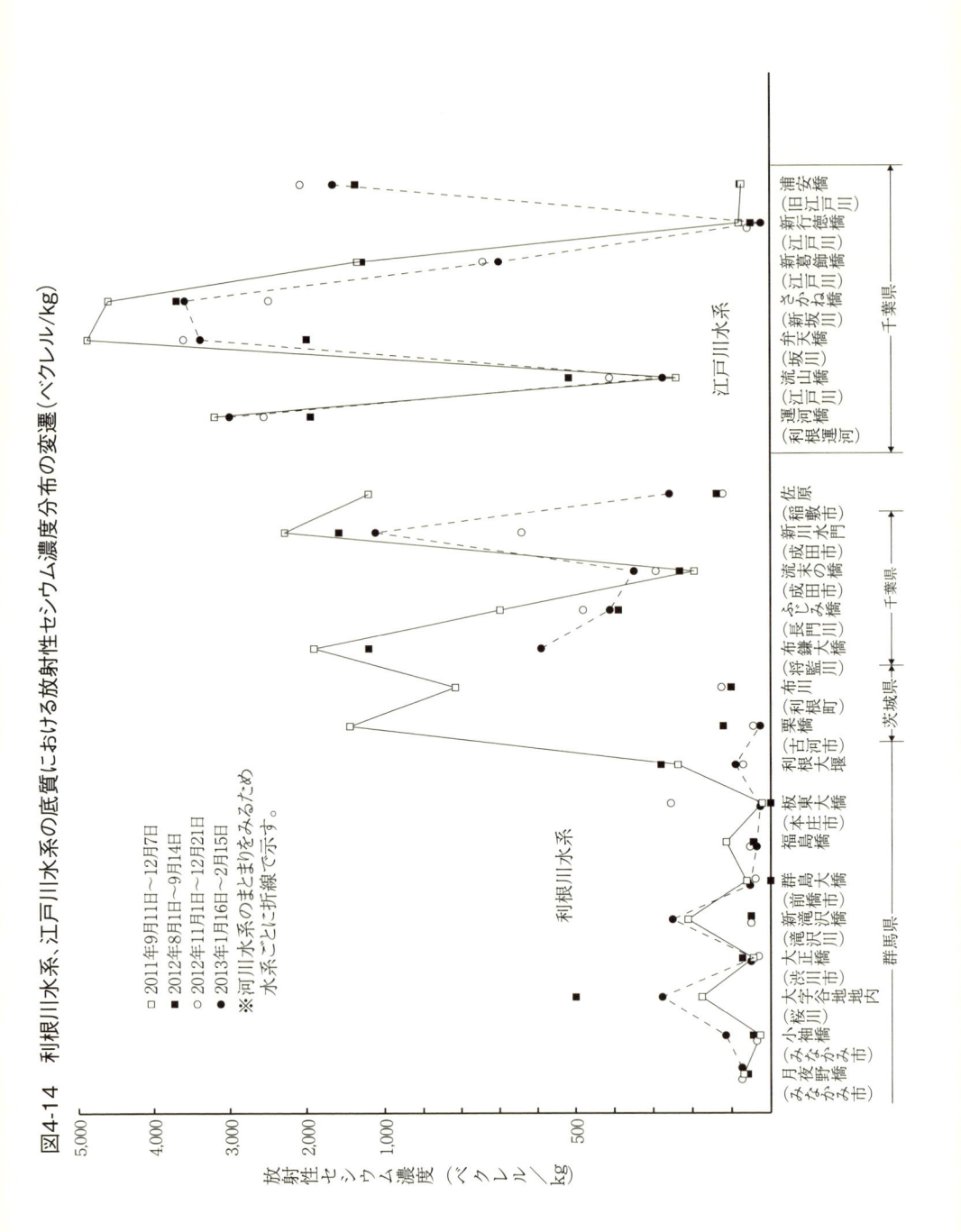

図4-14 利根川水系、江戸川水系の底質における放射性セシウム濃度分布の変遷（ベクレル/kg）

194　第4章　河川・湖沼の放射能汚染

月11日)、布鎌大橋1910ベクレル (11年11月4日)、新川水門2300ベクレル (11年11月1日) である。その後も、時間の経過とともに下がる地点もあるが、布鎌大橋、新川水門はあまり低くならない。

　これに対し、江戸川は、中流域で相当高い値が出ている。坂川の弁天橋 (松戸市) で、11年11月3日、最大値4900ベクレル、同日、さかね橋で4600ベクレルを記録する。この両者は、時間の経過とともに、少しずつ低下するものの、2000ベクレルを超えたままである。ただし、海に近い新行徳橋は、一貫して100ベクレルに満たない。

　旧江戸川の浦安橋では、11年11月4日には75ベクレルと低いが、12年8月に1000ベクレルを超え、同年11月14日には2050ベクレルと高くなる。江戸川水系の高濃度は、利根川やその支流の濃度分布から推測すると、群馬県など利根川の上流域から放射能が輸送されたというより、図2-1からもわかるように江戸川に近接した柏市や松戸市などの高濃度汚染地帯に源があると考えざるを得ない。

　生物汚染に関し、利根川の最上流で最も高いのは、川場村の桜川である。ここでは、11年4月19日、ヤマメ、イワナなど、どれも検出限界未満であった。ところが、12年2月27日になり、ヤマメ299ベクレル、イワナ212ベクレルなどが続出する。桜川では、6月8日、イワナで360ベクレルという最高値が出る。ただし12年3月以降は、大部分が検出限界未満であり、個体差が大きい。すぐそばの沼田市の利根川上流では、12年2月27日、ヤマメで59ベクレル、イワナでは12年3月16日、48ベクレルである。前橋市に入ると赤城白川で、12年3月12日、ヤマメ350ベクレルとかなり高い値が出ている。

　下流では、香取市 (千葉県) で、12年6月1日、ウナギに基準値を超える130ベクレルが出ている。

4　湖沼における放射能汚染

　湖沼では、地形や水の交換能力等により大きく様相が異なるが、それぞれに特有な汚染が認められる。ここでは福島県を除いた湖沼について扱う。

1 群馬県、栃木県の湖沼（赤城大沼、中禅寺湖、榛名湖など）

　群馬、栃木両県には、火山性の小規模な湖沼が多数存在する。例えば赤城大沼は赤城山にあるカルデラ湖で、標高 1345m の赤城山頂にある。面積は 88ha、深さは最も深いところで 16.5m である。日光市にある中禅寺湖は、2 万年前に男体山の噴火でできた堰止湖である。湖沼に関する環境省データに基づいて底質の放射性セシウム濃度を図示したのが図 4-15 である。

　群馬、栃木両県の湖沼の底質で 3000 ベクレルを超えるのは、5 地点ある。最高値は、藤原湖（群馬県みなかみ町）で、11 年 12 月 1 日、4600 ベクレルという値が出ている。次いで栃木県の五十里ダム（日光市）で、11 年 10 月 18 日、4400 ベクレルである。11 年に高いのは、この 2 点である。これに対し、12 年 9 ～ 10 月の測定で最大値が出た地点が 3 カ所ある。碓氷湖では、12 年 9 月、4100 ベクレル、隣りの霧積湖でも 3700 ベクレルという高い値が出ている。みなかみ町の赤谷湖でも、12 年 9 月、3800 ベクレルが見られる。事故から 1 年半以上を経てから最大値が出たということは、事故後、どこからか時間をかけて移動してきたことが考えられる。赤城大沼も、12 年 11 月 8 日、最高値 1480 ベクレルが出る。中禅寺湖は、12 年 8 月 28 日、最高値 1180 ベクレルが出るが、13 年 2 月 12 日にはやや下がり、710 ベクレルとなる。

　一方、群馬県の榛名湖、荒船湖、栃木県の川俣ダム、深山ダムは 100 ベクレルを超えることはなく、一貫して低い。群馬県の神流湖、栃木県の湯ノ湖、渡良瀬川貯水池などは、それよりやや高いが、ここも 200 ベクレルを超えることはない。

　これらの分布は、図 2-1 のセシウムの表面沈着量の分布図と多くの場合、よく対応している。しかし、群馬県の碓氷湖や霧積湖の高濃度は、沈着量分布での様子と必ずしも一致していない。ここは、最大値が出るのが、事故から 1 年半を経た時点であることも含めて考えると、この間に、他所から移動してきたものが含まれていると考えないと解釈できないように思われる。

　生物の汚染では、赤城大沼が著しい。13 年 3 月までに 27 検体あるが、

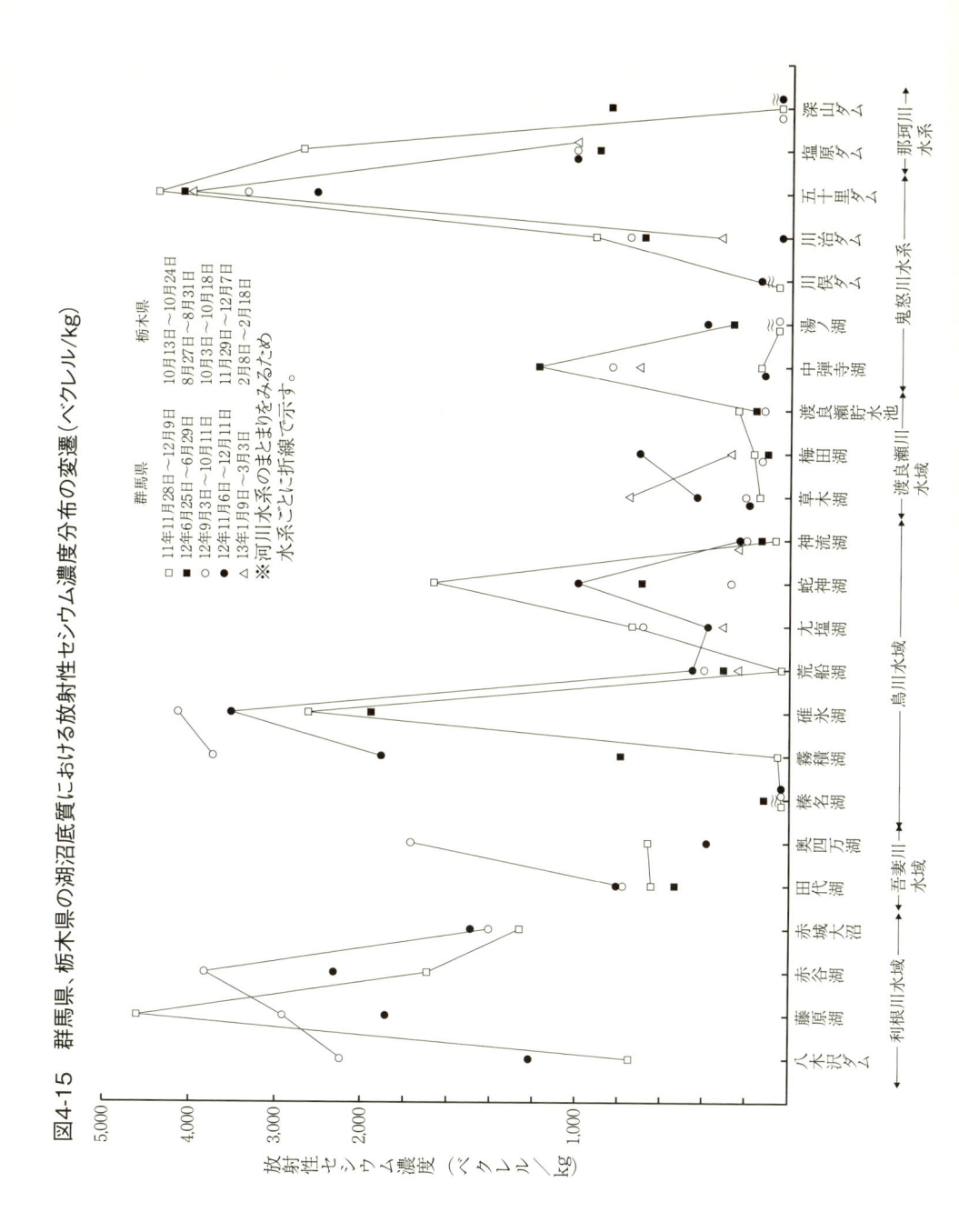

図4-15 群馬県、栃木県の湖沼底質における放射性セシウム濃度分布の変遷（ベクレル/kg）

そのすべてが基準値を超えている。これは極めて異例なことである。最も検体が多いワカサギでは、11年9月12日、650ベクレルの最高値が出る。その後、12年2〜3月、370〜480ベクレル、平均446ベクレル、13年1〜3月、160〜180ベクレル、平均167ベクレルと徐々に低下していく。ワカサギは、1年が寿命なので、年を経れば、新たな個体が生きていることになるが、それでも基準を超えるということは、湖底や周辺環境が汚染され、餌となるものが汚染され続けていることを示唆している。

　ウグイは、11年9月12日、最高値741ベクレルが出ている。イワナの最高値は、12年1月30日の768ベクレルである。11年9月20日、563ベクレルであったが、時間が経過するごとに濃度が高くなるという異例な変遷をしている。

　赤城大沼は、地形がお盆状のため、湖水の交換が悪く、その結果、底質は、それほど高濃度でもないのに、放射能が停滞しやすくなって、生物の濃度が高くなり、かつ減少速度も遅くなっているものと考えられる。赤城大沼漁協は13、14年と釣り自体は解禁しているが、ワカサギをその場で食べたり持ち帰ったりしない条件で釣りを認めている。岸にはワカサギの回収箱が用意されているという悲しい現実が続いている。

　中禅寺湖は、生息する生物種がかなり異質である。最も高いのはブラウントラウトである。これは、別名ブラウンマスと呼ばれ、サケ目サケ科に属する。最高値は、12年3月8日の280ベクレルである[※9]。その後徐々に減少し、9月8日には175ベクレルとなる。ところが、13年3月14日、210ベクレルが現れ、再び上昇した。13年9月27日には、130ベクレルでやや下がった。ヒメマスは、事故直後の11年5月13日、54ベクレルとさほど高くない。事故からほぼ1年後の12年3月8日、196ベクレルへと増加し、これが最高値となる。その後は徐々に低下するが、12年9月、140ベクレル、13年3月、130ベクレルと依然、基準値を超えている。ニジマスは、11年のデータがないが、12年3月8日、最高値169ベクレルが出る。12年9月、99ベクレル、13年3月、52ベクレル、13年6月、再び120ベクレルへと上昇している。ワカサギは、11年9月8日、最高値175ベクレルが出る。その後、12年9月3日、83ベクレル、13年10

※9　『下野新聞』2012年3月9日。

月3日、71ベクレルと徐々に低下してはいるが、まだかなり高い。最高値は300ベクレル弱で、赤城大沼と比べ極端に高い値が継続しているわけではないが、多くの種で基準値を超えたままである。

榛名湖では、事故から丸2年がたつ13年2月1日、ワカサギに340ベクレルと、相当に高い値が出た。泥の濃度は100ベクレルに満たないので、それよりも高い汚染が、寿命が短い生物に出るというのは解釈が難しい。火山湖であるが故の湖水の交換が悪いことが要因と考えられる。榛名湖漁協は、氷上ワカサギ釣りの解禁を見送る苦しい決定をし続け[※10]、事故から丸3年にわたり生業を営むことができないままである。

また桐生市の梅田湖では、11年9月12日、ワカサギから222ベクレルが検出された。みどり市の草木湖でも、11年9月22日、ワカサギに189ベクレルが出ている。

2　霞ヶ浦（西浦）、北浦

霞ヶ浦は、茨城県南東部から千葉県北東部に広がる湖で、西浦・北浦などの各水域の総体をいう。面積は220.0km^{2}で日本第2位の広さで、流域面積は2156.7km^{2}と広く、茨城県の面積の約35%を占める。平均水深は約4mと浅い。西浦は、面積約172km^2、最大水深7mで、狭義の霞ヶ浦である。一方、東に位置する北浦の面積は約36km^{2}と小さい。

霞ヶ浦に係る河川、及び湖の底質における放射性セシウム濃度を図4-16に示す。西浦に流入する河川では、勝橋、神天橋、備前川橋の順に高い。最高値は、12年2月21日、清明川の勝橋（阿見町）での5800ベクレルである。11年9月時点では1400ベクレルであったが、その後、半年間で急に高くなった。さらに12年9月に、再び1800ベクレルに低下したが、13年2月には再び高くなり、大きく変動している。次いで、新川の神天橋（土浦市）では、11年10月3日、5500ベクレルの高い値が出ている。その後、1000ベクレルを下回るが、13年2月には2300ベクレルあり、ピーク時の4割ほどが保持されている。さらに備前川の備前川橋では、12年5月30日、4800ベクレルとなっている。他の多くの場所で、事故直後が最も高く、時間の経過とともに低くなっていくのと異なり、むしろ、1年と

※10　『朝日新聞』2013年2月3日。

図4-16 霞ヶ浦に係る河川・湖沼の底質における放射性セシウム濃度分布の変遷（ベクレル/kg）

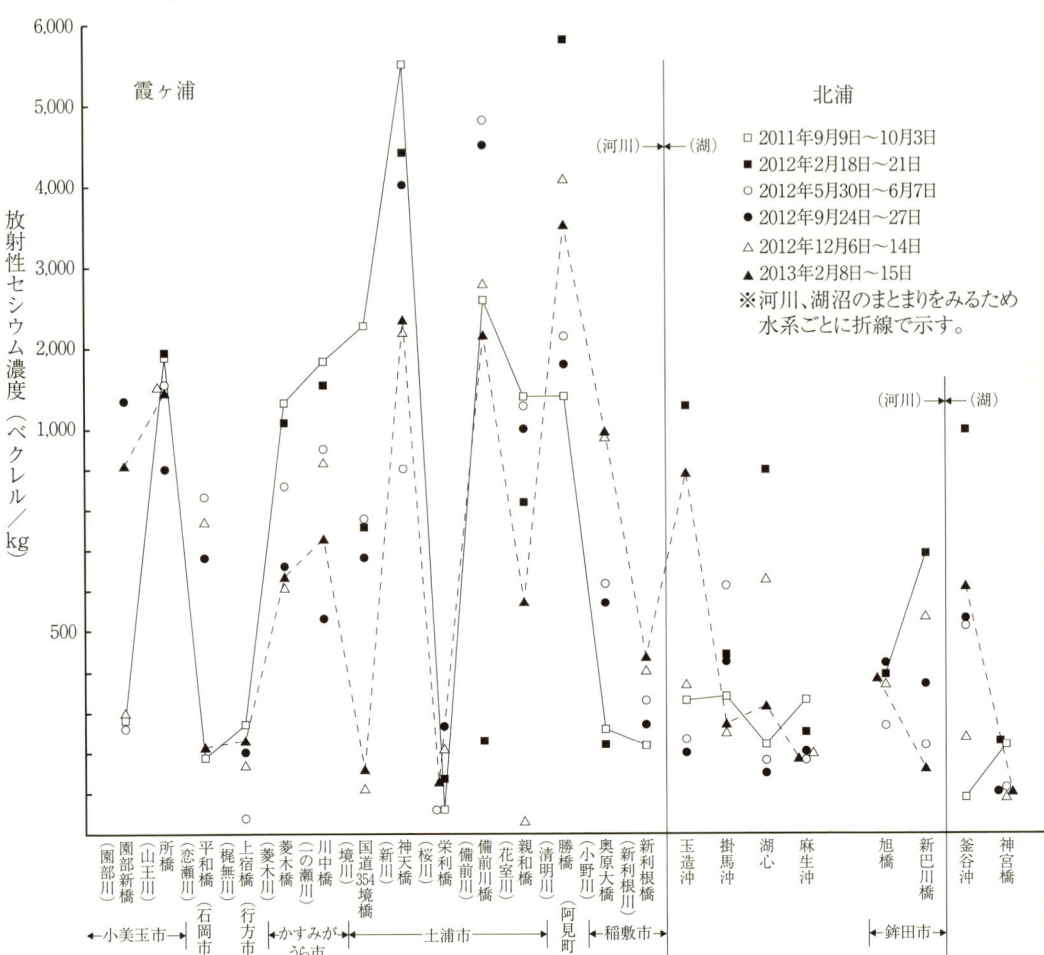

か経過した後に最高値が出て、2年たっても、あまり低くならない。この3地点は、西浦の西、ないし南西部に位置する。図2-1からわかるように、その南側には、セシウムの表面沈着量が1平方メートル当たり6万〜10万ベクレル以上の汚染がスポット的に広がっている地域である。そこから霞ヶ浦に放射能が流入している結果と理解することができる。

これに対し、北浦では、河川の最高値は、12年2月20日、新巴川橋（鉾

田市）での690ベクレルである。西浦の最高値の約8分の1である。河川の水源域の汚染度が低いということであろう。

　西浦の湖底濃度は、11年9月では一様に200〜300ベクレルであるが、半年後の12年2月になると、どこも上昇し、特に玉造沖で1300ベクレル（これが西浦の最高値）、湖心で900ベクレルへと増える。この変化は、河川からの流入が進んだことを意味する。北浦でも、12年2月10日には1000ベクレルが出ている。全体として西浦の方が北浦より高い。また河川濃度と比べ、湖底の濃度は、その5分の1以下である。

　生物の汚染も西浦の方がやや高い。西浦で最も高いのはアメリカナマズで、12年6月8日、320ベクレルが出る。事故から3カ月の11年6月14日は、検出限界未満であった。。この時点では、霞ヶ浦への河川からの供給と、生物がその影響を受けるまでには至っていなかったことがうかがえる。12年2月28日、119ベクレルという値がでるが、その後、4〜8月いっぱいまでは、基準値を超え、むしろ後半の方が200〜300ベクレルの間を変動している。コイは、12年5月29日、200ベクレルという最高値が出るが、12年9月には平均91ベクレル、12年12月には、平均81ベクレルへと低下する。ギンブナは、12年4〜6月、ほとんどの検体が基準値を上回り、6月8日に最高値190ベクレルが出る。

　検体数が多いワカサギは、11年7月30日、最高値123ベクレルが出る。その後、12年2〜3月、43ベクレル、13年2月、25ベクレルへと減少する。淡水のシラウオは、12年2月28日、最高値58ベクレルを記録する。

　これに対し、北浦では、基準値を超えるのは、11年7月30日、ワカサギが129ベクレル、12年2月28日にアメリカナマズ120ベクレル、ゲンゴロウブナ104ベクレルの3例だけである。後2者は、他にほとんどデータがなく、その後の推移は不明である。ワカサギは、12年3月、平均37ベクレル、13年2月、19ベクレルと順次下がる。他に、コイ、シラウオ、ウナギ、モツゴなども測定されているが、12年後半には多くは20ベクレル台となる。全体としてみると、西浦でアメリカナマズ、コイ、ギンブナが200〜300ベクレルのかなり高い値が出ているが、北浦では基準値100ベクレルを超える検体は数例にとどまる。

3　手賀沼と印旛沼

　我孫子市の南東に位置する手賀沼は、もともと大きな沼であったが、干拓事業によって約8割の水域が消滅し、北と南に分離されている。北の水域を手賀沼（上沼）、南を下手賀沼（下沼）という。流域面積148.85km^2、流域内の人口は約48万人である。

　下総台地の中央に位置する印旛沼は、戦後の干拓によって2つの細い水路でつながった池に分かれ、面積は半分以下に減少している。それでも湖沼としては千葉県内最大の面積を有する。流域面積は487.18km^2。印旛沼の水は北印旛沼から長門川を下って利根川へ合流する。

　手賀沼、印旛沼に関わる河川、及び湖の底質における放射性セシウム濃度を図4-17に示す。手賀沼への流入河川における底質の濃度は、全般的にみて極めて高い。最高値は、大津川の上沼橋（柏市）で、12年5月2日には2万200ベクレルという、福島県浜通り以外では見られない高さである。ここでは、事故から丸2年たつ13年1月18日、1万4200ベクレルが出て、高いままの状態が続いている。次いで大堀川の北柏橋（柏市）でも12年5月22日、1万2000ベクレルある。ここでも、13年1月18日に4200ベクレルが出ている。また亀成川の亀成橋（印西市）では、事故から2年を経た13年1月18日に、この地点での最高値5300ベクレルが出ている。手賀沼への流入河川に共通しているのは、事故から半年後の、事故に一番近い測定値よりも、その後に時間を経るごとに濃度が高くなっていることである。これは、図2-1（カラー図）からわかるように、柏市や八千代市など近隣の低高度の山間部に降下した放射能が、緩やかに河川や湖沼に移動していることを示唆している。

　河川の汚染度が高いことに対応して、手賀沼の底質は、どこも1000～8000ベクレルと相当高い。特に根戸下では、13年2月18日、最高値8200ベクレルが出た。ここでは、4回とも5300～8200ベクレルと高値が維持されている。移動や半減期による減少も含めて考えると、供給が持続していることを示唆する。

　手賀沼の生物は、流入河川、沼の底質の汚染度が高いことから、かなり

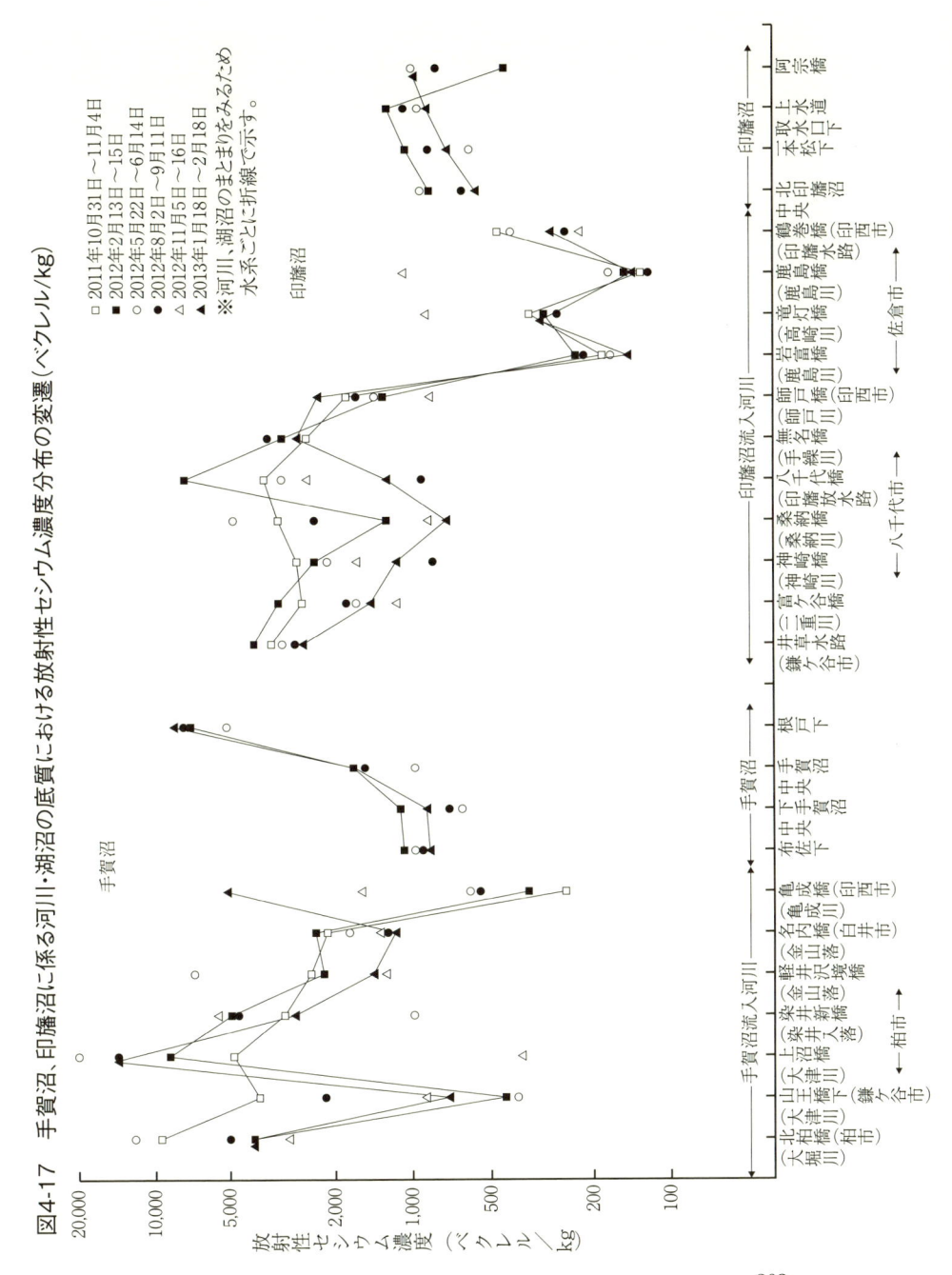

図4-17 手賀沼、印旛沼に係る河川・湖沼の底質における放射性セシウム濃度分布の変遷（ベクレル/kg）

高い[11]。データは断片的であるが、フナは12年3月19日、400ベクレルが出る。コイは、12年4月6日、330ベクレルである。ちなみにコイは、13年11月28日でも180ベクレルあり、まだ基準値を大きく上回っている。ギンブナも12年6月29日、240ベクレルと最高値が出るが、その後、12年11月26日、230ベクレル、13年11月28日、160ベクレルである。2年半を経過しても、あまり下る気配はない。11年のデータがあるのは、モツゴだけで、11年11月10日、115ベクレルがみられる。12年3月12日、171ベクレルと最高値を示し、11月26日には71ベクレルと、やや下がる。環境の汚染が、生物の濃度にも影響し、長期化している様子がみえる。

印旛沼は、手賀沼よりは汚染度は低いが、流入河川の底質は、どこも2000〜5000ベクレルという高レベルを維持している。最高値は、印旛放水路の八千代橋（八千代市）で、12年2月14日、7800ベクレルが出ている。次いで、桑納川の桑納橋（八千代市）で、12年5月24日、5000ベクレル、さらに井草水路（鎌ヶ谷市）で12年2月15日、4100ベクレルと高い。しかし、沼の東に位置する佐倉市側の各河川では、150〜300ベクレル程度にとどまっており、八千代市側と比べて一桁小さい。

印旛沼そのものの底質は、500〜1200ベクレルの範囲にある。最高値は、上水道取水口下で、12年2月14日、1250ベクレルある。これは、八千代市側の高レベルの河川からの流入が効いているためと考えられる。

手賀沼と比べ、底質濃度が低い印旛沼では、生物濃度も低く、基準値を超えるものは出ていない。最も高いのはギンブナで、12年7月6日、63ベクレルである。次いで、スジエビが、11年9月26日、59ベクレルある。モツゴは、最高値が11年9月15日の34ベクレルで、これも時間の経過とともに順次低くなっている。

以上より、手賀沼では、フナ、コイで300〜400ベクレルとかなり高いものが出現するが、印旛沼では基準値を超える種はない。生物の汚染度は、河川、沼の底質濃度に対応している。

---

[11] 『読売新聞』、2012年3月20日。

第5章 懸念される水圏(海洋と陸水)の長期汚染

1　福島原発の港湾内もれっきとした海

　2013年夏から表面化した福島第1原発からの汚染水の漏えい問題は、事故直後の構図が基本的に変わることなく継続していることを改めて思い知らせた。事故当時、メルトダウンし、原子炉や格納容器内に分散した溶融燃料の存在状態は、いまだつかめないまま、冷却作業を継続せねばならない構図は変わっていない。原発港湾内の、とりわけアイナメ、ムラソイ、シロメバルといった底層性魚は、アイナメの74万ベクレルを筆頭に、1キログラム当たり10万ベクレルを超える超高濃度の放射性セシウムを体内にため込んだまま、生存している。この現象がどのようなメカニズムにより生起しているかの明確な説明は誰からも行われていない。いずれにせよ海水、底質が高濃度に汚染され、餌となる動植物プランクトン、ゴカイなどの底生動物、小魚などが、相当な汚染に見舞われている中で、数次にわたる食物連鎖により起きていると考えられる。

　水産庁などは、セシウムの濃縮は、せいぜい10倍程度で、生物学的半減期が短いので高濃度に濃縮されることはないと説明してきた。その立場からは、現実に10万ベクレルを超える生物が、次々と発見されていることをどう解釈するのであろうか。3次にわたる食物連鎖が独立に起きるとすれば、1000倍にはなる。港湾口が北東に向けて狭くなっているため、海水交換が起きにくい[※1]ことも要因の一つであろう。ここに生息している生物群集は、身をもって福島事態による放射能汚染の過酷さを示し、我々に対して警告を発している。一方で、この港湾は、完全に閉じた系ではなく、外海とつながった系であり、れっきとした海の一部でもある。日々、海水が入れ換わり、生物の一部は、港の外に出て、外海との交流を続けているはずである。

　上記の高濃度汚染された魚群を生み出した汚染水による放射能の放出量は、事故から1～2カ月に放出された量と比べ、桁が4つは小さくなっている。当然にも、環境汚染の広がりは、初期に環境中に放出された物質群が、大気や水の運動に従って環境中を移動することに伴って起きてい

※1　図1-4参照（32頁）。

る。物質ごとの半減期に従って減衰していくとはいえ、決して消滅したわけではない。居場所を変えているだけである。しかも無機的自然だけではなく、あらゆる生物の体内に浸透している。本書では、第3章で海の底質、及び生物、第4章で河川や湖沼における底質、及び生物を対象に、できるだけ幅広く、かつ有機的に水圏における放射能汚染の実体をフォローすることを試みた。

　大気中に放出された放射能の約8割は太平洋に降下したと推定される。海水の放射能分布から日本海や西日本の太平洋岸にはほとんど降下しておらず、大部分が東側に降下している（図3-2）。残りのうち、一部は、偏西風という大気大循環により、太平洋をも超えて、グローバルに拡散したものはあるであろうが、その多くは、福島県をはじめ、周辺の1都8県など東日本を中心に陸域に降下した（図2-1、図2-2、裏表紙）。それらは、二次的な汚染源となり、雨に溶け、微粒子に付着しながら河川や風で輸送され、下流の河川や湖沼の底質を汚染し、結果としてあらゆる生物の体内に侵入していった。

2　世界三大漁場の放射能汚染

　海洋への放射能の負荷は、まず大気からの降下により起こった。放射性物質は、原発からの距離だけではなく、風の向きや強さ、頻度により、不均一に降下したであろう。いずれにせよ、面的に、あるいは帯状に短時間で広範囲にわたり海に入った。それらは、風や波により海水と混合し、分散しながら、流れに乗って移動した。少し遅れて、原発サイトからは、溶融した燃料に直接触れた高濃度の汚染水が流出し、海水と混合しながら、流れに乗って、拡散した。この2つがほぼ同時に起こったわけである。

　放射能が流入した海が、世界三大漁場の一つであることは、極めて重大、かつ深刻な問題である。この漁場は、11年3月11日の東日本大震災の震源となった断層面とほぼ重なる。青森県の下北半島沖から千葉県銚子沖に至る南北約500km、東西約200kmに渡る広大な海域である。ここでは、グローバルな亜熱帯循環流の一部としての暖流・黒潮と栄養豊富な寒流・親潮がぶつかり合い、大規模な潮境が安定的に形成されている。

潮境とは、水温や塩分などが異なる水塊が接しあう前線（フロント）域（図3-5）のことである。黒潮系水は北東へ向け、親潮系水は南西に向けて、それぞれ流れ、常に新しい海水を潮境に向けて輸送している。潮境には、表面に浮かぶゴミや泡がたまり、船上からも潮目の筋を確認できる。ここには、栄養塩やプランクトンが集積し、その餌を求めて暖流系、寒流系それぞれに特徴的な多くの魚群が集まる。世界的に見ても極めてまれな漁場となる[※2]。1951年、レイチェル・カーソンが、『われらをめぐる海』[※3]で、地球という星に固有な、惑星規模の海流として＜惑星海流＞という言葉で形容したいとしたグローバルな海流系が作りだす恵みの場である。多様な生命体と自然が織りなす海洋生態系のために太陽と地球が作り出す壮大な舞台である。

　福島事故が起きた時、潮境は、銚子から東に向けて延々と続いていた（図3-4、裏表紙）。福島原発沖には、親潮系水が張り出し、ゆっくりとした南への流れがあったと推測される。福島原発から海に流入した放射性物質の多くは、この流れに乗り、黒潮との潮境へ向けて輸送された。

　黒潮は、塩分は高いが、水温が高いため、親潮系水よりは軽い。親潮系水は、潮境に至ると黒潮系水の下に侵入する。そのため、福島県側にいる間は表層にあった高濃度の汚染水は、茨城県側に入ると下層に侵入し、密度の等しい面に沿って徐々に南へ張り出していった。その一部は、海底に堆積した（図3-6、表3-1など）。海水中にとどまったものは、黒潮続流に乗って東へ輸送され、グローバルな汚染に関与した。こうして福島事故は、世界三大漁場のなかでも最も大規模で、最も水産資源に富んだ世界屈指の好漁場を汚染したのである。この結果、福島県では、相馬双葉漁協やいわき漁協がタコなどかなり沖合での試験操業を除き、ほとんどの魚種で漁業自粛が続いている。さらにスズキ、クロダイなどは宮城・茨城県を含め、出荷制限が継続している。

　海洋生物は、個々の生物の生活史と放射能の海への流入の仕方に規定されて、様々な影響を受けた。共通の傾向を持ちつつ、それぞれに特徴がある。第3章で見た海洋生物の汚染状況に関して、最高値が出る場所と基

[※2]　湯浅一郎（2012）:『海の放射能汚染』、緑風出版。
[※3]　レイチェル・カーソン（1951）；『われらをめぐる海』ハヤカワ文庫NF。

準値を超える範囲の大きさ、最高値のレベル、時間的な経過の3つの要素で魚種ごとの分布の特性を表5-1にまとめた。まず事故直後に、高濃度に汚染されたのは、コウナゴ（イカナゴ幼生）に代表される表層性魚である。コウナゴは、11年4〜5月の事故直後、原発から南方へ50〜100km圏内を中心として1キログラム当たり1万4400ベクレルという高い値が記録されている。原発を起点とした海水の高濃度汚染は、11年8月末までには、当初の1万分の1程度にまで下がる。表層性魚や、軟体動物、甲殻類などは、これに対応して濃度が下がっていった。

時間的な経過から見ると、事故から3〜4カ月経過した11年7月〜9月、汚染はピークに達し、最多の48種が基準値を超えていた（表2-4）。そのなかの29種は底層性魚で、さらに11種が暫定規制値を超えていた。基準値を超える種数は、事故から1年後、31（16）種になり、2年後には19（5）へと減少していく。（ ）内は暫定規制値を超える種数である。

中層性魚で雑食性のスズキ、クロダイでは、高濃度のものが2年たっても広域的に存在している。特にスズキは、500ベクレルを超えるものの範囲が非常に広い。またクロダイも、1年を超えたあたりから、暫定規制値を超えるものが出現しだしている。アイナメ、メバル類、ソイの仲間など底層性魚で沿岸にいて、定着性が強いものでは、福島沖を中心に基準値を超えるものが多数、存在する。第1章でみたように、福島第1原発の港湾で超高濃度に汚染された魚種は、ほとんどこの仲間である。回遊魚では、初めの半年間は、マサバなどに基準値を超える汚染がみられたが、1年を経て基準値を超えるものはみかけなくなる。棘皮動物や軟体動物では、11年9月まで、ムラサキウニ、ホッキガイなどに500ベクレルを超えるものもあったが、1年後以降は、かなり低くなる。海水の濃度が高い期間は、高濃度であるが、海水中濃度の低下につれ、低くなる傾向がみられる。

最高濃度が出る地点は、多くの種が、原発の南側の近隣（広野〜四倉）である。南流が卓越していたことから、当然の結果である。表で、南側1は広野〜四倉に最高濃度が出る種で大多数はそこに属している。アイナメ、メバル、ソイ類を始め多くの魚種がこれに該当し、新地から北茨城までの約120kmに基準値を超えるものが多数出ている。「南側2」とは同じ南側でも、原発からやや離れた小名浜〜北茨城辺りまでの領域にピークがあ

表 5-1 海洋生物における放射能汚染の特性

	種名	(a)ピークの位置 南側1	南側2	北側	基準値超えの範囲 範囲	距離(km)	(b)最高値 1000Bq以上	500Bq以上	100Bq以上	(c)経時変化 事故直後高い	3カ月〜半年後高い	1年後が高い
表層性魚	イカナゴ	○			原釜〜日立	130	○ 14000			○		
	シラス		○		久之浜〜北茨城	60		○ 850		○		
	カタクチイワシ		○		小名浜〜北茨城	40			○ 170	○		
中層性魚	スズキ	○			金華山〜銚子	350	○ 2100					○
	クロダイ	○		○	東松島〜小浜	200	○ 3000					○
	サブロウ	○			双葉〜平藤間	60	○ 1500					○
	ニベ				新地〜ひたちなか	170			○ 390	○		
	マアジ	○	○	○	鹿嶋〜鉾田（点在）	210			○ 270	○		
	ウミタナゴ		○		楢葉〜小浜	40						○
	ホシザメ	○			四倉				○ 180			
底層性魚	アイナメ	○			新地〜ひたちなか	170	○ 3000					○
	シロメバル	○			原釜〜高萩	120	○ 3000				○	
	キツネメバル	○			原町〜勿来	70	○ 1500					
	ウスメバル	○			双葉〜神栖	170	○ 1500					
	クロソイ	○			富岡〜小浜	50	○ 2000				○	
	ムラソイ	○			広野〜小浜	30	○ 1100					○
	ヒラメ	○		○	仙台湾〜日立	250	○ 4500				○	
	アカシタビラメ	○			四倉〜平藤間	20			○ 250		○	
	マコガレイ	○			新地〜日立	150	○ 2500					○
	イシガレイ		○		亘理荒浜〜日立	200	○ 1000				○	
	マガレイ	○			原釜〜高萩	120			○ 400		○	

	種名				分布						
	ババガレイ	○			原釜～日立	130	○ 1500				○
	ムシガレイ	○	○		原町～江名	70		○ 550			○
	メイタガレイ	○			広野～勿来	40			○ 400	○	
	ヌマガレイ			○	新地～久之浜	90		○ 550			○
	クロウシノシタ		○		鹿嶋～勿来	80			○ 400		○
	マダラ			○	新地～大洗	350		○ 500			○
	エゾイソアイナメ	○			原釜～鹿嶋	250	○ 1700			○	
	ホウボウ	○		○	原釜～日立	130			○ 450	○	
	マゴチ	○			鹿嶋～勿来	80		○ 600			
	ケムシカジカ			○	原釜～沼の内	90		○ 710			○
	コモンカスベ	○			新地～北茨城	120	○ 1700			○	
	ショウサイフグ		○		広野～北茨城	50			○ 250		
	マアナゴ	○			原町～勿来	70			○ 360		○
回遊魚	マサバ			○	原釜、ひたちなか	170		○ 200		○	
	スケトウダラ	○			双葉～楢葉	20		○ 110			○
軟体動物	ホッキガイ	○			四倉～沼の内	30	○ 900			○	
棘皮動物	キタムラサキウニ	○			久之浜～北茨城	50	○ 1500			○	

る種である。その中で、クロダイ、マアジ、ヒラメ、ヌマガレイ、マダラ、マサバ、ホウボウ、ケムシカジカの8種は、原発の北側の新地から原町辺りに最高値が出ている。これらは、回遊性があるとか、自力で動く傾向があるものとみられる。とりわけ前4種は、宮城県以北でも基準値を超えるものが出ている。しかも南への広がりも相当あるので、結果として基準値を超える範囲は200〜350kmと広い。スズキは、最高値が2100ベクレルで、金華山から銚子まで基準値を超えている。

　マダラは、最高濃度は500ベクレル程度であるが、放射能が検出される範囲は最も大きく、特に北への広がりが極めて大きい。例えば、根室沖で31ベクレル（12年2月6日）、16ベクレル（12年8月24日）、釧路十勝沖24ベクレル（12年10月30日）、日高沖40ベクレル（13年4月30日）、室蘭沖53ベクレル（11年12月13日）、70ベクレル（12年1月15日）、胆振(いぶり)沖43ベクレル（13年4月4日）、20ベクレル（13年5月14日）などが継続して出ている。魚介類で10ベクレルを超えるものの北限として北海道北東部の沖合まで汚染の影響が出ており、他の種には見られない現象である。これは、海水の流れに加えて、魚自身の遊泳力により、北方への広がりが加わっているものと推測される。

　また、海岸生態系への影響などについては、まだほとんど調査結果が出てきてない。そうした中で、福島第1原発から南へ30kmの広野までの海岸において、小さな巻貝であるイボニシ（裏表紙、写真①）が見つからないという研究結果が、2013年水産学会春季大会において国立環境研究所の堀口らによって発表されている。岩手県久慈から千葉県銚子までの海岸において、空白区は、ここだけであることから、事故に伴う放射能汚染が要因である可能性を含めて、今後のフォローが必要であろう。

3　東日本の広い範囲にわたる河川・湖沼の底質、生物汚染

　内水漁業の出荷停止や操業自粛は表2-6に示したように、14年3月3日現在、福島県をはじめとして、岩手県から東京都までの1都8県の広範囲に及んでいる。大気経由で運ばれた放射性物質が、山間部を中心に高濃度で地表面に沈着し、それが雨に溶け、風で輸送される中で、河川、湖沼の

生物に取り込まれている状態が、極めて広範囲に発生しているのである。
　河川における汚染状況を表5-2に示す。底質汚染が1キログラム当たり1万ベクレルを超えるのは、請戸川の室原橋における9万2000ベクレルを最高として、福島県浜通り地方の原発から北側の中小河川で最も高い。生物でも、新田川のヤマメ、1キログラム当たり1万8700ベクレルを筆頭に、アユ、ウグイ含めて1000ベクレルを超えるものが相次いでいる。
　もう一つの高濃度汚染地域は、避難地域の北西部から西側にかけての伊達市、福島市、二本松市などを含む阿武隈川水系の中流域である。底質は、事故から半年内では、どこも1万5000～3万ベクレルの高い値が出ている。生物でも、アユ、ヤマメなどで、1000ベクレルを超えるものが続出した。
　他にも、底質では、会津地方の湯川村の2万5000ベクレル、手賀沼流入河川（千葉県）である大津川の2万200ベクレル、七北田川（仙台市）の1万1100ベクレルなどがあるが、これらは、地域全体が同程度に高いというよりは、局所的に高い地点が存在している。地形の閉鎖性や流れが微弱であるなどの特性により起きているとみられる。
　しかし、北は北上川水系から、南は江戸川まで、河川底質は500～1000ベクレル程度に汚染され、淡水魚では基準値を超えるものが広い範囲にわたり出現している。ヤマメ、イワナ、ウグイは、暫定規制値を超えるものを含め、事故から2年、3年目に高くなる場所も多い。アユ、ワカサギは、寿命が短いことで、2年目以降は、事故直後の直接的な影響を受けた個体は生存していないことから、徐々に低くなっている。

　湖沼における汚染状況は表5-3のようになる。河川と同じで、最高レベルは、請戸川上流の大柿ダムの26万ベクレルを筆頭に、原発に近い浜通りの河川上流の堰止湖に見られる。真野川上流のはやま湖では、11年12月、底質の最高値は1万2000ベクレルであったのが、12年6月には、5万ベクレルへと4倍に増えている。周囲の山間部から放射能が流入し、蓄積が進んだものとみられる。これに対応する形で、生物汚染も、11年12月、ウグイ1010ベクレル、オオクチバス790ベクレルであったのが、12年6月には、種は異なるがコクチバス4400ベクレル、ナマズ3000ベクレ

表 5-2　河川の底質、生物における放射性セシウム濃度の特性

	河川	市町村	地点	底質 最高値(Bq)	年月	地点	種名	生物 最高値
岩手県	気仙川					陸前高田市	ウグイ	190（12年6月）
	気仙川					住田町	ウグイ	151（12年3月）
	北上川水系	奥州市	衣川橋	570	2011年12月			
	砂鉄川	一関市	観音橋	1040	2012年12月		ウグイ	310（12年6月）
宮城県	三迫川	登米市	山吉田橋	1730	2011年10月			
						栗原市	イワナ	**530（12年5月）**
						大崎市	ウグイ	270（12年5月）
	大川	気仙沼市					ウグイ	110（11年5月）
	面瀬川	気仙沼市	尾崎橋	2200	2011年10月			
	砂押川	多賀城市	念仏橋	2900	2011年10月			
	七北田川	仙台市	高砂橋	11100	2011年10月			
	名取川水系	仙台市				太白区	イワナ	460（12年7月）
	同上	名取市	小山橋	5200	2011年10月			
	白石川	白石市				蔵王町	ヤマメ	190（13年3月）
	同上	白石市	砂押橋	1730	2011年10月	白石市	アユ	114（11年6月）
	阿武隈川河口	岩沼市	阿武隈大橋	1400	2012年6月			
	阿武隈川	丸森町	丸森橋	1470	2012年2月		ウグイ	410（12年4月）
							ヤマメ	305（11年6月）
福島県 浜通り	宇多川	相馬市	堀坂橋	2300	2011年11月			
	真野川	南相馬市	真島橋	**28000**	2011年9月	飯舘村	アユ	**3300（11年6月）**
						同上	ウグイ	**2500（11年6月）**
	新田川	同上	木戸内橋	**32000**	2011年5月	同上	ヤマメ	**18700（12年3月）**
						同上	アユ	**4400（11年6月）**
	請戸川	浪江町	室原橋	**92000**	2012年3月			
	富岡川	富岡町	小浜橋	17600	2011年11月			
	夏井川	いわき市	久太夫橋	440	2011年11月	いわき市	アユ	620（11年5月）
	鮫川	いわき市	鮫川橋	1500	2011年5月	同上	アユ	720（11年5月）
福島県 中通り	阿武隈川水系	伊達市	大正橋	24000	2011年5月	伊達市	アユ	2080（11年6月）
						同上	ヤマメ	2070（11年6月）
	同上	福島市	松川合流前	15200	2011年9月	福島市	アユ	1200（11年6月）
	同上	二本松市	高田橋	30000	2011年9月			
	同上	本宮市	上関下橋	22000	2011年9月			
	同上	白河市	田町大橋	280	2012年3月	白河市	**ヤマメ**	**620（11年6月）**
	同上	西郷村	羽太橋	100	2012年3月	西郷村	イワナ	300（12年4月）
福島県 会津地域等	阿賀野川水系	南会津町	田島橋	50	2012年8月	南会津町	ウグイ	72（11年6月）
	同上	会津若松市	新湯川橋	8800	2011年5月	会津若松市	ヤマメ	150（11年6月）
	同上	湯川村	栗ノ宮橋	25000	2011年11月			
茨城県	大北川	北茨城市	栄橋	3100	2011年5月	花園川	イワナ	330（12年3月）
	久慈川	日立大宮市	山方	1040	2011年5月	常陸太田市	アユ	174（11年5月）
	那珂川	水戸市	下国井	5500	2011年5月	日立大宮市	ウナギ	140（12年5月）
	那珂川	ひたちなか	柳沢橋	4400	2011年5月			
	涸沼川	大洗町	涸沼橋	620	2011年5月	大洗町	ウナギ	100（12年5月）
	小貝川	つくば市	小茎橋	1900	2011年5月			

栃木県	那珂川	太田原市	余笹川	1150	2011年5月	那須塩原市	ヤマメ	203 (12年2月)
		那須烏山市	田中橋	1430	2011年5月	那須烏山市	アユ	240 (11年7月)
	鬼怒川水系	日光市	板穴川末流	4900	2011年5月	日光市	ヤマメ	396 (12年3月)
		日光市	市役所前	1790	2012年9月	宇都宮市	アユ	420 (11年5月)
	思川水系	鹿沼市	小薮橋	940	2011年5月	鹿沼市	ウグイ	142 (12年4月)
	渡良瀬川水系	栃木市	三杉川末流	540	2011年5月			
群馬県		みどり市	萱野橋	340	2011年5月	みどり市	ヤマメ	490 (12年3月)
	吾妻川水域	渋川市	吾妻橋	610	2012年9月	渋川市	ヤマメ	336 (12年2月)
	烏川水域	高崎市	岩倉橋	720	2012年9月	高崎市	イワナ	166 (12年2月)
	利根川水系	野田市	利根大橋	280	2012年8月			
	利根川水系	古河市	栗橋	1440	2011年9月			
千葉県	利根川水系	成田市	新川水門	2300	2011年5月	香取市	ウナギ	130 (12年6月)
	江戸川水系	柏市	弁天橋	4900	2011年11月			
	江戸川水系	浦安市	浦安橋	2100	2012年11月	江戸川河口	ウナギ	148 (13年3月)
	手賀沼流入河川	柏市	上沼橋	**20200**	2012年5月			

（注）太字は、底質は1万ベクレル、生物は暫定規制値を超えた事例。

ル、ギンブナ1250ベクレルと半年の間に軒並み汚染が進行している。大柿ダムなどの生物調査がないので不明であるが、底質汚染のより高いところでは、より高い生物汚染があると推測される。

　次いで阿武隈川水系の上流の堀川ダム（西郷村）、中下流の半田沼（桑折町）も2万ベクレルを超えている。他にも手賀沼の根戸下（柏市）では8200ベクレル、藤原湖（みなかみ町）4600ベクレル、鬼怒川水系の五十里ダム4400ベクレルなども高い。これに対応して手賀沼では、フナ400ベクレル、コイ330ベクレルと相当高いものが、12年になり出現している。

　さらに桧原湖、秋元湖、沼沢湖、中禅寺湖、赤城大沼、霞ヶ浦等では、底質は1000〜1500ベクレル程度なのに、生物は、かなり濃度の高いものが出ている。桧原湖のワカサギ870ベクレル、ウグイ570ベクレル、秋元湖のヤマメ670ベクレル、赤城大沼のイワナ768ベクレル、ウグイ741ベクレルなどが典型である。中禅寺湖では、他とは種が異なり、ブラウントラウト280ベクレル、ヒメマス196ベクレルなどが出ている。福島原発から170kmの霞ヶ浦や190kmの手賀沼などでは、アメリカウナギ、ギンブナで基準値を超える汚染が継続している。湖沼は、地形や出入りする河川の構造などにより異なるが、閉鎖性が強く、湖水の交換能力が小さいため、底質の汚染の割に、生物への影響が大きく出ている可能性もある。物理的な流動や水の交換能力との関係で生物汚染をとらえる研究が求められる。

表 5-3　湖沼の底質、生物における放射性セシウム濃度の特性

		湖沼	自治体	関連河川	底質（Bq/kg）		年月	生物	
					平均値	最高値		種名	最高値
福島県	浜通り	松ケ房ダム	相馬市	宇多川		23400	2012年11月		
		真野ダム	南相馬市	真野川		12000	2011年12月	ウグイ	1010
							同上	オオクチバス	790
							同上	ニジマス	197
						50000	2012年6月	コクチバス	4400
							同上	ナマズ	3000
							同上	ギンブナ	1250
							同上	ニジマス	280
		横川ダム	同上	太田川		125000	2012年10月		
		大柿ダム	浪江町	請戸川		260000	2012年3月		
		坂下ダム	大熊町	熊川水系		69000	2011年11月		
		滝川ダム	富岡町	富岡川		110000	2012年3月		
		木戸ダム	楢葉町	木戸川		17600	2011年11月		
		たかしば湖	いわき市	鮫川		1940	2011年9月		
	中通り	半田沼	桑折町			21900	2011年11月		
		摺上川ダム	福島市			2580	2012年7月		
		南湖	白河市			7000	2012年10月		
		堀川ダム	西郷村			22000	2011年9月		
	会津地域等	桧原湖	北塩原村			1250	2012年10月	ワカサギ	870（11年5月）
							同上	ウグイ	570（12年3月）
							同上	イワナ	159（11年5月）
		小野川湖	北塩原村			980	2012年10月	ワカサギ	390（11年11月）
		秋元湖	猪苗代町			2000	2011年11月	ヤマメ	670（11年10月）
		猪苗代湖	会津若松市			92	2012年3月	ヤマメ	170（11年7月）
		沼沢湖	金山町			2200	2012年10月	ヒメマス	170（12年2月）
		大川ダム	会津若松市			1450	2011年9月		
		田子倉ダム	只見町			230	2012年7月		
		田島ダム	南会津町	阿賀野川水系		50	2012年8月		
栃木県		五十里ダム	日光市	鬼怒川水系		4400	2011年11月		
		湯ノ湖	同上	同上		400	2012年11月		
		中禅寺湖	同上	同上		1430	2011年5月	ブラウントラウト	280（12年3月）
							同上	ヒメマス	196（12年3月）
							同上	ワカサギ	175（11年9月）
群馬県		梅田湖	桐生市	渡良瀬川水系		710	2012年11月	ワカサギ	222（11年9月）
		草木湖	みどり市	同上		760	2013年1月	ワカサギ	189（11年9月）
		八木沢ダム	みなかみ町	利根川水域		2200	2012年9月		
		藤原湖	みなかみ町	同上		4600	2011年11月		
		赤城大沼	みどり市			1480	2012年11月	ワカサギ	650（11年9月）
							同上	ウグイ	741（11年9月）
							同上	イワナ	768（12年1月）
		榛名湖	渋川市	烏川水域		120	2012年6月	ワカサギ	340（13年2月）
		碓氷湖	高崎市	同上		4100	2012年9月		
		蛇神湖	神流町	同上		1660	2011年11月		
茨城県		霞ヶ浦（西浦	土浦市など			1300	2012年2月	アメリカナマズ	320（12年6月）
							同上	コイ	200（12年5月）
							同上	ギンブナ	190（12年6月）
		北浦	行方市など			1000	2012年2月	アメリカナマズ	120（12年2月）
千葉県		手賀沼	柏市	根戸下		8200	2012年11月	フナ	400（12年3月）
				沼中央		1700	2012年2月	コイ	330（12年4月）
		印旛沼	印西市など	上水道取水口		1250	2012年2月	ギンブナ	63（12年7月）

4 浸透し続ける放射能汚染

　海洋における海水、底質、そして様々な生物の汚染状況を分析することから、以下のような全体像が浮かび上がる。
　①　第1次影響海域：福島第1原発から南方向の福島県沖、茨城県北部の海域では、あらゆる海洋生物に高濃度汚染が見られる。特に、底層性でかつ定着度の高い魚類の汚染は極めて高レベルで、底質の汚染と相まって、長期にわたり危険性の高い状態が続くと考えられる。
　②　第2次影響海域：第1次影響海域の周囲に原発から北方へ約50kmから、南は約120kmまでの南北170kmにわたる広い領域で、多種の生物が基準値を超える汚染を受けている。そこでもセシウム137の半減期などから汚染の長期化が懸念される。
　③　第3次影響海域：スズキ、クロダイなどの中層性魚は、福島を中心に、金華山から銚子沖までの広範囲で、基準値を上回る汚染が続いている。ヒラメも南北に長い海域で、高濃度が続いている。マダラ、マサバなど数種の回遊魚では、北海道東部や青森県沖、さらに三陸沿岸部の広い範囲にまたがり、数十ベクレルという中低濃度で放射能の存在が確認されている。これらは海水の移動によるよりも魚自身の遊泳行動による面が強い。
　上記のものよりは、比較的、軽微ではあるが、陸の汚染が、河川を経由して海に影響していると思われるものが、東京湾、新潟市沖の日本海、さらには相模湾に見られる。特に東京湾は、江戸川の底質分布などから河川経由での海への輸送は、今後も継続する可能性がある。
　④　第4次影響海域：目に見えて生物汚染が著しいということはないが、黒潮続流に乗って、東に輸送され、グローバルな循環流に乗って拡散した部分は、低濃度ではあるが北太平洋規模で広がっているはずである。例えば、キール研究所の地球規模の海洋循環モデルによるセシウム137の拡散予測[※4]では、放出量を10ペタベクレル（1京）と仮定した場合、2年

※4　エリック・ベーレン、フランシスカ・U・シュワルツコフ、ジョウク・F・リーベッケ、クラウス・W・ビニング；「福島沖の太平洋へ放出されたセシウム137の長期拡散に関するシミュレーション実験」、環境研究レター（2012年7月）。

後までに1立方メートル当たり10ベクレル程度までに希釈されるが、拡散範囲は北太平洋規模に及ぶと予想されている。4～7年後には、1立方メートル当たり1～2ベクレルの上昇をもたらすとされ、これは、事故前のレベルの約2倍になることを意味する。この計算では、海洋の物理場における不連続線や海流の構造は考慮されていない。太平洋規模での影響が、今後どうなっていくかについては、生物への影響を含めて注視していく必要があろう。

また陸水においては、図2-1、図2-2の放射性セシウムの表面沈着量の分布図に対応して、いくつかの次元の汚染が進行している。

①避難地域及びその周辺の河川・湖沼の高レベル汚染
現在も市民が住めないまま放置されている浪江町や飯舘村での河川、湖沼における底質や生物汚染に関する情報は限られているが、当然にも、そこの汚染が最も深刻であろうことは想像に難くない。それは、原発から北方への浜通りの河川、及び湖沼が最も高濃度に汚染されていることからわかる。避難地域の西、及び北西方向の伊達市、福島市の河川、湖沼も、これに次ぐ高レベルの汚染地域である。

②生物汚染が基準値を超える広範な河川、湖沼
岩手県から千葉県へ至る広大な領域で、上流側に高濃度に汚染した山間部がある地域では、河川、湖沼の底質や生物の汚染が続いている。その詳細は第4章で述べた。河川勾配や河川流量の違いなどにより、現時点での汚染状況は個々に特性は異なる。河川勾配が急であれば、1年ほど経過することで、多くの物質が、すでに海に出ているであろう。その場合は、河川底質の濃度は低い。江戸川のように河川勾配が小さい場合は、現在も中流域が高濃度のままという河川も見られる。また、河川の上流や途中にある湖沼では、それ自体が放射能の一つの受け皿となるため、汚染が慢性化し、とりわけ生物の汚染は長引く傾向が強い。赤城大沼、中禅寺湖、手賀沼、霞ヶ浦といった湖沼においては汚染からの回復には、相当な時間が必要であろう。

5　食品の基準値の国際比較と問題点

　日本における水産物の基準値は、第2章2-1で述べたように放射性セシウムが1kg当たり100ベクレルであり、本書では、それを一つの目安として、海、川、湖の生物の汚染状況を見てきた。それは、食品の安全と安心を確保する観点から、食品による内部被曝の上限を、それまで暫定規制値で許容していた年間線量5ミリシーベルトを年間1ミリシーベルトに引き下げて評価した結果である。

　表5-4※5に主な国や国際機関による放射性セシウムの基準値の設定状況を整理した。機関や国により大きな幅がある。食品により異なる面はあるが、魚を例に取ると、コーデックス委員会やEU、米国は600～1200ベクレルときわめて高いのに対して、チェルノブイリ事故の経験をしたベラルーシ、ウクライナ、そして福島事故を経験した日本は基準値が低い。第2章2でも触れた水産庁技官の森田貴己氏が、諸外国と比べ日本の基準は厳しいと報告していることは、この点を指しているのであろう。

　最も緩やかな基準を採用しているのは米国である。米国は、線量限度の上限を5ミリ・シーベルトとし、食事摂取量の30％が汚染されている

表5-4　食品中の放射性セシウムの基準値の国際比較（ベクレル／kg）

	米国	コーデックス委員会	EU		ベラルーシ	ロシア	ウクライナ	日本	
								暫定	基準値
制定年	1986	1989	1986	2011	1999	2001	1997	2011	2012
牛乳 (milk)	1200	1000	1000	200	100	100	100	200	50
幼児用食品	1200	1000	400	200	37	40-60	40	200	50
魚	1200	1000	1250	500	150	130	150	500	100
野菜、果物、ジャガイモ、根菜	1200	1000	1250	500	40-100	40-120	40-70	500	100
パン、小麦粉、穀物	1200	1000	1250	500	40	40-60	20	500	100

※5　東京大学大学院農学生命科学研究科食の安全研究センター、「畜産物中の放射性物質の安全性に関する文献調査報告書」(2012年3月)の表Ⅳ-4、7を参考に日本などを加えて作成。

と仮定し、すべての食品に対して1200ベクレルとしている。この背景は、ICRP（国際放射線防護委員会）が1984年に、「事故後の飲食物摂取制限に関する介入レベルを実効線量5〜50ミリ・シーベルト／年の間とすべきとしていること」※6を踏まえ、下限レベルである5ミリ・シーベルトを採用したと推測される。

　1962年に国連の専門機関である国連食糧農業機関（FAO）と世界保健機関（WHO）が合同で定めた国際的な食品規格の実施機関であるコーデックス委員会は、介入レベル1ミリ・シーベルトを採用しているが、全食品のうち10％までが汚染エリアのもので、それ以外の90％は汚染されていないと仮定している。汚染されている10％についての基準値が1000ベクレルというわけである。

　EUについては、追加の被曝線量が年間1ミリ・シーベルトを超えないよう設定され、人が生涯に食べる食品の10％が規制値相当汚染されていると仮定し、基準値を決めている（表の左列）。EUは、福島事故の直後の2011年4月12日に日本からの輸入食品・飼料の放射線許容水準の上限を、日本の暫定規制値にならって暫定的に引き下げた（表の右列）。

　これらに対し、チェルノブイリ原発事故のあったベラルーシでは、事故発生時は高い暫定規制値が設定され、食品のみでなく、外部被曝・内部被曝全体の被曝限度を事故1年目には100ミリ・シーベルトと設定していた。その後、段階的に下げていき、1992年には食品からの内部被曝が年間1ミリシーベルトを越えないよう設定されている。ウクライナも似た状況にあり、その結果、放射性セシウムは、例えば野菜、果物ではベラルーシ40〜100ベクレル、ウクライナ40〜70ベクレル、パン、小麦粉、穀物は、ベラルーシ40ベクレル、ウクライナ20ベクレルとされている。また魚では、両国ともに150ベクレルである。

　日本は、ベラルーシ、ウクライナとほぼ同レベルの基準になっているが、乳製品を除いて「一般食品」としてくくり、一律100ベクレルとした。結果として、魚は、ウクライナ、ベラルーシより厳しいが、パン・小麦粉などはゆるくなっている。これは、依存している食品の違いなど、食生活

※6　内閣官房 放射性物質汚染対策顧問会議 第2回（11年11月2日）資料2「食品中の放射性物質の新たな規制値の設定について」（厚生労働省提出資料）より。

の特色が反映されている面があると見られる。
　いずれにしても、表面的な数値は、かなり異なるが、米国を除けば、内部被曝の上限として年間1ミリシーベルト以下に抑えるという考え方は共通している。大事故を起こした国とそうでない国では、食品の汚染状態の前提が異なるために、個別の食品の基準値が大きく異なる結果となっている。しかしEUやコーデックスが甘い基準で、日本、ベラルーシ、ウクライナが厳しいという捉え方は一面的である。むしろ食品の内部被曝により1年に受けるトータルの線量限度は1ミリ・シーベルトという意味では同じ条件になっている。
　ここで問題なのは、セシウムによる1年当り1ミリ・シーベルトの内部被曝を許容する立場そのものにある。元々、ラドンや、宇宙線、カリウム40による自然放射線の影響が否応なく存在していることを考えると、上乗せされる被曝はできる限り抑えねばならない。
　長山[7]は、現行の線量限度は、原爆被災者の追跡調査研究の結果を基に決められ、もっぱら外部被曝によるものであるなど多くの問題があると指摘し、J・W・ゴフマンの考え方を取り入れ、現行の10分の1に抑えるべきであるとしている。即ちそもそも国際的に広く利用されている一般人で1年に1ミリ・シーベルトという線量限度自体に問題があり、年間の線量限度の上限を10分の1、つまり0.1ミリ・シーベルトにすべきであると提言している。その考え方を採れば、日本で言えば一般食品については1kg当たりセシウム10ベクレルが基準値となる。一方、民間の科学者団体であるドイツ放射線防護協会は、公衆の年間被曝線量の上限を0.3ミリシーベルトとすることを提言している。筆者も、放射線の影響に閾値がない以上、基本的にはゼロであるべきことからすれば、100ベクレルでも高すぎるので、せめて10～30ベクレルにすべきであると考える。仮に基準値を30ベクレルにしたとして、3章、4章の各生物ごとのセシウム濃度の図を改めて見ていただきたい。これらの図は、福島事故による海、川、湖の生物汚染において極めて深刻な事態が慢性化していることを示唆している。

---

[7]　長山淳哉（2011）:「放射線規制値のウソ」、緑風出版。

6 懸念される生物相への生理的、遺伝的影響

こうして、水産生物の汚染は何重もの構造のなかで、継続している。この現実をみると、中長期的に見た海洋生態系、陸水生態系への影響をフォローすることが必要となる。福島事故による海洋や陸水の汚染に関する調査の目標は、「食品の安全」だけでなく「海洋や河川・湖沼における生態系の総合的な評価」に変えて詳細に行うべきである。そのためには動植物プランクトンから始まる食物連鎖構造のあらゆる段階について調査・分析をしなければならない。生物の生息環境としての海水、海底堆積物中の濃度測定も当然、継続することが必要である。

本書でまとめたことは、放射性セシウムを中心に、水圏の泥や動植物における放射性物質の蓄積量の分布と時間変化にすぎない。本質は、その先の個々の生物の繁殖力の低下、遺伝的変化、そして、それらが織りなす食物連鎖構造への長期的な影響である。これは、今後の課題とするしかない。

また本書では、ほとんどの場合、放射性セシウムを指標として、汚染の状況を把握してきた。しかし、実際の現場では、他にもストロンチウム、トリチウム、さらにはプルトニウム、ヨウ素、テルル、テクノチウムなど多様な核種が存在している。それらは、同時に人間や他のあらゆる生物に降り注ぎ、浸透している。その相乗的な影響が、実際の被害となるわけである。

セシウム 137（Cs-137）は、半減期が 30.1 年で、電気出力 100 万 kw の軽水炉を 1 年間運転すると、14 京ベクレル（1.4×10^{17}Bq）が生じる。旧ソ連のチェルノブイリ原発事故では 8 京ベクレル（8.0×10^{16}Bq）が放出された。

ストロンチウム 90 は、セシウムに近い半減期 29.1 年で、ベータ線を放出しながらジルコニウム 90 となる。電気出力 100 万 kw の軽水炉を 1 年間運転すると、10 京ベクレル（1.0×10^{17}Bq）のストロンチウム 90 と 260 京ベクレル（2.6×10^{18}Bq）のストロンチウム 89 が生じる。ストロンチウムはカルシウムと似た性質をもつ。化合物は水に溶けやすいものが多い。

体内に摂取されると、かなりの部分は骨の無機質部分に取り込まれ、長く残留する。

　トリチウム（水素3）[※8]は、半減期12.3年で、非常に低いエネルギーのベータ線を放出して、ヘリウム3となる。天然にも存在する人工放射能の一つであり、大気中の窒素・酸素と宇宙線の反応で生成する。水素のもっとも身近な化合物は水である。体内でも、主に水として代謝される。放出されるベータ線は水中で0.01mmまでしか届かず小さい。そのため、「大量に摂取しない限り無害」といわれ続けてきた。しかし重水を使用する原子炉を採用しているカナダではトリチウムによる健康損傷と思われるものが発生している[※9]。小さなエネルギーでも体の中で継続的に電離エネルギーを出し続ければ、細胞損傷を起こすはずである。細胞を構成する分子は、当然基本元素である水素を大量に使う。つまり分子はトリチウムを取り込みながら、細胞を形成していく。しかし、トリチウムは時間の経過とともにヘリウムに変換していく。これは分子の結合を破壊していくことにつながる。元素が変換することによる細胞の損傷が起こり、免疫機能の低下などが起こる要因となると言われる。

　これらの物質が、魚類や無脊椎動物に摂取されることで、細胞や遺伝子を損傷し、癌や遺伝性障害を引き起こす可能性がある。問題になるのは、これらが同時に重なり合うことによる相乗的な影響である。

　また遺伝的影響がどのようにして生起するのかに関しては、特に水生生物については実証性を確保した研究は数少ないと思われる。ここでは、参考に陸上のヤマトシジミという蝶に関する研究を見ておこう。琉球大の大滝[※10]は、福島事故直後の蝶を採取し、沖縄での実験系を使って、総合的な角度から実態を明らかにしようとした。以下に論文の要旨を引用する。

　「この事故の動物への生物学的影響を評価する迅速で信頼に足る実験系

※8　原子力資料情報室 ;「放射能ミニ知識」
※9　カナダ・グリーンピース（2007）:「トリチウム危険報告：カナダの核施設からの環境汚染と放射線リスク」。
　　http://www.greenpeace.org/canada/Global/canada/report/2007/6/tritium-hazard-report-pollu.pdf
※10　大滝丈二（2013）:「原発事故の生物への影響をチョウで調査する」、科学、岩波書店。

は現在のところ報告されていない。我々はここに、この事故が日本で普通に見られる鱗翅目シジミチョウ科ヤマトシジミへの生理的・遺伝的損傷の原因となっていることを示した。第一化の成虫を福島地域で2011年5月に採集したところ、そのうちいくつかは比較的軽度の異常を示した。第一化の雌から産まれたF1には親世代より高い異常が観察された。この異常は次世代F2に遺伝した。2011年9月に採集した成虫の蝶には5月に採集されたものに比べ、より過酷な異常が観察された。同様の異常は、非汚染地域の個体において、外部及び内部の低線量被曝により、実験的に再現された。我々は、福島原子力発電所由来の人工放射性核種がこの生物種に生理的・遺伝的損傷を引き起こしたと結論する。」

11年5月、福島市、本宮市で採集した蝶は、翅が小さく、成長遅延、形態異常が見られた。また沖縄の個体を用いて、外部被曝、内部被曝の実験をしたところ、生存率の低下、矮小化と形態異常が見られた。これは、「サイエンテイフィック・レポート」[※11]に掲載され、海外を初め多くの反響があったが、一方で日本国内からは多くの反論が寄せられたという。

個々の生物の繁殖力の低下や遺伝的変化、そして、それらが織りなす食物連鎖構造への長期的な影響に関して参考になるのは、チェルノブイリ原発事故に関する膨大な調査である。ここでは、ロシア語の文献も含めて吟味したヤブロコフらの総合的な報告書[※12]から、一部を引用しておきたい。

・「セシウムが、魚類からは速やかに除去されるとの当初の予測は正しくなかったようだ。3年から4年は急速に減少したが、その後の汚染値の低下は驚くほど緩やかになった。」（ノルウエー北部の湖沼に生息するブラウントラウトとホッキョクイワナに関するJonssonらの調査、1999）。

・「チェルノブイリ原発の冷却水用貯水池に生息するヨーロッパオオナマズの筋肉に取り込まれたセシウム137の量は、1987年から2002年にか

※11　Hiyama A, Nohara C, Kinjo S, Taira W, Gima S, Tanahara A, Otaki JM. (2012) The biological impacts of the Fukushima nuclear accident on the pale grass blue butterfly. Scientific Reports2: 570. DOI: 10.1038/srep00570.

※12　アレクセイ・V・ヤブロコフ、ヴアシリー・B・ネステレンコ、アレクセイ・V・ネステレンコ，ナタリア・E・プレオブラジェンスカヤ（2013）：『チェルノブイリ被害の全貌』、星川淳（監訳）、岩波書店。

けて、1キログラム当たり1140ベクレルから6500ベクレルへと増加した」
(Zarubinら、2004)。
 ・「コイの繁殖機能と、精子及び卵に蓄積した放射性核種の濃度には相関が見られた」(Goncharova、1997)。
 ・「ベラルーシでは、汚染度の高い湖沼ほど、コイの胎芽、幼生、及び幼魚における形態異常（先天性奇形）の発生率が有意に高い」(Slukvin and Goncharova、1998)。
 ・「ベラルーシの汚染地域では汚染度の高い湖沼ほど、コイの個体群中における染色体異常とゲノム突然変異の出現率が有意に高い」(Goncharovaら、1996)。
 ・「チェルノブイリ原発の冷却水用貯水池で飼われていたハクレンの種畜（種オス）群において、数世代のうちに精液の量と濃度が有意に低下し、精巣には壊滅的な変化が認められた」(Veryginら、1996)。
 ・「1986年に1年魚か2年魚で放射線にさらされ、その後、継続的に低線量率の放射線条件下にあったコクレンにおいて、精巣結合組織の異常増殖、精子濃度の低下、異常精子数の増加が認められた」(Makeevaら、1996)。

 また、陸上生物ではあるが、以下のような知見もある。
 ・「ウクライナ国内の重度汚染地域に生息していたノネズミ種の個体数が、1986年9月までに最大5分の1に減少した」(Bar'yakhtar、1995)。
 ・「チェルノブイリゾーン（強制退避地域）の森林では、大惨事後の20年間に鳥の種類が50％以下に減少している。重度汚染地域では鳥類の個体数が66％も減少した」(Moller and Mousseau、2007)。

 高濃度汚染地域において、これらの症状がどのように推移するのか詳細なフォローが必要である。結論として、「大惨事以来、重度汚染地域で野生動物と実験用動物の個体群に実施した長期的観察によると、腫瘍発生率の増加、免疫不全、平均寿命の短縮、老化の早まり、血液組成の変化、その他の健康障害など、集団としてのヒトの健康における変化と驚くほどの類似を示し、罹病率と死亡率に重大な増加が見られる」と結論づけてい

る。

　同書は、1986年のチェルノブイリ原発事故から23年目の2009年に英訳の第1版が刊行されているが、同じ事態に対するIAEAやWHOの極めて楽観的な評価とは対照的に、地域の医師や研究者による膨大な論文や資料を総括的に扱った貴重な書物である。そこに描かれている個別事例や全体像は、福島事態に伴う環境影響を捉える上で、貴重な示唆を提供している。

　福島事態により水生生物において、どのような事態が進行しているのか、具体的な研究例を知らない。本書では、1キログラム当たり100ベクレルという基準値を比較の目安として用いてきたが、生物相への生理的・遺伝的影響を論じるに際し、どこまで有効なのかは不明である。基準値は、人間が食べる立場の安全性から決めたもので、動物への生物学的影響をゼロにできるものではありえない。基準値を超える程度の汚染を受けた時、その魚は生理的、遺伝的にいかなる影響を受けていくことになるのか。また基準値以下の汚染を受けた時でも、影響がゼロになるという保証は何もない。蓋然性としては、もろもろの被害が出ても、おかしくない。放射性核種ごとに、分子、細胞への放射線の照射が進めば、それ相応の免疫機能の低下、突然変異の発生などが起きていくはずなのである。

　問題は、無機的環境と食物連鎖で構成される海洋や陸水の生態系に、人工的な毒物である放射能が大量に投入された時、生態系は全体としてどのような影響を被るのかである。放射能は、生態系のどこというわけでなく、全面的に生態系の隅々に侵入したことで、生態系のどこがどのように崩れるのであろうか。自然は＜縫い目のない織物＞、シームレスである[※13]。どこかが崩れると、思いもよらぬ悪影響が出る可能性を想定しておかねばならない。

　いずれにせよ海の生物の汚染の多様性と深刻さは、いまだつかみきれないものがある。加えて陸上の河川や湖沼における汚染も、山岳地帯を中心とした汚染領域が多様に存在することを背景として、思いがけない形で表面化している。

※13　竹内均、島津康男（1969）;「現代地球科学」、筑摩書房刊。

福島事態が起きるまで、原発事故による被害とは全く関係のない空間であると思いこんでいた多くの地域で、現に福島事態によって生活の基盤が破壊され、自然が長期にわたって汚染されていく憂き目にあっている。海では、福島沖から茨城県北部沖、金華山沖から銚子沖、北海道東北部沖から銚子沖までと、いくつかの構造をもちつつも広大な海域で海水、底質及び生物を汚染した。原発の近くでは、浪江町、飯舘村、伊達市、福島市、……。その先の中禅寺湖、赤城大沼、榛名湖、霞ヶ浦、手賀沼、……。さらに東京湾と江戸川、阿賀野川と新潟沖の日本海……等など、少しずつ次元の異なる問題が、重層的に折り重なっている。少なくとも福島第1原発から200～250km圏内で、目に見える汚染が生起しているのである。これらの地域の人々は、まさか福島での原発事故が、自分の生活空間に直接、大きな影響をもたらすとは想像だにしなかったであろう。

　一つの工場が事故を起こしただけなのに、放出された放射能による環境汚染は、多様で、広大で、自然の中に深くしみ込んだままである。その汚染源である溶融燃料は、福島第1原発の三つの原子炉周辺で存在状態もわからないまま崩壊熱を出し続けている。対策といえば、今もひたすら水を注入して、暴走を抑えているだけである。セシウムやストロンチウムの半減期は約30年である。放射能は60年を経て4分の1になり、90年を経ても8分の1は残る。そう考えると、福島事態により生起した現象は、現在進行形であり、少なくとも、数十年、さらには百年にわたり状況はあまり変わらないことが予想される。

　水俣病を初め公害問題の原則の一つは、潜在的にみて生命や細胞に悪影響をもたらす可能性がある物質に依存する社会をつくってはならないということのはずである。産業革命が勃興している時期に、リヒトホーフェンが、瀬戸内海を見ながら、その将来について「その最大の敵は、文明と以前知らなかった欲望の出現とである」と喝破したことは、核エネルギー利用の一つとしての原発の問題にも、そのまま当てはまる。2011年、福島第1原発での危機的な事故に伴い、グローバルな放射能汚染が懸念されている課題を直視し、産業革命以降の人類の歩みを省察すべきときである。福島事態による水圏における生物相の長期的影響は、そのための第1級の素材である。

なお、国の各機関の調査結果や評価、分析については、充分咀嚼する余裕がなかった。またストロンチウム、トリチウム、プルトニウムなど、他の核種に関しても、ほとんど扱えていない。それらは、今後の課題としたい。

あとがき

　13年6月30日から2泊3日で、福島の海岸線や河川を踏査するべく、いわき市から楢葉町、福島市から南相馬市、浪江町の一部、さらに阿武隈川の河口から最上流の西郷村までを見て歩いた。浜通りの中小河川や阿武隈川水系における河川の底質や生物の汚染をフォローするための予備調査を兼ねてのことである。その中で、最も印象に残った2つの光景がある。一つは、浪江町の北東の端、請戸川の河口にある請戸漁港である。写真④のように津波被害を受けた時の生々しい状況が何一つ変わることなく、うち上げられた漁船が放置されたままなのである。原発被害による避難地域に指定されたがゆえに手のつけようがないまま放置されている。3.11による津波と原発の両方の被害を同時に受けたことを象徴する光景であった。

　もう一つ忘れることができないのは、福島市から南相馬市へ向う途中、飯舘村の牧草地だったと思われる高原状のところ（写真②）で車を降りた時の体験である。

　車から降り、線量計を置くと、道路の真ん中は、やや低いが、草がはえる端では、やたらと高い。草原や林の茂みに行けば、もっと高い線量なのであろう。ところが、その静寂の中、ホーホケキョという数羽の鶯の鳴き声が聞こえた。鳥も飛んでいる。これは、何か違う。「沈黙の春」の書き出しに出てくる生物がいない世界ではないのだ。それなりに生存し続けている。

　「自然は沈黙した。うす気味悪い。鳥たちはどこへ行ってしまったのか。みんな不思議に思い、不吉な予感に怯えた。裏庭の餌箱は、からっぽだった。ああ鳥がいた、と思っても、死にかけていた。ぶるぶる体を震わせ、飛ぶこともできなかった。春が来たが沈黙の春だった。（略）。だが、今は物音一つしない。野原、森、沼地――みな黙りこくっている。」

レイチェル・カーソンが、農薬禍を告発して書いた「沈黙の春」第1章「明日のための寓話」の一節である。彼女が描く世界は、わかりやすい。人工的に製造した農薬の大量使用は、いずれ生物世界を破滅させてしまうことを逸話風に描いたものだ。しかし飯舘村で見た世界は、それとはどこか違う。見た目には、何も変わっていないのだ。だから影響がないなどとは決して言えないのだが。チェルノブイリでは、様々な生物に染色体異常や精液の量と濃度の減少が起きている。福島でも同様の現象が潜伏しているに違いない。これらは、普通にはわからない形で進行し、それが認識されるようになった時には手の施しようがない事態になりかねない。

　「おそろしい妖怪が、頭上を通りすぎて行ったのに、気づいた人は、ほとんどだれもいない。そんなのは空想の物語さ、とみんな言うかもしれない。だが、これらの災いがいつ現実となって、私たちに襲いかかるか——思い知らされる日が来るだろう。」(『沈黙の春』第1章)

　これは、ヘリコプターによる空からの農薬散布後の状態を想定した沈黙の春の一説である。3.11福島事態の時に放射能を含んだ空気が、東日本の各地に拡散して行った時のありようそのものではないか。住民は、まさか、自分の暮らす上空を、放射能を含んだ雲が通過しているなどとは思いもかけぬことであったろう。測定機により、数値化してみて初めてわかることである。
　人間は、測定値から地域によっては現に生活できないとして、すべてを捨てて退避しているのである。しかし、動植物は、何も知らずに、そのままの暮らしを続けている。彼らは、呼吸をすれば、放射能が付着した微粒子を吸い込む。自然状態の植物や動物を食す彼らは、日々、汚染された食べ物を食べている。強力な放射線が飛び交う空間で生きている。そして皆、同じ条件に置かれている。そのなかで、食物連鎖と無機的環境で構成される生態系はどのような影響を受けていくのであろうか。細胞の突然変異や、癌などに侵される生物が増えるのか。食物連鎖構造の中で、どこの階層の生物にも、放射能汚染は平等に襲いかかっている。ヤマトシジミには、遺伝的な影響が出ているという。その全体的な影響がどのような形で

表れるものなのか、皆目、見当がつかない。同じ構図は、海や湖沼の中の生態系にもいえるはずである。水の中での生理的作用は、陸とは異なる面はあるかもしれないが、基本は同じである。

しかし動植物に対し生命体の細胞や遺伝子に影響を与える可能性の高い環境を無理やり作ってしまっていい権利など、人間にはどこにもない。その責任は、誰が、どのように取るのか？　物言わぬ植物。物言わぬ動物たち。彼らとともに、同じ星で生命を得ながら、人類は何と傲慢な生き方をしているのか。リヒトホーフェンが懸念した時代より前には、そういうことはなかった。

工場の1つが事故を起こしただけで、社会全体が混迷する経験をしながら、日本ではいまだに再稼働とか、更にはベストミックスの一要素として位置づけるなどの政策がとりざたされていること自体、情けない限りである。ましてや世界的にみれば、福島後のNPT（核不拡散条約）再検討会議関連の会合での議論が象徴するように原子力平和利用への幻想は根強い。これは、人間が、いかに愚かであるかを物語っている。麻薬中毒患者が命を落とすかもしれない体験をしながら、その後も、つい続けてしまう愚かさとほとんど同じ状態である。何度、同じ経験をすれば、きっぱりと断ち切ることができるのか。

福島事態から3年が経った。復興が叫ばれているが、どこへ復興しようというのかが問題である。福島事態が問う本質は何かが明らかにされなければ、復興は文字通り元の形に戻ることが目標になる。福島事態が問う本質は、便利さ・豊かさを求め、きれいな電気に依存し、一次産業を軽視してきた半世紀のあり方全体が、いかにもろいものであるかを見せつけたことである。リヒトホーフェンが懸念した19世紀からの産業革命に始まった近代文明の脆弱性と破壊性を直視せねばならない。核を中心にした科学技術文明のあり方自体が問われているという観点抜きに、福島事態をトータルにとらえたことにはならない。

この問題を考えるためには、環境汚染の実態を正確におさえておくことは必須である。福島第1原発から放出された放射性物質は、大気や水の流れにより、自然界を移動、循環している。環境中での再配置による汚染が

進み、事態は環境中により深く浸透している。それを水という観点から詳細に追うことが本書の目標であった。その目標に照らして、本書で行った作業は、きわめて限られたものである。しかし、日本政府や原子力規制委員会が、この程度のことすらしていない現状に照らせば、とりあえず、政府や東電のデータから見える全体像を整理しておくことも一定の意味がある。これを土台に、生物相への長期的影響に関する本質的な課題を視野に入れた作業が求められている。福島事態に伴う水圏の放射能汚染の全体像を捉える作業を通じて、それに一石を投じることができれば、この上ないことである。

地球は、宇宙線が飛び交う宇宙の中で、大気、海洋や磁場の存在が多重のバリアーとなり、地表面に到達する宇宙線を極力少なくする稀有のメカニズムを有している。それが、地球上に多様な生命体を誕生させ、維持してきた根拠の一つである。原子核の世界が秘める膨大なエネルギーの活用を大規模に行うことは、地球の持つ特性のありがたさを自覚することなく、自らの生存基盤の中に放射能を産み出し、生存基盤を脆弱なものにする愚かな選択でしかない。地球が総力をあげて、放射線から生命を守る環境をつくりだしているのに、そこに最後に登場した生物が、生きる場の只中で放射性物質を作り始めてしまったのである。これが、地球を外から眺めたときの現在のありようである。この愚かしい構図から抜け出すためにも、大規模な核エネルギー利用に固執することは、生命の原理に反していることを検証していく作業が求められている。

             2014年3月11日、東京にて

[著者略歴]

湯浅　一郎（ゆあさ　いちろう）
　1949年、東京都生まれ。東北大学理学部卒、同大学院修士課程修了。1975年、通産省中国工業技術試験所（呉市）に入所。2009年まで瀬戸内海の環境汚染問題に取り組む。元産業技術総合研究所職員。専門は海洋物理学、海洋環境学。理学博士。
　1971年から科学技術（者）の社会的あり方を問う契機として、女川原発を皮切りに、芸南火電、海洋開発など多くの公害反対運動に関わる。1984年の核トマホーク配備反対を契機に、ピースリンク広島・呉・岩国（1989年）、核兵器廃絶をめざすヒロシマの会（2001年）の結成に参加。現在、NPO法人ピースデポ代表。環瀬戸内海会議顧問。
　著書に『科学の進歩とは何か』（第三書館）、『平和都市ヒロシマを問う』（技術と人間）、『地球環境をこわす石炭火電』（共著）（技術と人間）、『海の放射能汚染』（緑風出版）など多数。

JPCA 日本出版著作権協会
http://www.e-jpca.jp.net/

＊本書は日本出版著作権協会（JPCA）が委託管理する著作物です。
　本書の無断複写などは著作権法上での例外を除き禁じられています。複写（コピー）・複製、その他著作物の利用については事前に日本出版著作権協会（電話03-3812-9424、e-mail:info@e-jpca.jp.net）の許諾を得てください。

海・川・湖の放射能汚染

2014年7月25日　初版第1刷発行　　　　　定価2800円＋税

著　者　湯浅一郎 ©
発行者　高須次郎
発行所　緑風出版
　　〒 113-0033　東京都文京区本郷 2-17-5　ツイン壱岐坂
　　［電話］03-3812-9420　［FAX］03-3812-7262　［郵便振替］00100-9-30776
　　［E-mail］info@ryokufu.com　［URL］http://www.ryokufu.com/

装　幀　斎藤あかね　　　カバー写真　加藤宏明
制　作　R企画　　　　　印　刷　中央精版・巣鴨美術印刷
製　本　中央精版　　　　用　紙　大宝紙業・中央精版　　　　　　　E1500

〈検印廃止〉乱丁・落丁は送料小社負担でお取り替えします。
本書の無断複写（コピー）は著作権法上の例外を除き禁じられています。なお、
複写など著作物の利用などのお問い合わせは日本出版著作権協会（03-3812--9424）
までお願いいたします。

Ichiro YUASA© Printed in Japan　　ISBN978-4-8461-1410-7　C0036

◎緑風出版の本

■全国のどの書店でもご購入いただけます。
■店頭にない場合は、なるべく書店を通じてご注文ください。
■表示価格には消費税が加算されます。

海の放射能汚染

湯浅一郎著

A5判上製
一九二頁
2600円

福島原発事故による海の放射能汚染を最新のデータで解析、また放射能汚染がいかに生態系と人類を脅かすかを惑星海流と海洋生物の生活史から総括し、明らかにする。海洋環境学の第一人者が自ら調べ上げたデータを基に平易に説く。

どんぐりの森から
原発のない世界を求めて

武藤類子著

四六判並製
二一二頁
1700円

3・11以後、福島で被曝しながら生きる人たちの一人である著者。彼女のあくまでも穏やかに紡いでゆく言葉は、多くの感動と反響を呼び起こしている。現在の困難に立ち向かっている多くの人の励ましとなれば幸いである。

原発は滅びゆく恐竜である
―水戸巌著作・講演集

水戸巌著

A5判上製
三三八頁
2800円

原子核物理学者・水戸巌は、原子力発電の危険性を力説し、彼の分析の正しさは、福島第一原発事故で悲劇として、実証された。彼の文章から、フクシマ以後の放射能汚染による人体への致命的影響が驚くべきリアルさで迫る。

原発の底で働いて
―浜岡原発と原発下請労働者の死

高杉晋吾著

四六判上製
二一六頁
2000円

浜岡原発下請労働者の死を縦糸に、浜岡原発の危険性の検証を横糸に、そして、3・11を契機に、原発のない未来を考える上がり始めた脱原発の声を拾い、経営者の中からも上がり始めた脱原発の声を拾い、原発のない未来を考えるルポルタージュ。世界一危険な浜岡原発は、廃炉しかない。

チェルノブイリと福島

河田昌東 著

四六判上製
一六四頁
1600円

チェルノブイリ事故と福島原発災害を比較し、土壌汚染や農作物、飼料、魚介類等の放射能汚染と外部・内部被曝の影響を考える。また放射能汚染下で生きる為の、汚染除去や被曝低減対策など暮らしの中の被曝対策を提言。